MATLAB 数值计算教程
——详解指南与全解答案

PRACTICAL NUMERICAL MATHEMATICS WITH MATLAB，
A WORKBOOK AND SOLUTIONS

〔美〕Myron Sussman 编著

王雪灏 孙 琳 译

北京航空航天大学出版社

图书在版编目(CIP)数据

MATLAB 数值计算教程:详解指南与全解答案/(美)
迈伦·M·苏斯曼(Myron Sussman)编著;王雪灏,孙琳
译.—北京:北京航空航天大学出版社,2025.1.
ISBN 978-7-5124-4559-8

Ⅰ.TP391.75

中国国家版本馆 CIP 数据核字第 2025NA5219 号

本书中文简体字版由 World Scientific Publishing Co. Pte. Ltd 授权北京航空航天大学
出版社在全球范围内独家出版发行。

北京市版权局著作权合同登记号 图字 01-2022-0344 号

MATLAB 数值计算教程:详解指南与全解答案
PRACTICAL NUMERICAL MATHEMATICS WITH MATLAB,A WORKBOOK AND SOLUTIONS
[美] Myron Sussman 编著
王雪灏 孙琳 译
策划编辑 董宜斌 责任编辑 董宜斌

*

北京航空航天大学出版社出版发行

北京市海淀区学院路 37 号(邮编 100191) http://www.buaapress.com.cn
发行部电话:(010)82317024 传真:(010)82328026
读者信箱:copyrights@buaacm.com.cn 邮购电话:(010)82316936
鸿博汇达(天津)包装印刷科技有限公司印装 各地书店经销

*

开本:787×1 092 1/16 印张:21.5 字数:550 千字
2025 年 2 月第 1 版 2025 年 2 月第 1 次印刷
ISBN 978-7-5124-4559-8 定价:129.00 元

前　　言

本书适用于高年级本科生或研究生,可作为学校数值分析课程的补充,或用于数值分析独立研究的前期学习。学习完本书后,学生将掌握 MATLAB[MathWorks (2019)][1]编程的实用技能,能够独立编写数值分析课程中某些算法的代码,并对代码进行检查和验证。本书同样适用于没有编程经验的学生,因为书中涉及 MATLAB 编程技巧的地方都有相应介绍。

本书来源于匹兹堡大学数值分析系列课程中的 MATLAB 实验室课程,该课程面向高年级本科生或低年级研究生,共 3 学分。课程的各个部分相互独立,但内容层层递进。该课程包括一定量的课后作业,通常是证明题和计算题。其中实验课程在计算机实验室中进行,学生们也可以使用 MATLAB 在自己的电脑上编写代码。

在阅读本书之前,学生应掌握本科数学的微积分知识。每章中根据需要提供了必要的MATLAB 函数和编程知识,同时所有的练习也可以用 Octave 完成。

编写本书的目标有三个:

(1)为学生提供数值分析中常见算法的示例;

(2)让学生能利用 MATLAB 为自己的研究开发代码;

(3)教学生学习如何检查自己的代码是否正确。

对于第(3)个目标,学生需要参考理论计算结果来检查代码。对于迭代问题,不仅要检查代码是否收敛,还需要检查收敛速度是否与理论速度相符,迭代终止条件在一般情况下都采用基于理论计算的条件。如果涉及多项式比较,必须选择足够的样本点。此外,学生需要对代码做大量的调试,尽可能用大量简单又容易验证的测试来检验代码的性能。

本书同样适合学生自学,书中的习题都配有代码和答案,可使学生在练习时可以判断自己的代码是否正确。

本书还附带一组解题模板,这些模板提示了习题的预期结果,还可以在教学中简化老师对学生作业的评分难度。学生在电脑上做练习时,需要将自己的答案粘贴到模板中。老师可以收取电子版作业,也可以将其打印下来再评分,打印时请务必注意代码的完整性。

本书练习中包含了许多 MATLAB 代码,可供读者在学习中使用。但由于作者水平有限,本书错漏在所难免,希望读者批评指正。

书中所有练习均包含参考答案,可扫描下方二维码下载。

作　者

---

① https://www.mathworks.com/products/matlab.html.

致　谢

　　首先感谢 John Burkardt 博士,他在之前讲授 MATLAB 数值分析实验课程时,编写和整理了其中几章的内容和一些配套的 MATLAB 函数文件,这给本书的编写提供了非常大的帮助和启发。

　　感谢我在匹兹堡大学的同事,特别是 W. J. Layton、C. Trenchea 和 M. J. Neilan 教授,还有许多参加了 MATLAB 数值分析实验课程的学生,他们为本书提供了宝贵的建议。

　　感谢我的家人,尤其是我的妻子 Jill,她为我编写本书提供了支持和鼓励。

　　最后感谢世界科学出版社(World Scientific Publishing Co.)的编辑 Liu Yumeng 为本书出版付出的辛勤劳动。

目　　录

第 1 部分　求根、插值、近似和积分 ⋯⋯⋯⋯⋯⋯⋯⋯⋯⋯⋯⋯⋯⋯⋯⋯ 1

第 1 章　MATLAB 简介 ⋯⋯⋯⋯⋯⋯⋯⋯⋯⋯⋯⋯⋯⋯⋯⋯⋯⋯⋯⋯ 2

1.1　引　言 ⋯⋯⋯⋯⋯⋯⋯⋯⋯⋯⋯⋯⋯⋯⋯⋯⋯⋯⋯⋯⋯⋯⋯⋯⋯ 2

1.2　MATLAB 文件 ⋯⋯⋯⋯⋯⋯⋯⋯⋯⋯⋯⋯⋯⋯⋯⋯⋯⋯⋯⋯⋯⋯ 2

1.3　变　量 ⋯⋯⋯⋯⋯⋯⋯⋯⋯⋯⋯⋯⋯⋯⋯⋯⋯⋯⋯⋯⋯⋯⋯⋯⋯ 4

1.4　向量和矩阵 ⋯⋯⋯⋯⋯⋯⋯⋯⋯⋯⋯⋯⋯⋯⋯⋯⋯⋯⋯⋯⋯⋯⋯ 5

1.5　向量和矩阵运算 ⋯⋯⋯⋯⋯⋯⋯⋯⋯⋯⋯⋯⋯⋯⋯⋯⋯⋯⋯⋯⋯ 7

1.6　程序流控制 ⋯⋯⋯⋯⋯⋯⋯⋯⋯⋯⋯⋯⋯⋯⋯⋯⋯⋯⋯⋯⋯⋯⋯ 11

1.7　m 文件和图像 ⋯⋯⋯⋯⋯⋯⋯⋯⋯⋯⋯⋯⋯⋯⋯⋯⋯⋯⋯⋯⋯ 12

第 2 章　方程的根 ⋯⋯⋯⋯⋯⋯⋯⋯⋯⋯⋯⋯⋯⋯⋯⋯⋯⋯⋯⋯⋯⋯ 17

2.1　引　言 ⋯⋯⋯⋯⋯⋯⋯⋯⋯⋯⋯⋯⋯⋯⋯⋯⋯⋯⋯⋯⋯⋯⋯⋯⋯ 17

2.2　编程风格 ⋯⋯⋯⋯⋯⋯⋯⋯⋯⋯⋯⋯⋯⋯⋯⋯⋯⋯⋯⋯⋯⋯⋯⋯ 17

2.3　样本问题 ⋯⋯⋯⋯⋯⋯⋯⋯⋯⋯⋯⋯⋯⋯⋯⋯⋯⋯⋯⋯⋯⋯⋯⋯ 18

2.4　二分法 ⋯⋯⋯⋯⋯⋯⋯⋯⋯⋯⋯⋯⋯⋯⋯⋯⋯⋯⋯⋯⋯⋯⋯⋯⋯ 19

2.5　MATLAB 中的变量函数名称 ⋯⋯⋯⋯⋯⋯⋯⋯⋯⋯⋯⋯⋯⋯⋯ 19

2.6　收敛性标准 ⋯⋯⋯⋯⋯⋯⋯⋯⋯⋯⋯⋯⋯⋯⋯⋯⋯⋯⋯⋯⋯⋯⋯ 23

2.7　割线法 ⋯⋯⋯⋯⋯⋯⋯⋯⋯⋯⋯⋯⋯⋯⋯⋯⋯⋯⋯⋯⋯⋯⋯⋯⋯ 25

2.8　试位法（The Regula Falsi method） ⋯⋯⋯⋯⋯⋯⋯⋯⋯⋯⋯⋯ 27

2.9　米勒法（Muller's method） ⋯⋯⋯⋯⋯⋯⋯⋯⋯⋯⋯⋯⋯⋯⋯⋯ 28

第 3 章　牛顿法 ⋯⋯⋯⋯⋯⋯⋯⋯⋯⋯⋯⋯⋯⋯⋯⋯⋯⋯⋯⋯⋯⋯⋯ 31

3.1　引　言 ⋯⋯⋯⋯⋯⋯⋯⋯⋯⋯⋯⋯⋯⋯⋯⋯⋯⋯⋯⋯⋯⋯⋯⋯⋯ 31

3.2　终止测试 ⋯⋯⋯⋯⋯⋯⋯⋯⋯⋯⋯⋯⋯⋯⋯⋯⋯⋯⋯⋯⋯⋯⋯⋯ 31

3.3　迭代失败 ⋯⋯⋯⋯⋯⋯⋯⋯⋯⋯⋯⋯⋯⋯⋯⋯⋯⋯⋯⋯⋯⋯⋯⋯ 31

3.4　牛顿法介绍 ⋯⋯⋯⋯⋯⋯⋯⋯⋯⋯⋯⋯⋯⋯⋯⋯⋯⋯⋯⋯⋯⋯⋯ 32

3.5　编写待求根函数代码 ⋯⋯⋯⋯⋯⋯⋯⋯⋯⋯⋯⋯⋯⋯⋯⋯⋯⋯⋯ 33

3.6　编写牛顿法代码 ⋯⋯⋯⋯⋯⋯⋯⋯⋯⋯⋯⋯⋯⋯⋯⋯⋯⋯⋯⋯⋯ 34

3.7　非二次收敛 ⋯⋯⋯⋯⋯⋯⋯⋯⋯⋯⋯⋯⋯⋯⋯⋯⋯⋯⋯⋯⋯⋯⋯ 37

3.8　迭代起始点的选择 ⋯⋯⋯⋯⋯⋯⋯⋯⋯⋯⋯⋯⋯⋯⋯⋯⋯⋯⋯⋯ 40

3.9　函数的根不存在 ⋯⋯⋯⋯⋯⋯⋯⋯⋯⋯⋯⋯⋯⋯⋯⋯⋯⋯⋯⋯⋯ 41

3.10　函数的根为复数 ⋯⋯⋯⋯⋯⋯⋯⋯⋯⋯⋯⋯⋯⋯⋯⋯⋯⋯⋯⋯ 41

3.11　不可预测的收敛性 ⋯⋯⋯⋯⋯⋯⋯⋯⋯⋯⋯⋯⋯⋯⋯⋯⋯⋯⋯ 42

3.12　没有解析导数的拟牛顿法 ⋯⋯⋯⋯⋯⋯⋯⋯⋯⋯⋯⋯⋯⋯⋯⋯ 44

3.13　牛顿法在求平方根中的应用 ⋯⋯⋯⋯⋯⋯⋯⋯⋯⋯⋯⋯⋯⋯⋯ 46

1

目　录

第4章　多维牛顿法 ·· 48

4.1　引　言 ·· 48

4.2　用 newton. m 计算矢量函数 ··· 49

4.3　复变量函数 ··· 50

4.4　迭代收敛缓慢 ·· 51

4.5　非线性流体网络 ·· 53

4.6　非线性最小二乘法 ··· 55

4.7　阻尼牛顿法 ··· 58

4.8　延拓法或同伦法 ·· 59

4.9　拟牛顿法 ··· 61

第5章　等距节点插值 ·· 66

5.1　引　言 ·· 66

5.2　Vandermonde 方程 ··· 67

5.3　非多项式函数的插值 ··· 70

5.4　拉格朗日多项式 ·· 72

5.5　三角插值 ··· 75

5.6　二维插值 ··· 78

第6章　多项式和分段线性插值 ·· 81

6.1　引　言 ·· 81

6.2　编写工具函数 ·· 81

6.3　切比雪夫多项式 ·· 84

6.4　切比雪夫点 ··· 87

6.5　分段线性插值 ·· 89

6.6　分段常数插值 ·· 96

6.7　导数的近似计算 ·· 97

第7章　高阶插值 ·· 99

7.1　引　言 ·· 99

7.2　参数插值 ··· 99

7.3　三次埃米尔特 Hermite 插值 ··· 100

7.4　二维埃米尔特 Hermite 插值与网格生成 ······························· 104

7.5　匹配斑块 ··· 109

7.6　三次样条插值 ·· 111

7.7　无导数的样条 ·· 116

7.8　单调插值 ··· 118

第8章　勒让德多项式与 L^2 空间的逼近问题 ······································ 120

8.1　引　言 ·· 120

8.2　MATLAB 积分函数 ··· 121

8.3　$L^2([-1,1])$ 空间中的最小二乘近似 ··································· 122

8.4　勒让德多项式 ·· 126

8.5　正交与积分 …………………………………………………………… 128
8.6　勒让德多项式逼近 …………………………………………………… 129
8.7　傅里叶级数 …………………………………………………………… 131
8.8　分段常数级数 ………………………………………………………… 133
8.9　分段线性级数 ………………………………………………………… 137

第 9 章　积　　分 …………………………………………………………… 139
9.1　引　言 ………………………………………………………………… 139
9.2　中点规则 ……………………………………………………………… 140
9.3　代数精度 ……………………………………………………………… 141
9.4　梯形法 ………………………………………………………………… 142
9.5　奇异积分 ……………………………………………………………… 143
9.6　牛顿-科特斯积分法 …………………………………………………… 144
9.7　高斯-勒让德积分法 …………………………………………………… 148
9.8　自适应求积 …………………………………………………………… 152

第 10 章　积分与舍入误差 ………………………………………………… 157
10.1　引　言 ……………………………………………………………… 157
10.2　蒙特卡洛积分法 …………………………………………………… 157
10.3　自适应求积 ………………………………………………………… 160
10.4　舍入误差 …………………………………………………………… 170

第 2 部分　微分方程与线性代数 ………………………………………… 175

第 11 章　常微分方程的显式求解方法 …………………………………… 176
11.1　引　言 ……………………………………………………………… 176
11.2　MATLAB 编程提示 ………………………………………………… 176
11.3　欧拉法 ……………………………………………………………… 177
11.4　欧拉半步法 ………………………………………………………… 180
11.5　龙格-库塔法 ………………………………………………………… 182
11.6　稳定性 ……………………………………………………………… 185
11.7　亚当斯-巴什福思法 ………………………………………………… 186
11.8　几种求解方法的比较 ……………………………………………… 188
11.9　稳定区域的图像 …………………………………………………… 189

第 12 章　常微分方程的隐式求解方法 …………………………………… 192
12.1　引　言 ……………………………………………………………… 192
12.2　刚性常微分方程 …………………………………………………… 192
12.3　方向场图像 ………………………………………………………… 193
12.4　向后欧拉法 ………………………………………………………… 195
12.5　牛顿法 ……………………………………………………………… 197
12.6　梯形法 ……………………………………………………………… 202
12.7　向后差分法 ………………………………………………………… 204

目　录

12.8　MATLAB 常微分方程求解器 ································· 205

第 13 章　边值问题与偏微分方程 ································· 207

13.1　引　言 ··· 207

13.2　边值问题 ·· 207

13.3　有限差分法 ·· 208

13.4　有限元法 ·· 212

13.5　有限元法的诺伊曼边界条件 ····································· 220

13.6　伯格斯方程 ·· 220

13.7　直线法 ··· 221

13.8　打靶法 ··· 224

第 14 章　向量、矩阵、范数和误差 ······························· 227

14.1　引　言 ··· 227

14.2　向量范数 ·· 227

14.3　矩阵范数 ·· 228

14.4　相容矩阵范数 ·· 229

14.5　谱半径 ··· 232

14.6　误差类型 ·· 233

14.7　条件数 ··· 237

14.8　样例矩阵 ·· 239

14.9　行列式 ··· 242

第 15 章　求解线性方程组 ··· 243

15.1　引　言 ··· 243

15.2　样例矩阵 ·· 243

15.3　线性方程组问题 ·· 246

15.4　矩阵的逆 ·· 246

15.5　高斯分解法 ·· 251

15.6　置换矩阵 ·· 254

15.7　PLU 分解 ·· 255

15.8　利用 PLU 分解求解线性方程组 ··································· 256

15.9　求解常微分方程组 ·· 260

15.10　主　元 ·· 262

第 16 章　因子分解 ··· 265

16.1　引　言 ··· 265

16.2　正交矩阵 ·· 265

16.3　格拉姆-施密特正交化 ··· 266

16.4　格拉姆-施密特 QR 分解 ··· 269

16.5　豪斯霍尔德矩阵 ·· 270

16.6　豪斯霍尔德因子分解 ·· 275

16.7　线性方程组的 QR 分解 ·· 276

16.8　乔莱斯基分解 ……………………………………………………………… 277

第 17 章　特征值问题 ………………………………………………………… 279

17.1　引　言 ……………………………………………………………………… 279

17.2　特征值和特征向量 ………………………………………………………… 279

17.3　瑞利商 ………………………………………………………………………… 280

17.4　幂　法 ………………………………………………………………………… 281

17.5　反幂法 ………………………………………………………………………… 284

17.6　一次性计算多个特征向量 ………………………………………………… 287

17.7　原点位移法 ………………………………………………………………… 289

17.8　QR 法求特征值 …………………………………………………………… 290

17.9　QR 法的收敛问题 ………………………………………………………… 292

17.10　多项式的根 ………………………………………………………………… 294

第 18 章　奇异值分解 ………………………………………………………… 296

18.1　引　言 ……………………………………………………………………… 296

18.2　奇异值分解 ………………………………………………………………… 296

18.3　奇异值分解的两种数值方法 ……………………………………………… 301

18.4　奇异值分解的"标准"算法 ……………………………………………… 304

第 19 章　迭代法 ……………………………………………………………… 315

19.1　引　言 ……………………………………………………………………… 315

19.2　泊松方程矩阵 ……………………………………………………………… 315

19.3　共轭梯度算法 ……………………………………………………………… 322

19.4　矩阵的压缩储存 …………………………………………………………… 325

19.5　共轭梯度法结合矩阵的压缩储存方式 …………………………………… 328

19.6　不完全乔莱斯基共轭梯度法 ……………………………………………… 329

第 1 部 分

求根、插值、近似和积分

第 1 章　MATLAB 简介

1.1　引　言

本书的练习使用 MATLAB[*MathWorks*（2019）][1]数学编程系统编写而成,因此推荐读者使用 MATLAB 完成练习,但大多数练习也都可以使用 Octave online 网站[*Octave*（2019）][2]或 Gnu Octave[*Eaton et al.*（2019）][3]完成。Gnu Octave 是一个类似于 MATLAB 的软件,可以免费安装在个人电脑上。MATLAB 包含了大量的支持文档,并采用了非常方便的桌面工作环境。在开始本书中的练习之前,读者可以先熟悉 MATLAB 桌面环境的基本用法,Mathworks 也提供了许多视频教程供 MATLAB 使用者学习。

本章主要介绍线性代数中常用的 MATLAB 功能,以及如何编写脚本(程序)来解决特定的线性代数问题。本章选取的练习可以帮助读者巩固本章内容,熟悉后续章节所要使用的命令和编程技巧。读者在熟练掌握本章练习可为编写 MATLAB 脚本和程序打下良好的基础。

1.2　MATLAB 文件

使用 MATLAB 的一个好方法是使用其脚本(编程)文件。脚本文件中包含了一系列 MATLAB 命令,我们可以很容易地看到程序在脚本中进行了哪些计算,或者生成图像时使用了哪些变量。利用脚本文件可以将代码清晰地记录在文本文件中,这样就可以随时复现它们了。

MATLAB 注释符号是"％",以"％"开头的注释不会被读取为命令,注释可以包含任何注释文本。MATLAB 也可以进行多行注释,只需在多行注释语句段前和段后分别加上"％{"和"％}"(注意,"％{"和"％}"要单独作为一行)。在脚本文件和函数文件中添加注释来解释关键操作是非常重要的编程习惯。

MATLAB 命令有些时候会以分号结束,而有些时候不会。二者的不同之处在于,当没有分号时,计算结果会被输出到屏幕上,有分号时则不输出。函数文件一般没有输出,所以在函数文件中通常要在所有计算行的末尾加上分号。

MATLAB 一共有以下三种文件:

(1)脚本文件;

(2)函数文件;

(3)数据文件。

---

① https://www.mathworks.com/products/matlab.html.

② https://octave-online.net/.

③ https://www.gnu.org/software/octave/.

1.2.1　脚本文件

MATLAB 的脚本文件是一个扩展名为".m"的文本文件。MATLAB 脚本文件一般以注释开始,这些注释可以标明作者、日期,以及对文件功能的简要描述。调用脚本文件的方法是在命令行中输入不带".m"的文件名,或者在另一个文件中调用它们的全称。调用脚本会按顺序执行脚本中的命令。

1.2.2　函数文件

MATLAB 函数文件也是扩展名为".m"的文本文件,但是第一个非注释行必须以单词 function 开头,并且符合以下形式:

$$function\ 输出变量(s)＝函数名(参数)$$

例如,计算正弦的函数开头如下所示:

$$function\ y＝sin(x)$$

该文件的名字是 sin.m。以单词 function 开头的定义行称为函数的"签名"。如果一个函数没有输入参数,则可以省略函数签名和圆括号;一个函数可以没有输出参数,也可以有多个输出参数,本章后面将讨论多个输出参数的语法。函数的名称必须与文件名相同,所以最好让函数文件的第一行作为签名行,从单词"function"开始。签名行后面的注释应包含下列信息:

(1)重复该函数的签名(这部分很有用,它可以帮助读者快速了解该函数);

(2)该函数功能的简要描述;

(3)输入和输出变量的简要说明;

(4)作者的姓名和日期。

这些注释会部分显示在"Current directory"窗口中,用"help＋函数名"命令可以查看这些注释。

函数文件和脚本文件之间的关键区别如下所列:

(1)函数的目的是重复使用;

(2)函数可以接受输入参数;

(3)函数内部使用的变量在函数之外是不可见的。

第(3)点很重要,因为在函数完成任务后,函数中使用的变量是不可见的,而脚本文件中的变量仍在工作空间中。

在开始新任务时,先写脚本文件通常更方便。随着任务的进展,我们会逐渐清楚哪些任务是重复进行的,哪些参数需要重复计算,或者程序需要的中间变量太多了,很难设计出新的变量名。这个时候,我们就可以从脚本文件切换到函数文件。在本书中,在需要的时候会特别指定使用函数或脚本文件中的一种,在其他时候你可以自由地选择使用其中一种。

因为函数文件的目的是重复使用,所以最好不要让它们输出数据或绘制图像。试想一下,如果一个函数会输出一行信息,然后将它放入一个执行 1 000 次的循环中,会发生什么。

1.2.3　数据文件

MATLAB 还支持数据文件。MATLAB 的保存命令可以让工作区中的每个变量都被保存到一个名为"MATLAB.mat"的文件中。读者也可以使用命令"save＋函数名"来命名文件,该命令会将所有内容放入名为"filename. mat"的文件中。这个命令还有许多其他选项,读者可以使用帮助工具找到更多关于它的信息。与 save 命令相反的命令是 load,所以"load＋函数名"可以加载文件。

1.3　变　量

MATLAB 使用变量名来表示数据,一个变量名表示一个双精度矩阵。如果输入为 x＝1,这代表的是一个 1×1 的矩阵,MATLAB 也可以输出没有小数部分和虚部的数据(但小数部分和虚部并没有消失,它们只是没显示出来)。

变量可以表示程序中一些重要的值,也可以表示某些虚拟值或临时值。重要变量的名称长度不应过短,并且该名称需要表明变量的含义。假如要生成一个矩阵,其中的元素都是一些数字的平方,我们可以将该矩阵命名为 tableOfSquares(命名规则是变量名的第一个单词是小写名词,后面的每个修饰词用大写首字母进行分隔。此规则类似于 Java 变量命名)。

一旦使用了某个变量名,最好让它只表示一个含义,但是也有例外,比如重新让变量 variableOne 和 variableTwo 用在其他地方,应使用下列语句清除这两个变量的值:

```
clear variableOne variableTwo
```

如果重复使用某个变量名,并想让它表示的向量或矩阵的维数发生变化,那么必须要先用 clear 命令清除变量原本的值。

MATLAB 有一些特殊的变量名,它们有特殊的含义,在 m 文件中最好不要给这些变量赋值或使用 clear 命令清除它们的值,这些特殊变量名如下所列。

ans:最近一次计算的结果。

computer:当前计算机的类型。

eps:满足 $1 + \epsilon > 1$ 且可以在当前计算机上表示的最小正数 ϵ。

i,j:虚数单位,最好不要将 i 作为下标或循环索引。

inf:无穷(∞)。

NaN:"Not a Number",0 除以 0,inf 除以 inf,0 乘以 inf 会得到该结果。

pi:π。

realmax,realmin:在这台计算机上可以表示的最大和最小的实数。

version:当前 MATLAB 的版本。

练习 1.1

打开 MATLAB,并回答下列问题。

(1)特殊变量 pi,eps,realmax,realmin 的值分别是多少?

(2)使用"format long"命令以双精度浮点数显示 pi 的值,这个值是多少? 使用"format short"(或"format")命令回到 MATLAB 默认显示的值的长度。

(3)无论怎样输出,任何变量的实际精度约为 15 位小数。以"short"格式输出的圆周率值为 3.1416。那么 pi－3.1416 等于多少呢? 我们显然知道这个值不是零。上一题告诉我们如何使用"format long"格式输出圆周率的值。那这个输出值和圆周率的真实值之间有什么区别？这个值可能不是零，但它仍然远小于 pi－3.1416 的值。

（4）令 a＝1,b＝1＋eps。MATLAB 在显示这些值的方式上有什么不同？a 和 b 在输出形式中是不同的吗？

（5）"format long"命令会使 MATLAB 输出 b 的所有有效小数位吗？

（6）令 c＝2,d＝2＋eps,c 和 d 的值有区别吗？

（7）选择一个值，并将该值赋予变量 x。

（8）x 的平方和立方分别等于多少？

（9）选择一个角度 θ，令变量 theta 的值等于该角度（一个数字）。

（10）sin θ 和 cos θ 分别等于多少？角度的表示方法有角度制和弧度制，MATLAB 用了哪一种？

（11）MATLAB 变量也可以给字符或字符串赋值。字符串是由字母、数字、空格等组成的序列，用单引号(')包围，下列两种表达式有什么区别？

a1 = 'sqrt(4)'
a2 = sqrt(4)

（12）MATLAB 的 eval 函数可以对一个字符串表达式进行计算(evaluate)，就和直接在命令行输入这个字符串一样。如果 a1 是上一题给出的字符串，那么命令 eval(a1)的结果是多少？a3＝6 * eval(a1)的结果又是多少？

（13）使用命令 save myfile.mat 保存所有变量。检查当前目录(Current Directory)，查看 myfile.mat 是否创建成功。注意 MATLAB 数据文件始终以".mat"结尾。

（14）使用 clear 命令。检查当前工作区(Current Workspace)中的变量是否全都消失了（工作区为空）。

（15）用 load myfile.mat 恢复所有变量，检查这些变量是否已恢复到当前工作区。

1.4　向量和矩阵

MATLAB 的所有变量都是矩阵形式。矩阵包括行向量（只有一行的矩阵）和列向量（只有一列的矩阵）。我们没必要声明变量的大小，当输入一个值时，MATLAB 会自动定义变量的大小。定义行向量最简单的方法是在方括号内直接输入它的元素值，元素之间用空格或逗号分隔。

rowVector = [0, 1, 3, － 6, pi]

定义列向量的方法与行向量类似，元素之间用分号或换行符分隔。

columnVector1 = [0; 1; 3; － 6; pi]
columnVector2 = [0
                  1
                  9
                  36
                  100]

columnVector2 看起来更直观。请注意,rowVector 并不等于 columnVector1,虽然它们

5

的每个元素值都相同。

矩阵可以同时用逗号和分号来表示。矩阵

$$A = \begin{bmatrix} 1 & 2 & 3 \\ 4 & 5 & 6 \\ 7 & 8 & 9 \end{bmatrix} \tag{1.1}$$

可以用表达式 $A = [1,2,3;4,5,6;7,8,9]$ 表示。

MATLAB 有一个特殊的符号用于生成等差数列,这对于绘图等工作非常有用。其格式为

start : increment : finish

或

start : finish

这样定义时,数列的公差默认是 1。这两个表达式都会产生行向量。例如,定义从 10 到 20 的偶数值。

evens = 10:2:20

当指定数列的项数,而不是公差时,可以使用 linspace 函数,其格式为

linspace(firstValue, lastValue, numberOfValues)

例如,可以使用下列命令生成 6 个偶数。

evens = linspace(10, 20, 6)

或在区间[10,20]中均匀地分布 50 个点。

Points = linspace(10, 20, 50)

一般来说,当 firstValue、lastValue 和 increment 是整数时,使用含冒号的定义形式;当必须计算才能得到公差 increment 时,建议使用 linspace 的定义形式。

MATLAB 向量的另一个优点是具有灵活性。我们可以很方便地给需要的向量添加新的元素。例如,要将 22 添加到偶数向量的末尾,可以使用命令

evens = [evens,22]

同样地,我们也可以很容易地将 8 添加到向量开头。

虽然向量中的元素数量可以改变,但 MATLAB 总能知道向量中元素的个数。我们可以使用 numel 函数获取元素的个数,如下所示:

numel (evens)

该表达式获取向量 evens 的元素个数,其结果是 7(6 个原始值 $10,12,\cdots,20$,末尾添加的值 22)。对于多维矩阵,numel 函数返回矩阵元素的总数。size 函数返回一个包含行数和列数两个值的向量。要获取变量 v 的行数,使用 size(v,1),要获得列数,使用 size(v,2)。例如,evens 是一个行向量,size(evens,1)=1,size(evens,2)=7,分别表示 1 行和 7 列。

要指定向量中单个元素的值,需要使用索引表示法(index notation),该方法用小括号把

元素索引括起来。向量第一个元素的索引为 1（和 Fortran 中的索引一样，但和 C 或 Java 中的索引不同）。因此，如果想改变 evens 的第三个元素，可以使用命令

```
evens(3) = 2
```

对于最后一个元素的索引值，有一种特殊的写法。因为 evens 是一个长度为 7 的向量，所以可以用 evens(end) 来表示 evens(7)。

练习 1. 2

（1）使用 linspace 函数创建一个名为 meshPoints 的行向量，该行向量包含 1 000 个值，这些值的范围在 -1 到 1 之间。注意不要输出所有的值！

（2）用什么命令可以获取 meshPoints 的第 95 个元素的值？这个值是多少？

（3）双击"Current Workspace"窗口中的变量 meshPoints，将其作为向量查看，并确认其长度是否为 1 000。

（4）使用 numel 函数再次确认向量的长度是否为 1 000。

（5）使用命令 plot（meshPoints，sin（2 * pi * meshPoints））在区间［-1，1］内绘制正弦图像。

（6）创建文件 exer2. m。可以使用 edit 命令将代码输入命令行并单击"Save as"，然后给它起一个名称，也可以在"history windowpane"窗口中高亮显示某些命令，然后单击鼠标右键打开菜单，将选中的命令另存为 . m 文件。在 exer2. m 的开头应该添加下列注释：

```
% chapter 1, exercise 2
% A sample script file
% Your name and the date
```

写完标题注释后，在后面加上本练习前面使用的代码。用 clear 清除结果后再测试一遍脚本，然后输入 exer2，从命令行执行脚本。

1.5　向量和矩阵运算

MATLAB 为矩阵和向量操作提供了大量的工具，读者可以尝试探索它们的功能。

练习 1. 3

定义下列向量和矩阵。

```
rowVec1 = [ -1 -4 -9]
colVec1 = [ 2
            9
            8 ]
mat1 = [ 1 3 5
         7 9 0
         2 4 6]
```

(1)向量可以和常量相乘,试计算:

```
colVec2 = (pi/4) * colVec1
```

(2)向量也可以作为余弦函数的自变量,得到一个余弦向量,试计算:

```
colVec2 = cos( colVec2 )
```

请注意,这时 colVec2 的值已被新值覆盖。

(3)两个向量可以相加。试计算:

```
colVec3 = colVec1 + colVec2
```

(4)矩阵或向量的欧几里得范数可以使用 norm 命令得到,试计算:

```
norm(colVec3)
```

(5)矩阵可以进行乘法运算,试计算:

```
colvec4 = mat1 * colVec1
```

(6)跟在一个矩阵或向量后面的单引号表示转置,试计算:

```
mat1Transpose = mat1'
rowVec2 = colVec3'
```

> **注意**:单引号真正的意思是共轭转置。如果想对一个复杂的矩阵使用普通转置,必须使用".'(点+单引号)",或使用 transpose 函数。

(7)转置可用于一些常规计算。假如 A 是一个非对称矩阵,AA^T 就变成了对称矩阵;计算两个列向量 u 和 v 的点(内)积 $u \cdot v$,通常使用 u^Tv 的表达式(MATLAB 里的 dot 函数也可计算点积),试计算:

```
mat2 = mat1 * mat1' % 结果为对称矩阵
rowVec3 = rowVec1 * mat1
dotProduct = colVec3' * colVec1
euclideanNorm = sqrt(colVec2' * colVec2)
```

(8)MATLAB 还可以计算矩阵的行列式和矩阵的迹,试计算:

```
determinant = det( mat1 )
tr = trace( mat1 )
```

(9)从向量中选择某些元素。使用下列命令可以查找向量 rowVec1 中的最小元素,试计算:

```
min(rowVec1)
```

(10)min 函数和 max 函数按一维进行运算。当应用于矩阵时,这两个函数会生成一个向量,试计算:

```
max(mat1)
```

(11)向量函数和矩阵函数也可以组合使用。例如,使用下列表达式计算一个向量的最大范数,试计算:

```
max(abs(rowVec1))
```

(12)如何才能找到一个矩阵中最大的元素?

(13)幻方是一个矩阵,它的每一行的数字和(行和),每一列的数字和(列和)以及两条对角线的数字和都是相等的。(矩阵的一条对角线从左上角到右下角,另一条对角线从右上角到左下角)考虑矩阵

```
A = magic(201); % 不要输出整个矩阵
```

矩阵 **A** 有 201 个行和、201 个列和以及两个对角线和。这 404 个总和都应该是完全相同的。

其实可以通过构造 201 个列和(并不输出它们),并计算列和的最大值和最小值来验证 **A** 是一个幻方。对 201 个行和也进行同样的操作,最后再计算两个对角线和,检查一下这六个值是否相同即可。

提示:

• 使用 min 和 max 函数。

• 对矩阵使用 sum 函数会生成一个行向量,其值是每一列的数字和。

• diag 函数可以提取一个矩阵的对角线,而复合函数(diag(fliplr(A)))可以计算另一条对角线的数字和。

---

(14)如果构造一个从 0 到 10,以及他们的平方、立方的整数表,可以使用代码。

```
integers = 0 : 10
```

但是如果将 integers 和自己相乘得到每个元素的平方值,那么使用下列代码将会被报错。

```
squareIntegers = integers * integers
```

MATLAB 向量的默认乘法运算是逐列相乘。而本题需要的是逐元素相乘,因此需要在运算符前面添加一个"."。

```
squareIntegers = integers . * integers
```

现在可以用类似的方式定义 cubeIntegers。

```
cubeIntegers = squareIntegers . * integers
```

最后,把它们输出成一个矩阵。squareIntegers、integers 等变量是行向量,这个矩阵的列可以由以下向量组成。

```
tableOfPowers =[integers', squareIntegers', cubeIntegers']
```

(15)在使用向量时要注意乘法、除法和指数运算符都有两种形式,这取决于是要对整个向量进行操作,还是要对向量中的元素进行操作。对于乘法、除法和指数运算,都需要使用"."符号来强制执行对元素的操作,或者使用求幂运算符计算 integers 中每个元素的平方,如下所示:

```
sqIntegers = integers .^ 2
```

可以用下列代码检查两种计算的结果是否一致。

```
norm(sqIntegers - squareIntegers)
```

正确结果应该是零。

> **注意**：用标量进行加减乘除运算时，不需要在运算符前面加上"."，但是加上"."也不会影响运算结果。

(16)索引表示法也可以表示数组元素的子集，使用类似 $start:increment:finish$ 的格式可以引用一系列索引。二维向量和矩阵可以通过去掉三维向量和矩阵中的一些元素来构造。例如，可以从 tableOfPowers 中构造一个子表格，如下所示（MATLAB 中的 end 函数表示该维度的最后一个值）。

```
tableOfCubes = tableOfPowers(:,[1,3])
tableOfEvenCubes = tableOfPowers(1:2:end,[1:2:3])
```

> **注意**：[1:2:3]与[1,3]相同。

(17)我们已经知道了 MATLAB 的 magic(n)函数，请用它构造一个 10×10 的矩阵。

```
A = magic(10)
```

生成左上（AUL）、右上（AUR）、左下（ALL）、右下（ALR）四个 5×5 的矩阵需要什么命令？

(18)可以用较小的矩阵来组成新的向量或矩阵，每个小矩阵相当于新矩阵中的一个元素。将(17)中的矩阵 **A** 分解为由 4 个较小矩阵组成的矩阵 **B**，如下所示：

```
B = [AUL AUR
     ALL ALR];
```

请通过计算 norm(A-B)=0 来证明 **A** 和 **B** 是相等的。

(19)从线性代数的角度来看，MATLAB 语法计算的结果令人惊讶。试计算

```
surprise = colVec1 + rowVec1
```

我们会发现，在上述运算中，MATLAB 直接将标量（列向量 colVec1 的每个元素）"扩展"成向量，然后将扩展后的标量与行向量 rowVec1 相加，最终形成一个矩阵。但在线性代数中，这样做通常是错误的，所以在使用 MATLAB 计算时要尽量避免这种计算格式带来的误会。

> **注 1.1**：练习 1.3 中的(19)是一个反例，即直接把行向量和列向量相加会得到一个矩阵。这种情况是学生在编写 MATLAB 的 m 文件时最常见的错误之一。如果测试一个新编写的 m 文件，并且在希望输出一个向量的地方看到了一个矩阵，请使用调试器找出可能把行向量和列向量相加的地方。
>
> 本书列举的 m 函数文件都会检查输入向量的方向是否符合要求。尽管本书中的大多数向量都是列向量，但此检查避免了当方向不同的向量应用到函数中可能出现的错误。当读者自己编写 m 函数文件时，同样应该进行上述检查。

1.6　程序流控制

在 m 文件中,选择计算和循环计算都非常重要。这些计算方式属于编程语言中"程序流控制"的概念。MATLAB 提供了两种基本的循环(重复)计算结构:for 和 while,以及用于选择计算的 if 结构。其中 for、while 或 if 语句位于循环(选择)结构顶部,end 位于底部。

注 1.2:将 for、while、if 行和 end 行之间的语句进行缩进是一个常见的编程习惯。这种缩进方式使代码更具有可读性,如表 1-1 所列。

表 1-1

程序流控制	语　法	示　例
for 循环	for 控制变量＝开始:增量:结束 　　一个或多个语句 end	nFactorial＝1; for i＝1:n 　　nFactorial＝nFactorial * i; end
while 循环	初始化变量的语句 while 涉及变量的逻辑条件 　　一个或多个语句 　　语句更改变量 end	nFactorial＝1; i＝1; ％初始化 i while i ＜＝ n 　　nFactorial＝nFactorial * i; 　　i＝i+1; end
简单 if 条件判断	if 逻辑条件 一个或多个语句 end	if x ～＝ 0 ％ ～＝表示"不等于" 　　y ＝ 1/x; end
复合 if 条件判断	if 逻辑条件 　　一个或多个语句 elseif 逻辑条件 　　一个或多个语句 else 　　一个或多个语句 end	if x ～＝ 0 　　y＝1/x; elseif sign(x) ＞ 0 　　y ＝ +inf; else 　　y ＝ -inf; end

请注意 elseif 是一个词!使用两个词 else if 会将语句变为两个嵌套的 if 语句,它们的含义不同,需要的 end 语句数量也不同。

练习 1.4

e^x 在区间 $[x_0, x_1]$ 上积分的近似值可以写成下列形式:

$$\int_{x_0}^{x_1} e^x \mathrm{d}x \approx \frac{h}{2} e^{x_0} + h \sum_{k=2}^{N-1} e^{x_k} + \frac{h}{2} e^{x_N}$$

其中,$h＝1/(N-1)$,$x_k＝0, k, 2k, \cdots, 1$。

下面的代码计算了 $N=40, x_0=0, x_1=1$ 时上述公式的值。

```
% 使用梯形规则计算 exp(x) 从 0 到 1 的近似积分,积分子区间数量为 N
% 姓名和日期
N = 40;
h = 1/(N - 1);
x = - h; % 注意初始化 x 时的取值
approxIntegral = 0.;
for k = 1:N
    % 计算当前的 x 值
    x = x + h;
    % 将积分近似值公式的每一项加起来
    if k = = 1 | k = = N
        approxIntegral = approxIntegral + (h/2) * exp(x); % 区间的端点
    else
        approxIntegral = approxIntegral + h * exp(x); % 区间的中点
    end
end
```

(1)将代码直接放入 MATLAB 命令行窗口中执行。approxIntegral 的最终值近似等于 $e^1 - e^0$ 吗(只需在命令提示下输入变量名称,即可获得变量的值)?

(2)请注意缩进。通常情况下,for 循环和 if 语句内部的缩进语句会提高代码可读性(当在命令行中输入命令时,缩进并没有什么用处,但是当把命令放入文件时,最好使用缩进)。

(3)变量 x 被赋予的所有值都有哪些?

(4)下列语句被执行了多少次?

```
approxIntegral = approxIntegral + (h/2) * exp(x);
```

(5)下列语句被执行了多少次?

```
approxIntegral = approxIntegral + h * exp(x);
```

1.7　m 文件和图像

在命令行中输入并运行所有代码不是一个好的习惯。最好将代码放入脚本文件里,这样既可以避免重复输入代码,又可以使编辑代码更容易。此外,还需要在脚本文件中合理利用函数,否则脚本文件会变得太过冗长。本节将从脚本文件到 m 函数文件介绍图像的使用。

区间 $-1 \leqslant x \leqslant 1$ 上函数 $y = x^3$ 的傅里叶级数为

$$y = 2 \sum_{k=1}^{\infty} (-1)^{k+1} \left(\frac{\pi^2}{k} - \frac{6}{k^3} \right) \sin kx \tag{1.2}$$

接下来看这个级数是如何收敛的。

练习 1.5

将下列代码复制到 exer5. m 中,然后回答下列问题。

```
% 计算 y = x^3 的傅立叶级数的前 NTERMS 项
% 用 - 1 到 1 之间的 NPOINTS 个点绘制结果
% 姓名和日期
NTERMS = 20;
NPOINTS = 1000;
x = linspace( - 1,1,NPOINTS);
y = zeros(size(x));
for k = 1:NTERMS
    term = 2 * ( - 1)^(k + 1) * (pi^2/k - 6/k^3) * sin(k * x);
    y = y + term;
end
plot(x,y,'b'); % 'b'表示蓝线
hold on
plot(x,x. ^3,'g'); % 'g'表示绿线
axis([ - 1,1, - 2,2]);
hold off
```

在程序开始时用符号定义常量,然后在程序中使用该符号,这是一种常见的编程习惯。有时,这些特殊常量被称为"幻数"。按照惯例,符号常量使用全大写字母命名。

(1)将姓名和日期添加到文件开头的注释中。

(2)代码中的变量 x 与式(1.2)中的变量 x 有何关系(用一句话简要回答)?

(3)循环中以 y = y…开头的语句与式(1.2)中的求和有什么关系(用一句话简要回答)?

(4)解释语句 y = zeros(size(x))的含义。

提示:可查看 MATLAB 帮助文档中关于 zeros 和 size 的详细信息。

---

(5)在命令行中输入脚本名"exer5"来执行脚本,可以看到一个由两条线组成的图,其中一条蓝线代表级数的部分和,另外一条绿线代表 x^3,即部分和的极限。

(6)如果 hold on 和 hold off 这两行被省略了,会发生什么?

注意:如果没有指定 on 或 off,hold 命令只是一个"切换"状态的工具。每次使用时,它都会从 on 切换到 off,或从 off 切换到 on。如果只用 hold,必须记住代码处于哪个状态。

练习 1.6 改变了计算方式,要求只要下一项的最大分量的绝对值大于容差值 0.05,就继续往后添加新的项,这时可使用 while 循环来代替 for 循环。

```
TOLERANCE = 0.05; % 指定容差值
```

```
<<some lines of code from above>>
k = 0;
term = TOLERANCE + 1; % term 比 TOLERANCE 大
while max(abs(term)) > TOLERANCE
  k = k + 1;
    <<some lines of code from above>>
end
disp( strcat('Number of iterations =',num2str(k)) )
    <<some lines of code to plot results>>
```

练习 1.6

(1)将 exer5. m 复制到(或另存为)exer6. m 中,并相应地修改注释。

(2)修改 exer6. m,用 while 循环代替 for 循环。

(3)解释下列语句的作用。

```
term = TOLERANCE + 1;
```

(4)解释下列语句的作用。

```
k = k + 1;
```

(5)尝试运行这个脚本,看看它是如何工作的,需要多少次迭代? 它是否生成了与练习 1.5 类似的图像?

　注 1.3:如果运行这个脚本的时候,它没有正常退出(一直是"busy"状态),可以按住"Ctrl+C"组合键来中断计算。在"Debug"菜单中还有一个停止正在运行的计算的选项。未能正常停止运行代表代码有 bug,例如,变量 trem 的值并没有变小。使用调试器可以帮助我们了解为什么 trem 的值没有变小。

练习 1.7

(1)根据下列步骤编写 exer7. m。

　(a)将 exer6. m 复制到 exer7. m 中,或使用文件菜单中的"Save AS"。把下列签名行放在开头,并适当添加注释,将其变成一个 m 函数文件。

```
function k = exer7( tolerance )
% k = exer7( tolerance )
% 适当添加注释
% 姓名和日期
```

　(b)将大写的 TOLERANCE 替换为小写的 tolerance,因为它不再是一个常数,并且把指定 TOLERANCE 值的那一行删除。

　(c)函数名必须与文件名一致,在签名行之后添加注释,注明该函数的功能。

　(d)删除包含 plot 和 disp 命令的行,使函数在静默状态下工作。

　　(e)在文件最后加上一个"end",并将函数签名行和最后一行 end 之间的所有代码按缩进方式编写。

　　(2)在命令行中指定容差并调用函数。下列命令的结果是多少?

exer7(0.05)

　　在等号右侧放置函数,在等号左侧放置变量,可以使变量被赋予函数给出的值。

numItsRequired = exer7(0.05)

　　上述等式将函数值赋予给变量 numItsRequired,并且被输出到屏幕。

　　(3)使用 help exer7 命令显示文件注释。

　　(4)容差为 0.05 需要多少次迭代? 这个值应该与练习 1.5 中的结果一致。

　　(5)为了观察收敛性,容差为 0.1、0.05、0.025 和 0.0125 时分别需要多少次迭代?

　　与普通的数学定义不同,MATLAB 允许一个函数返回两个或多个值。其语法类似于定义向量,但其含义与向量完全不同。例如,一个输入单个变量,返回两个变量的函数"funct"的签名行。

[y,z]　=　funct(x)

　　当 x=3 时,函数如下所示:

[y,z] = funct(3)

　　如果只希望它输出第一个变量 y,可以这样写:

y = funct(3)

　　如果只想要输出第二个变量 z,可以这样写:

[~,z] = funct(3)

练习 1.8

　　(1)将 exer7.m 复制到 exer8.m 中并作修改,使其先返回级数部分和的收敛值(向量),然后返回所需的迭代次数,并修改注释。

　　(2)用什么命令可以只返回容差为 0.05 的迭代次数? 这个迭代次数与练习 1.6 和 1.7 的结果一致吗?

　　(3)用什么命令可以只返回容差为 0.03 时的部分和(向量)? 这个向量的范数是多少(使用 format long 获得至少 14 位的精度)?

　　(4)用什么命令可以同时返回容差为 0.02 时的部分和(向量)及其迭代次数? 一共进行了多少次迭代,部分和(向量)的范数是多少,使用 format long 来获得至少 14 位的精度。

练习 1.9

　　将函数名(更准确地说,是"函数句柄(function handles)")作为变量很有用。例如,在 exer 8 中,正弦函数可以被替换为任意函数。尽管有些函数选择可能导致级数不收敛,但对于其他函数选择来说,它将会收敛。

（1）将 exer8. m 复制到 exer9. m 中并作修改，使其接受第二个参数 exer9（tolerance，func），并用 func 替换 sum 中的 sin 函数。修改文件中的注释以反映上述更改。

（2）用下列代码测试当 func 是 sin 函数时，exer9 和 exer8 的结果是否相等。

```
y8 = exer8(0.02);
y9 = exer9(0.02, @sin);
 % following difference should be small
norm(y8 - y9)
```

（3）@符号可以将 sin 标识为函数，而不是普通变量。如果忘记了使用@，会收到一条报错信息。请尝试运行下列命令，它的结果是什么？

```
y = exer9(0.02, sin)
```

报错信息提示 MATLAB 认为上面这一行的 sin 是一个函数，但该函数没有输入参数（如 sin(pi)）。@符号告诉解释器后面的内容是一个函数名。

（4）使用 exer9 计算 exer9(.02,@cos)数列的部分和（向量），并绘制结果。

第 2 章　方程的根

2.1　引　言

方程求根问题的目的是找到满足下列方程的 x 值。

$$f(x) = 0$$

将满足方程的解表示为 x_0。从数值计算的角度讲,我们感兴趣的是如何找到与 x_0 "足够接近"的 x 值。证明 x_0 与 x "足够接近"有两种常见方法。

(1)残差 $|f(x)|$ 非常小;

(2)近似误差或绝对误差 $|x-x_0|$ 非常小。

当然,我们不可能知道绝对误差,所以结果必须以某种方式来近似。本章将讲解一些求解非线性方程近似解的简单方法。当近似误差的估计值容易获得时,通常使用近似误差来描述 x_0 与 x 的距离,否则就使用残差来描述。

但误差估计也有可能会对解的判断产生误导,我们需要用一些方法来调整和改进误差估计。

本章首先重点讨论二分法求方程的解,你可以在二分法编程过程中熟悉 MATLAB 的编程技巧。练习 2.1~2.7 是一组循序渐进的基础训练,练习 2.8~2.10 涉及三种相互独立的求根方法:割线法、试位法(Regula Falsi 法)和 Muller 法。

2.2　编程风格

在互联网和相关书籍(例如[*Quarteroni et al.* (2007)][1])中有许多 MATLAB 代码,这些代码的风格多种多样。本书示例中使用的代码编写风格具有一定的统一性,它是编者认为最容易阅读、理解和调试的风格。本书中的代码遵循如下所列的一些编程规则。

- 每行只有一条语句,极少数例外。
- 重要变量以长名称命名,以名词开头,修饰词首字母大写。
- 循环索引和其他次要的变量名称都很短,通常只有一个字母,如 k、m 或 n。避免使用 i 和 j 作为变量名。
- 循环和条件语句判断的内部语句都有缩进。
- 函数文件在函数签名后都有注释,可以使用"help"命令来查看,在注释中重复函数签名来说明该函数的用法。

这些编程规则提高了代码的可读性,可以使读者更好地阅读理解。

可读性对于调试很重要,如果代码难以阅读,将会增大调试的难度。代码调试通常费心费

---

① 　Quarteroni, A., Sacco, R., Saleri, F. (2007). Numerical Mathematics (Springer), ISBN 978 - 3 - 540 - 34658 - 6.

时,因此我们要想尽办法简化调试工作。当其他人阅读你的代码时,也同样看重可读性,在阅卷时,老师需要阅读你的代码才能给出分数,使用上面的准则可以让你的代码更规范。

2.3　样本问题

假设求解方程

$$\cos x = x$$

你想知道它的解是否唯一,值是多少。但这不是一个代数方程,所以没有显式表达式。既然不能求得方程的精确解,我们可以尝试一些其他的方法。假设方程有一个解 x_0,我们可以找到一个数字 x,它近似地满足方程(残差很小)并且尽可能接近 x_0(近似误差很小)。练习 2.1 和练习 2.2 都使用了图像来直观地说明方程解的存在。

注 2.1:MATLAB 具有按名称绘制某些函数的功能。本书不会涉及此功能,因为它太专业了。我们可以使用初学 MATLAB 绘图时用到的方法来绘制图像:通过构造一对 x 值(横坐标)和对应 y 值(纵坐标)的向量,然后用线把向量表示的点连接起来。

练习 2.1

下列步骤展示了如何使用 MATLAB 将函数 $y = \cos x$ 和 $y = x$ 绘制在 $[-\pi, \pi]$ 区间图中。

(1)定义一个变量(向量)xplot,它是 -pi 和 pi 之间的 200 个等距值。可以使用 linspace 函数来定义它。

(2)通过 y1plot = cos(xplot) 定义变量(向量)y1plot,表示曲线 $y = \cos x$。

(3)通过 y2plot = xplot 定义变量(向量)y2plot,表示曲线 $y = x$。

(4)先输入 plot(xplot,y1plot)绘制 $y = \cos x$ 图像,然后用 hold on 命令保留当前绘图,再输入 plot(xplot,y2plot)绘制 $y = x$ 图像,最后输入 hold off 命令即可将 y1plot 和 y2plot 绘制在一张图中。

注意:如果阅读 plot 函数的帮助文档,你会发现可以用 plot(xplot、y1plot、xplot、y2plot)这一个命令来实现上述功能。

(5)可以看到两条线相交,这表明方程 $\cos x = x$ 的解存在。从图中读取交点处 x 的近似值。

练习 2.2

(1)编写 cosmx. m(函数名表示"COS Minus X"),定义函数

$$f(x) = \cos x - x$$

回顾一下,m 函数文件是一个以单词 function 开头的文件,格式如下所示:

```
function y = cosmx ( x )
   % 函数 y = cosmx(x)计算 y = cos(x) - x 的值
   % 姓名和日期
```

```
    y = ???
  end
```

（2）使用 cosmx 函数计算 cosmx(0.5)，结果约为 0.377 58，且不应产生无关的输出信息。

（3）用上文提到的绘图方法（格式如下所示）将 cosmx 函数和 $-\pi \leqslant x \leqslant \pi$ 之间的横轴放在一张图上。

```
plot(???
hold on
plot(???
hold off
```

> **提示**：横轴是 $y=0$。要将其绘制成函数，需要在 $-\pi$ 到 π 之间至少选择两个 x 值组成向量，还需要一个由 y 值组成的对应向量，所有的 y 值都为零。为更方便，也可以使用 zeros 函数。

（4）曲线穿过 x 轴处的 x 值是否与练习 2.1 中的一致？

2.4 二分法

二分法的思想非常简单。假设给定了两个值 $x=a$ 和 $x=b(a<b)$，函数 $f(x)$ 在其中一个值处为正，在另一个值处为负（此时 $[a,b]$ 被称为函数的"符号变化区间"）。假设 f 是连续的，则区间中必定至少有一个根。

直观地说，如果把一个函数的符号变化区间一分为二，那么其中一半必定也是一个符号变化区间，而且只有原来的一半。继续一分为二，直到符号变化区间非常小（达到了给定的精确度）为止。

考虑区间中点 $x=(a+b)/2$，如果 $f(x)=0$，则求根结束（这不大可能）。如果 $f(x)\neq0$，则根据 $f(x)$ 的符号，可以知道根位于 $[a,x]$ 还是 $[x,b]$ 中。此时，符号变化区间变成了之前的一半。我们继续用新的符号变化区间重复这个过程，直到区间足够小为止。

这种方法一定会收敛，我们甚至可以计算可能需要的最大步骤数，因为符号变化区间的长度是有规律减小的，所以二分法是一种稳健的算法。

练习 2.3

（1）如果知道区间端点 a 和 b 以及精确度 s，我们就可以提前预测达到指定精确度所需的步数。请问计算步数所需的公式是什么？

（2）试列举一个连续函数，该函数在区间 $[-2,1]$ 内只有一个根，但无法使用二分法求根。

2.5 MATLAB 中的变量函数名称

在学习二分法程序之前，让我们先讨论一些编程问题。如果你之前没有太多编程经验，那么可以借此机会了解一下如何选择要设置的变量、如何给变量命名以及如何控制代码背后的逻辑。

首先,你应该把二分法写成一个 MATLAB 函数。注意是将其作为函数文件而不是 m 脚本文件(不带函数头的文件),也不是在命令行中输入所有代码。第一个原因是我们需要在不同的区间端点多次执行该算法,函数文件允许我们使用临时变量,第二个原因是函数也是编程的一项重要工具。

[*Quarteroni et al.*(2007)][1]和[*Atkinson*(1978)][2]对二分法进行了详细描述。该算法可以用下列方式表示(注:当且仅当 $f(a)$ 和 $f(b)$ 符号相反且均不为零时,乘积 $f(a) \cdot f(b)$ 为负)。

给定 $f:\mathbf{R} \to \mathbf{R}, a, b \in \mathbf{R}$,使得 $f(a) \cdot f(b) < 0$;构造数列 $a^{(k)}$ 和 $b^{(k)}$,其中 $k = 0, \cdots$,令 $a^{(1)} = a$,$b^{(1)} = b$,当 $k > 0$ 时,可以通过下列步骤,使得对于每个 k 都有 $f(a^{(k)}) \cdot f(b^{(k)}) < 0$。

(1)令 $x^{(k)} = (a^{(k)} + b^{(k)})/2$;

(2)若 $|x^k - b^{(k)}|$ 足够小,或者 $f(x^{(k)}) = 0$,退出循环;

(3)若 $f(x^{(k)}) \cdot f(a^{(k)}) < 0$,令 $a^{(k+1)} = a^{(k)}$ 和 $b^{(k+1)} = x^{(k)}$;

(4)若 $f(x^{(k)}) \cdot f(b^{(k)}) \leqslant 0$,令 $a^{(k+1)} = x^{(k)}$ 和 $b^{(k+1)} = b^{(k)}$;

(5)返回到步骤(1)。

二分法可以用下列更适合计算机实现的方式来描述。任何计算机程序都必须考虑何时停止迭代的问题,如下所示:

二分法 $\mathrm{Bisect}(f, a, b, x, \epsilon)$;

(1)令 $x := (a + b)/2$;

(2)若 $|b - x| \leqslant \epsilon$,或 $f(x) = 0$,则 x 为方程的根,退出循环;

(3)若 $\mathrm{sign}(f(b)) * \mathrm{sign}(f(x)) < 0$,则令 $a := x$,否则 $b := x$;

(4)返回到步骤 1。

> **注 2.2**
> - 该算法的后一种形式可以写成循环形式,并且有明确的循环终止条件。
> - 该算法的后一种形式使用符号函数而不是 f 的值来确定符号。由于舍入误差的存在,使用符号函数进行符号判断会更加准确。如果 $f(a) > 0, f(b) > 0$,并且它们都小于 $\sqrt{\mathrm{realmin}}$(realmin 表示最小标准浮点数),那么它们的乘积在 MATLAB 中就是零,而不是正数。

上文中描述 $\mathrm{Bisect}(f, a, b, x, \epsilon)$ 的语言是一种"伪代码",它基于一种名为 Algol 的计算机语言,其目的是在书籍和论文中解释和说明算法(术语"伪代码"也可用来表示计算机语言与自然语言的任何组合)。下面展示如何用 MATLAB 语言实现这个伪代码中的算法。首先,令 $f(x)$ 为上文中的函数 cosmx,令二分法精确度为 $\epsilon = 10^{-10}$。

下列函数将对 cosmx 函数进行二分法运算。MATLAB 中函数的返回值和参数是分开的,因此变量 x 和 itCount 被写在等号的左边。

```
function [x,itCount] = bisect_cosmx( a, b)
```

---

① Quarteroni, A. , Sacco, R. , Saleri, F. (2007). Numerical Mathematics (Springer), ISBN 978 - 3 - 540 - 34658 - 6.

② Atkinson, K. (1978). An Introduction to Numerical Analysis (Wiley, New York).

```
% [x,itCount] = bisect_cosmx( a, b)使用二分法在 a 和 b 之间找到 cosmx 的根,容
    差为 1.0e-10
% a 是区间左端点
% b 是区间右端点
% cosmx(a)和 cosmx(b)的符号应该相反
% x 是 cosmx 的根的近似值
% itCount 表示迭代次数
% 姓名和日期
EPSILON = 1.0e-10;
fa = cosmx(a);
fb = cosmx(b);
for itCount = 1:(???) % fill in using the formula from Exercise3
  x = (b+a)/2;
  fx = cosmx(x);
  % 下列语句输出代码的进度
  disp(strcat('a = ', num2str(a), ', fa = ', num2str(fa),...
              ', x = ', num2str(x), ', fx = ', num2str(fx),...
              ', b = ', num2str(b), ', fb = ', num2str(fb)))
  if ( fx == 0 )
    return; % 找到了方程的根
  elseif ( abs ( b - x ) < EPSILON )
    return; % 满足收敛准则
  end
  if ( sign(fa) * sign(fx) <= 0 )
    b = x;
    fb = fx;
  else
    a = x;
    fa = fx;
  end
end
error('bisect_cosmx failed with too many iterations! ')
end
```

注 2.3:这段代码的函数有输出语句,但 disp 语句只输出函数运行的进度,一旦确定代码是正确的,它就可以被丢弃。第一章已经说明,在正式使用的函数中还是不要有输出语句。

上述代码和二分法算法的伪代码很相似,但也有一些差异。第一个不同之处在于二分法算法中生成端点$\{a_i\}$和$\{b_i\}$以及中点$\{x_i\}$的序列,而代码只跟踪最近的端点和中点值。这是

编写代码的常见策略，当不需要保留完整序列时，变量仅表示序列的最新值。

第二个不同之处在循环中。如果收敛准则永远无法满足，代码中就会使用 error 函数报错，并退出循环。如果函数出现了 error 报错，要么是实际迭代次数超过了最大迭代次数，要么是代码本身有 bug。

> **注意**：符号"＝＝"表示判断等式两边是否相等，使用单个"＝"会导致 MATLAB 显示语法错误（在像 C 这样的语言中，不会显示语法错误）。漏写一个"＝"是很常见的编程错误，且很难检查出来，所以平时需要牢记"＝＝"和"＝"的含义区别。

练习2.4

新建文件 bisect_cosmx.m，将上述二分法代码复制到文件中。

（1）用练习 2.3 第（1）条中预测迭代次数的公式替换上述代码中的"？？？"部分。迭代次数是一个整数，如果用练习 2.3(1) 中的公式算出来不是整数，请将它四舍五入到一个较大的整数（如果不确定练习 2.3(1) 中的结果是否正确，也可以直接将最大迭代次数定为 10 000）。

> **提示**：$\log_2(x) = \log(x) / \log(2)$。

（2）为什么 EPSILON 这个变量名称全为大写字母？

（3）变量 EPSILON 和 MATLAB 的特殊变量 eps 有相似的名字。在上述函数中，EPSILON 与 eps 有关吗？如果有关，为什么？

（4）解释一下符号函数 sign(x) 有什么作用？如果 x 是 0 该怎么判断符号？当 fa 和 fm 的值接近计算机上可以表示的最大或最小数字时，使用符号函数可以避免一些错误。

（5）disp 命令仅用于查看迭代进度。请注意，"…"表示行转义符（续行符）。

（6）如果调用了 error 函数，会有什么结果？

（7）尝试运行下列命令：

[z, iterations] = bisect_cosmx (0, 3)

z 值是否接近方程 cos(z)＝z 的根？

> **提示**：如果你看到报错信息，则表示你的最大迭代次数可能设置得太小了。

（8）一共需要进行多少次迭代？迭代次数是否不大于练习 2.3 公式计算的值？

（9）考虑一种特殊情况：当函数开始运行时，a 和 b 的距离已经比精确度更小，这时也会收到报错信息。这种情况下的报错就具有误导性，但这种情况非常罕见，因此不需要特别去修正它。请问这种情况下 itCount 的最终值是多少？

（10）在 MATLAB 命令行中输入 help bisect_cosmx，会看到注释变成了一条帮助信息，这就是把注释放在代码开头的原因之一。

（11）对于什么样的输入参数，函数会产生错误的答案（返回一个不接近方程根的值）？对于这种情况，在函数的循环开始之前添加一个 if 条件判断，让函数能够识别这种错误输入情况,并使用 error 函数报错。

(12)代码中使用 abs 的目的是什么?

2.6　收敛性标准

现在已经完成了 bisect_cosmx.m,它可以在任何区间上找到函数 cosmx 的根,但我们最终的目的是让它能够计算任意函数的根。因此我们可以先给另一个想要求根的函数创建 m 文件,并将它命名为 cosmx(因为 bisect_cosmx 中调用的函数文件名称是 cosmx,所以为了方便起见就不改名称了)。假设现在有三个函数文件:f1.m,f2.m 和 f3.m。每个文件中的函数都需要用二分法求根。那么按照刚才的说法,你先要把 f1.m 的文件重命名为 cosmx.m,然后修改文件内的函数名称,并对其他两个函数也重复此操作,但这样做也太麻烦了。

为了避免这种麻烦,可以给函数名称引入一个虚拟变量,在 MATLAB 中就是"函数句柄(function handles)",这在第一章已经见到过。

在练习 2.5 中,函数调用就使用了@符号来指定被调用函数的名称,如下所示:

[x, itCount] = bisect (@cosmx , a, b)

> **注意**:如果忘记在函数名前写@,MATLAB 将会报错(例如,错误使用 xxx 输入参数的数目不足)。所以在调用函数时,函数名前面必须加上@字符。当函数中出现报错时,请首先检查这一点。

练习 2.5

(1)新建一个 m 函数文件 bisect.m。

(a)将 bisect_cosmx.m 复制到 bisect.m 中。

(b)在 bisect 的声明行中,包含一个作为函数名的形参,不妨称之为 func,所以声明行可以这样写:

function [x, itCount] = bisect (func, a, b)

(c)修改注释,描述函数的目的,并解释变量 func。

(d)之前表示函数的 cosmx(x),现在可以写成 func(x)。例如:

fa = cosmx(a);

必须重写为

fa = func(a);

对 fa,fb 和 fx 也进行如上所示的更改。

(2)使用 bisect 时,必须在函数名称前面加上@

[z, iterations] = bisect (@cosmx, 0, 3)

运行该行命令并确保得到与之前相同的结果,这个步骤在编程中被称为"回归测试(regression testing)"

提示：如果忘记了在 cosmx 前面加@，并使用了下列命令：

[z, iterations] = bisect (cosmx, 0, 3) % 会报错！

将会收到下列报错信息：

\>> [z, iterations] = bisect (cosmx, 0, 3)
Not enough input arguments.
Error in cosmx (line 6)
y = cos(x) - x;

（3）考虑函数 $f_0(x)=1-x$，写一个名为 f0. m 的 m 文件（基于 cosmx. m，但函数变成了 f_0），并从符号变化区间 [0,3] 开始计算出方程的根 x=1（精确度为 EPSILON）。

注 2.4：MATLAB 有一种更简单的定义函数的方式，它不需要函数名称或 m 文件，并可以在任何可以使用函数句柄的地方使用它。例如，对于函数 $f_0(x)=1-x$ 可以写成

[z, iterations] = bisect (@(x) 1-x, 0, 3);

或者是

f0 = @(x)1-x;
[z, iterations] = bisect (f0, 0, 3);

使用后一种形式时要小心，虽然在 bisect 调用中没有@符号，但它仍然是一个函数句柄。

练习 2.6

表 2-1 包含 5 个函数的表达式和符号变化区间。根据表达式写 5 个简单的 m 函数文件，f1. m，f2. m，f3. m，f4. m 和 f5. m，每个都类似于 cosmx. m。然后使用二分法在给定的区间内找到它们的根，并填写下表。

表 2 - 1

名称	表达式	符号变化区间	方程的根	迭代次数
f1	x^2−9	[0,5]		
f2	x^5−x−1	[1,2]		
f3	x * exp(−x)	[−1,2]		
f4	2 * cos(3 * x)−exp(x)	[0,6]		
f5	(x−1)^5	[0,3]		

从上文可看出，二分法算法有很好的循环终止条件，并且可以在开始计算之前预测迭代次数。这一特点非常优秀，但也非常少见。在大多数情况下，设计一个好的循环终止条件和设计算法本身都需要花费同样的工夫。

常用的一种循环终止条件是当函数的残差很小时停止循环($|f(x)|\leqslant\epsilon$)。这个终止条件很好用,但它也有缺点。

练习2.7

(1)将 bisect.m 复制到 bisect0.m 中。请记得修改文件中的函数名称。然后将

```
elseif ( abs ( b - x ) < EPSILON )
```

改为

```
elseif ( abs ( fx ) < EPSILON )
```

由于最大迭代次数的理论表达式未知,所以还应该将最大迭代次数改为 10 000。

(2)考虑区间[0,3]上的函数 f0＝x－1。新函数 bisect0 能否求出它的根?

(3)残差与零的差值被称为残余误差,而代码得出的解与真实解(通过手动求解或其他方法得出)之间的差值被称为绝对误差。使用 bisect0 求出函数 f0 的根时,残余误差和绝对误差分别是多少? 一共需要多少次迭代?

(4)当使用 bisect0 来寻找函数 f5＝(x－1)^5 的根时,残余误差和绝对误差分别是多少? 一共需要多少次迭代?

(5)总结(3)(4)两题的区别,并填写表 2－2。

表 2－2

名称	表达式	符号变化区间	残余误差	绝对误差	迭代次数
f0	x－1	[0,3]			
f5	(x－1)^5	[0,3]			

(6)在 bisect0 中 EPSILON ＝1.0e－10,表中的残余误差是否总小于 EPSILON? 绝对误差呢?

2.7　割线法

割线法的描述详见[*Atkinson*（1978）][1]第 66 页或[*Quarteroni et al.*（2007）][2]第 6.2.2 节。它不像二分法那样将符号变化区间一分为二,而是将函数近似为通过两个点 $x＝a$ 和 $x＝b$ 的线性函数,然后找到该线性函数的根。区间[a,b]不一定是符号变化区间,x 的下一个迭代值也不一定位于区间[a,b]内。因此,割线法必须使用残余误差判断收敛,而不用绝对误差。

如果一条直线穿过两点($a,f(a)$)和($b,f(b)$),那么当 $x=b-\dfrac{b-a}{f(b)-f(a)}f(b)$ 时,这条直线就与 x 轴($y=0$)相交。

割线法可以用下列算法来描述。

割线法 Secant(f、a、b、x、ϵ)

---

[1]　Atkinson, K. (1978). An Introduction to Numerical Analysis (Wiley, New York).

[2]　Quarteroni, A., Sacco, R., Saleri, F. (2007). Numerical Mathematics (Springer), ISBN 978-3-540-34658-6.

（1）令

$$x = b - \frac{b-a}{f(b)-f(a)}f(b)$$

（2）若 $|f(x)| \leqslant \epsilon$，则 x 为近似解，退出循环。

（3）用 b 替换 a，用 x 替换 b。

（4）返回步骤 1。

割线法有时比二分法快得多，但由于它不能确定方程的根位于哪个区间，割线法有时也会无法收敛。与二分法不同，割线法可以推广到多元函数，这种推广通常被称为 Broyden 法（Broyden's method）。

练习 2.8

（1）按照下列步骤编写 secant.m。

　　（a）基于 bisect0.m 来编写 secant.m，首先从下列代码开始；

```
function [x,itCount] = secant(func, a, b)
    % [x,itCount] = secant(func, a, b)
    %添加描述函数用途和变量含义的注释
    %姓名和日期
    << your code >>
end
```

　　（b）根据残余误差判断收敛情况，令 EPSILON＝1.0e－10，最大迭代次数为 1 000；

　　（c）注释掉所有 disp 行，使函数"安静地运行"；

　　（d）根据上面给出的割线法算法完成 secant.m。

（2）用线性函数 f0(x)＝x－1 测试 secant.m，可观察到函数只用一次迭代就收敛到了精确的根。请解释一下为什么只需要一次迭代。

（3）使用割线法，重复上述二分法中的实验，并填写表 2-3。

表 2-3

名称	表达式	符号变化区间	割线法方程的根	割线法迭代次数	二分法方程的根	二分法迭代次数
f1	x^2－9	[0,5]				
f2	x^5－x－1	[1,2]				
f3	x * exp(－x)	[－1,2]				
f4	2 * cos(3 * x)－exp(x)	[0,6]				
f5	(x－1)^5	[0,3]				

　　（4）在表 2-3 的结果中，割线法可能比二分法更快，也可能更慢。收敛也可能失败，要么收敛到不接近根的值，要么收敛到比预期精确度低得多的值。假设表中二分法收敛到的根是准确的，割线法计算哪个函数时收敛的值和二分法不同？计算哪个函数时收敛的精确度比预期精确度低？

2.8　试位法（The Regula Falsi method）

[Quarteroni *et al*.（2007）][1]在第 6.2.2 节讨论了试位法。试位法可以看作二分法和割线法的结合,因为试位法的区间[a,b]开始时是符号变化区间,缩小后的区间同样也是符号变化区间。

试位法 Regula(f、a、b、x、ϵ)

（1）令

$$x = b - \frac{b-a}{f(b)-f(a)}f(b)$$

（2）若$|f(x)| \leqslant \epsilon$,则 x 为近似解,退出循环。

（3）如果 sign($f(a)$) * sign($f(x)$) $\geqslant 0$,则令 $a=b$,确保区间始终为符号变化区间。

（4）令 $b=x$。

（5）返回到步骤 1。

注 2.5:算法第 3 步确保区间[a,b]始终为符号变化区间,即初始符号变化区间的子区间。因此,与割线法不同,试位法一定会收敛,尽管收敛可能需要很长时间。

练习 2.9

（1）根据 bisect0.m,编写 regula.m 实现试位法。

（2）在区间[-1,2]上求解 f0(x)=x-1 的根。应该在一次迭代中就得到准确的答案。

（3）使用试位法重复练习 2.8 中的实验,并填写表 2-4。

表 2-4

名称	表达式	符号变化区间	试位法方程的根	试位法迭代次数	割线法迭代次数	二分法迭代次数
f1	x^2-9	[0,5]				
f2	x^5-x-1	[1,2]				
f3	x * exp(-x)	[-1,2]				
f4	2 * cos(3 * x)-exp(x)	[0,6]				
f5	(x-1)^5	[0,3]				

注意:练习 2.8(4)所述问题指的是 f3,而不是 f5(f5 只是收敛得慢,但并不会收敛到错误的值)。

在表 2-4 中,试位法可能比二分法和割线法更快,也可能更慢。但试位法不会出现收敛

①　Quarteroni, A., Sacco, R., and Saleri, F. (2007). Numerical Mathematics (Springer), ISBN 978-3-540-34658-6.

到不接近根的值,或者收敛时的精确度比预期精确度低的情况。

(4)函数 f5,(x-1)^5 对于试位法来而言很难收敛,请将收敛精确度放宽到 10^{-6},将最大迭代次数增加到 500 000,并填写表 2-5(确保注释掉所有 disp 语句)。

表 2-5

名称	表达式	符号变化区间	试位法 方程的根	试位法 迭代次数
f5	(x-1)^5	[0,3]		

现在代码应该收敛成功了,但它需要的迭代次数非常多。

(5)regula. m 和 bisect. m 都能保证 x 始终在符号变化区间内,但为什么在 regula. m 中使用 bisect. m 的收敛准则是错误的呢?

2.9 米勒法(Muller's method)

在割线法中,函数由其割线(通过两个端点的线性函数)近似,然后用该线性函数的根进行下一次迭代。Muller 法对该步骤做了改进,用二次函数来近似原函数并求根,然后用这个二次函数的根进行下一次迭代。

Muller 法的函数签名如下所示:

[result, itCount] = muller(func, a, b)

(可以从文件 muller. txt 中找到该代码)

(1)令收敛精确度 $\epsilon=10^{-10}$,最大迭代次数 ITMAX = 100。

(2)在符号变化区间 $[a,b]$ 中选择第三个点(构造一个二次函数需要三个点),不要选区间中点。

```
x0 = a;
x2 = b;
x1 = 0.51 * x0 + 0.49 * x2;
```

(3)将 y0、y1 和 y2 分别作为 func 函数在 x0、x1 和 x2 处的值。

(4)确定通过三个点(x0,y0),(x1,y1)和(x2,y2)的多项式 $y(x)=A(x-x_2)^2+B(x-x_2)+C$ 的系数 A,B 和 C。

```
A = ((y0 - y2) * (x1 - x2) - (y1 - y2) * (x0 - x2)) / ...
    ( (x0 - x2) * ( x1x2) * (x0 - x1) );
B = ( (y1 - y2) * (x0 - x2)^2 - (y0 - y2) * (x1 - x2)^2  ) / ...
    ( (x0 - x2) * (x1 - x2) * (x0 - x1) );
C = y2;
```

(5)如果上述多项式有实根,找到其中更接近 x2 的实根。

```
if A ~ = 0
  disc = B * B - 4.0 * A * C;
```

```
    disc = max( disc, 0.0 );
    q1 = (B + sqrt(disc) );
    q2 = (B - sqrt(disc) );
    if abs(q1) < abs(q2)
      dx = - 2.0 * C/q2;
    else
      dx = - 2.0 * C/q1;
    end
  elseif B ~ = 0
    dx = - C/B;
  else
    error(['muller: algorithm broke down at itCount = ',
    num2str(itCount)])
  end
```

（6）丢弃点（x0、y0），并添加新的点。

```
x0 = x1;
y0 = y1
x1 = x2;
y1 = y2;
x2 = x1 +   dx;
y2 = func(x2);
```

（7）如果剩余值（y2）小于 ϵ，则退出循环并返回 result = x2。

（8）如果迭代次数没有超过 ITMAX，返回到步骤 4，如果超过了 ITMAX，请输出一个错误信息。

练习 2.10

（1）按照上述方法，创建文件 muller.m 实现 Muller 法求方程的根。

（2）在区间[0,2]上求解简单线性函数 $f_0(x) = x - 1$ 的根。应该在一次迭代中就得到准确的答案，如果迭代次数超过了一次，代码就可能存在错误。请用一句话解释为什么只需要一次迭代。

（3）在区间[0,5]上对函数 f1 进行测试。同上，应该在一次迭代中就得到准确的答案，如果迭代次数超过了一次，代码可能出现了错误。请用一句话解释为什么只需要一次迭代。

（4）使用 muller.m 重复前面练习中的实验，并填写表 2-6。

表 2-6

名称	表达式	符号变化区间	Muller 法方程的根	Muller 法迭代次数	试位法迭代次数	割线法迭代次数	二分法迭代次数
f1	x^2-9	[0,5]					
f2	x^5-x-1	[1,2]					

续表

名称	表达式	符号变化区间	Muller 法方程的根	Muller 法迭代次数	试位法迭代次数	割线法迭代次数	二分法迭代次数
f3	x * exp(−x)	[−1,2]					
f4	2 * cos(3 * x)−exp(x)	[0,6]					
f5	(x−1)^5	[0,3]					

　　应该注意到,由于每次迭代的区间不一定是符号变化区间,因此 Muller 法可能会收敛失败。我们可以将上述几种方法进行组合,即保留割线法或 Muller 法的速度,但在每次迭代中都保证区间为符号变化区间,避免收敛失败。有一种名为 Brent 法的方法就进行了上述组合,详见[*Brent's Method*][1],[*Brent* (1970)][2] 和[*Atkinson* (1978)][3]第 2.8 章。

---

[1]　http://en.wikipedia.org/wiki/Brent%27s_method.

[2]　Brent, R. P. (1970). An Algorithm with Guaranteed Convergence for Finding a Zero of a Function, chap. 4 (Prentice-Hall, Englewood Cliffs, NJ), ISBN 0 - 13 - 022335 - 2, pp. 61 - 80.

[3]　Atkinson, K. (1978). An Introduction to Numerical Analysis (Wiley, New York).

第 3 章　牛顿法

3.1　引　言

在第 2 章中,我们看到二分法求方程的根(第 2.4 节)非常可靠,但它耗时较长,不容易推广到多元函数。割线法(2.7 节)和 Muller 法(2.9 节)的收敛速度比二分法更快,但也有各自的缺点。目前最常用的方程求根方法是牛顿法(也称 Newton-Raphson 法)。

本章将介绍如何用牛顿法求方程的根。牛顿法可以自然地推广到多元函数,而且速度比二分法等方法快得多。但牛顿法的缺点是需要函数及其导数的公式,而且很容易收敛失败。尽管如此,它仍然是数值分析中的一种重要方法。

练习 3.1 至 3.5 旨在介绍牛顿法,练习 3.9 说明了牛顿法对包含复数的情况同样适用,并引出了第 4 章中的二维函数牛顿法,剩下的其他练习则涉及个别独立的问题。

3.2　终止测试

求根函数在每次迭代之后都会检查当前计算的结果是否满足给定的精确度,这样的检查过程叫作"终止条件(termination conditions)""收敛条件(convergence conditions)"或"终止测试(stopping tests)"。常用的检查方法包括:

残差大小:$|f(x)| < \epsilon$;
增量大小:$|x_{\text{new}} - x_{\text{old}}| < \epsilon$;
迭代次数:itCount>ITMAX。

残差大小看上去是一个很好的方法,因为残差在理想情况中等于零。然而,在实际应用中很少利用残差作为终止测试条件,因为即使迭代值远离真值,残差也可能很小。在第 2 章中求解函数 $f_5(x) = (x-1)^5$ 的根时,就出现了上述情况。增量大小是一个合理的选择,因为牛顿法(通常)是二次收敛的,当它收敛时,增量是真实误差的一个很好的近似估计。当迭代次数可能会超过最大限制时,用第三个终止条件可以确保迭代始终在有限时间内终止。

注意,迭代终止条件基于估计误差(estimated errors)。在本章和后面的章节中将看到许多计算估计误差的表达式。估计误差与真实误差($|x_{\text{approx}} - x_{\text{exact}}|$)不同。真实误差不在终止测试中使用,因为通常情况下我们不知道 x_{exact} 是多少。

3.3　迭代失败

在第 2 章中我们已经看到二分法非常可靠,很少迭代失败,但它总是需要(有时很大)固定的迭代次数。牛顿法在大多数情况下都能快速而正确地工作,但它也有迭代失败的时候。本章将展示牛顿法何时会迭代失败,以及迭代失败之后该怎么做。

3.4　牛顿法介绍

牛顿法的定义详见[*Quarteroni et al.*（2007）][1]第 255 页，该书第 263 页讨论了牛顿法的收敛性，第 286 页讨论了牛顿法求方程组的解（该部分内容也可详见[*Atkinson*（1978）][2]第 2.2 节或[*Ralston and Rabinowitz*（2001）][3]第 361 页）。牛顿法的思想是从一个猜测的起始点 x_0 开始，找到一个通过点 $(x_0, f(x_0))$ 并且斜率为 $f'(x_0)$ 的直线方程。这个线性方程的根 x_1（即该直线与 x 轴相交的位置）就是下一次迭代的起始点，以此类推。牛顿法对于许多类型的函数都能收敛，也是非线性方程组的一种主要解法。

我们可以从函数导数的定义中快速而简便地推导牛顿法的公式。假设有一点 $x^{(k)}$[4]，则在该点处函数 f 的切线表达式可以写成

$$\frac{f(x^{(x)} + \Delta x) - f(x^{(k)})}{\Delta x} = f'(x^{(k)}) \tag{3.1}$$

如果 f 是线性的，那么其切线表达式与 f 的表达式相同，并且 $(x^{(k)} + \Delta x)$ 就是它的根。但由于 f 不一定是线性的，所以还需要定义下一次迭代，如下所示：

$$\frac{-f(x^{(k)})}{\Delta x} \approx f'(x^{(k)})$$

或

$$\Delta x = x^{(k+1)} - x^{(k)} = -\frac{f(x^{(k)})}{f'(x^{(k)})} \tag{3.2}$$

牛顿法也适用于函数自变量和因变量都为向量的多元向量值函数，只要导数计算得当。假设 x 和 f 都是 n 维向量。那么 f 的雅可比矩阵 J 的元素可以表示为

$$J_{ij} = \frac{\partial f_i}{\partial x_j}$$

（$i=1$ 表示 J 的第一行，$i=2$ 表示 J 的第二行，以此类推，这使 J_{ij} 的下标和 MATLAB 中的矩阵下标相对应）。在这种情况下，J 可以代替 f 的导数 f'，如公式（3.5）所示。

下列定理给出了牛顿法的收敛性。

定理 3.1(牛顿法)

（a）设 $f(x)$ 是一个根为 r 的可微函数，$f(r)=0$。若 $f'(r) \neq 0$ 且 x^0 是 r 附近的某个值，则数列

$$x^{(k+1)} = x^{(k)} - f(x^{(k)})/f'(x^{(k)}) \tag{3.3}$$

---

[1]　Quarteroni, A., Sacco, R., Saleri, F. (2007). Numerical Mathematics (Springer), ISBN 978‐3‐540‐34658‐6.

[2]　Atkinson, K. (1978). An Introduction to Numerical Analysis (Wiley, New York).

[3]　Ralston, A. and Rabinowitz, P. (2001). A First Course in Numerical Analysis (Dover Publications, Mineola, New York), ISBN 0‐486‐41454‐X.

[4]　括号中的上标用于表示迭代数（防止迭代次数、幂和向量分量之间的混淆）。

收敛于 r。并且当 k 足够大时，数列满足下列不等式

$$|x^{(k+1)}-r| \leqslant C |x^{(k)}-r|^2 \tag{3.4}$$

其中 C 是一个常数。

（b）设 $f(x)$ 是一个根为向量 r 的可微向量值函数，$f(r)=0$。$f(x)$ 的雅可比矩阵为 J，如果 $J(r)$ 是一个可逆矩阵且 $x^{(0)}$ 足够接近 r，则数列

$$\boldsymbol{x}^{(k+1)}-\boldsymbol{x}^{(k)}=-\boldsymbol{J}^{-1}(\boldsymbol{x}^{(k)})^{-1} f(\boldsymbol{x}^{(k)}) \tag{3.5}$$

收敛于 r。并且当 k 足够大时，数列满足下列不等式

$$\| \boldsymbol{x}^{(k+1)}-r \| \leqslant C \| \boldsymbol{x}^{(k)}-r \|^2 \tag{3.6}$$

其中 C 是一个常数。

注 3.1：在实际操作中，我们不会直接使用式（3.5）中的求逆运算，而是使用 MATLAB 反斜杠运算符（"/"），因为它比直接求逆大约快三倍，而且需要的存储空间更少。

注 3.2：式（3.4）和（3.6）表示牛顿法是二次收敛的，这是一个非常好的收敛性质。这表示一旦迭代值达到了给定精确度的第一个小数位，那么下一次迭代将至少增加一个小数位的精度。当所求函数的根较小时，达到精确度后的每次迭代将使迭代值的小数位的精度翻倍。所求函数的根较大时，舍入误差通常会限制迭代值精度的提高。一个经验规律表明，一旦牛顿法开始收敛，后续的每次迭代至少会增加一到两个小数位的精确度。

3.5　编写待求根函数代码

牛顿法既需要待求根的函数值，也需要其导数值，而二分法只需要函数值。在第一章中我们已经了解到 MATLAB 函数如何返回多个参数（例如，同时返回方程的根和迭代次数）。本节将使用相同的方法同时返回待求根函数的函数值及其导数值。以第 2 章的文件 f1.m 为例，进行下列修改后，它可以同时返回函数值（y）及其导数值（yprime）。

```
function [y,yprime] = f1(x)
    % 函数[y,yprime]= f1(x)计算 y = x^2 - 9 和它的导数 yprime = 2 * x 的值
    % 姓名和日期
    if numel(x)>1 % 检查 x 是否为标量
        error('f1：x must be a scalar！')
    end
    y = x^2 - 9;
    yprime = 2 * x;
end
```

注 3.3：上述修改后的代码仍然可以用于二分法求解，因为如果不显式请求函数返回第二个参数，它只会返回第一个参数（y）。

> **注 3.4**:虽然[value,derivative]看起来像一个具有两个元素的向量,但它不是向量。在第 4 章中你会看到,多元向量值函数的函数值 value 是一个向量,它的导数 derivative 则是一个矩阵。

在练习 3.1 中,将编写 4 个类似于 f1. m 的文件,用 4 个不同的函数来测试牛顿法。这些函数与第 2 章使用的函数相同,但在这里还要求出它们的导数,这些导数需要手动计算,然后将它们分别写进 4 个函数对应的 m 文件中。

除此之外还有下列几种方式可以计算导数,但在本章中不会使用:

- 重新命名一个新的 m 文件(如 df0、df1 等)来单独计算导数值;
- 使用差商公式计算导数,这种方法适用于非常复杂的函数;
- 使用 MATLAB 符号工具箱中的符号微分功能对函数表达式进行求导,这种方法可以求出导数的表达式,但它花费的时间较长;
- 还有一些方法可以自动从定义函数的 m 文件或符号表达式中求出导数表达式,这些方法可以用来自动生成导数的 m 文件。

练习 3.1

(1)新建 5 个 m 函数文件 f0. m,f1. m、f2. m、f3. m 和 f4. m,同时返回表 3-1 中函数的函数值和导数值(yprime)。手动计算导数表达式,并仿照上文对 f1. m 的处理方式,将它们写进 m 文件中。

表 3-1

名称	表达式	函数的导数值
f0	$y = x - 1$	yprime=
f1	$y = x^2 - 9$	yprime=
f2	$y = x^5 - x - 1$	yprime=
f3	$y = x * \exp(-x)$	yprime=
f4	$y = 2 * \cos(3 * x) - \exp(x)$	yprime=

(2)写出 f2. m 的代码。

(3)使用 help f0 命令检查你的注释中是否包含 f0 的表达式,对 f1、f2、f3、f4 进行同样的检查。

(4)当 $x = -1$ 时,这五个函数的函数值和导数值分别是多少?

3.6　编写牛顿法代码

在练习 3.2 中,你将学习如何将牛顿法写成 m 函数文件,然后使用参数数量可变的函数来简化函数调用。其中最大迭代次数作为可选参数,省略此参数时,则采用其默认值。

牛顿法的代码会比 bisect. m 更简洁,下面的练习会带你一步一步地完成它。这些练习包括测试代码、检查正确性、发现错误和纠正错误,这些步骤对于编写正确的代码不可或缺。

　　牛顿法的理论收敛速度是二次收敛。这个结论将帮助你检查代码的正确性,因为二次收敛速率基于对导数的精确计算,即使在导数中出现一个看似微小的错误,也可能会产生收敛速度过慢或发散的情况。在练习 3.1 的表格中,所有函数迭代都不应多于 25 次。如果大于 25 次,检查你的导数公式(一般来说,如果你在使用牛顿法时,一个函数需要数百或数千次迭代才能收敛,那么在绝大多数情况下,你的代码都有错误)。

练习 3.2

(1)编写文件 newton. m。

　　(a)新建一个名为 newton. m 的 m 文件,这可以使用菜单中的"edit"按钮或者直接在命令行输入 edit newton. m。

　　(b)写函数签名,然后添加注释。注释里应该先将函数签名重复一遍,再写一两行解释函数的功能,以及每个参数的含义,最后写上姓名和日期。

```
function [x,numIts] = newton(func,x,maxIts)
  % [x,numIts] = newton(func,x,maxIts)
  % func 是签名为[y,yprime] = func(x)的函数句柄
  % 作为输入时,x 表示迭代起始点
  % 作为输出时,x 表示最终迭代结果
  % EPSILON 表示_____
  % maxIts 表示_____
  % maxIts 是一个可选参数
  % maxIts 的默认值为 100
  % numIts 表示_____
  % 用牛顿法求满足 func(x) = 0 的 x 值
  % 姓名和日期
  % 检查 x 是否为标量
  if numel(x) > 1 % numel 函数返回 x 中元素的个数
    error('newton: x must be a scalar')
end
```

　　(c)从编程的角度来看,迭代次数应该限制在某个(较大的)范围内。在下面的代码中,变量 nargin 表示函数调用中输入参数的数量,在不特别指定 maxIts 的值时,使用 100 为其默认值。

```
if nargin < 3
  maxIts = 100;   % 如果不指定 maxIts 的值,则 maxIts 默认为 100
end
```

　　(d)定义收敛准则。

```
EPSILON = 5.0e - 5;
```

　　(e)不同人对于循环语句的使用习惯不同,有些人喜欢 while 循环,这样循环终止条

件就会出现在语句开头。但如果要计算迭代次数,不妨使用 for 循环,如下所示。

```
for numIts = 1:maxIts
```

(f)计算点 x 处的函数值及其导数值,与 bisect. m 中类似。请注意,循环内部的语句要缩进,变量名可以自行指定。这里回顾一下 3.5 小节学习的一个函数返回两个参数的语法。

```
[value,derivative] = func(x);
```

(g)将变量增量(increment)定义为函数值除以其导数值的相反数,这里的增量对应式(3.3)中等号右侧部分。

(h)使用下列语句表示式(3.3)。

```
x = x + increment;
```

(i)使用下列语句完成循环。

```
    errorEstimate = abs(increment);
    disp(strcat(num2str(numIts),' x = ', num2str(x), ...
      ' error estimate = ', num2str(errorEstimate)));
    if errorEstimate<EPSILON
      return;
    end
  end
  % 如果代码运行到这里,迭代就失败了!
  error('newton: maximum number of iterations exceeded. ')
end
```

如果函数在 maxIts 次迭代之内收敛,则会 return 返回。如果在 maxIts 次迭代后仍未满足给定精确度,则 error 函数将使计算终止,并显示红色的报错信息。最好在 error 函数中的报错信息里写上对应的函数名称,这样可以快速找到错误发生的位置。

disp 语句会在迭代过程中输出一些有用的数字。在本章的前几个练习中,将 disp 语句保留在文件中以便调试代码。但当函数作为其他计算的一部分时,就把它注释掉。

(j)补全空格处的代码和函数开头的注释。

(2)测试代码。

(a)使用 help newton 命令检查注释是否正确。

(b)当函数为线性函数时,牛顿法应该只进行一次迭代。使用练习 3.1 中的线性函数 f0 来测试 newton 函数,令起始点为 x=10。由于我们事先知道迭代次数小于 maxIts 的默认值(100),因此可以省略参数 maxIts。

```
[approxRoot numIts] = newton(@f0,10)
```

显然,f0 的根是 x=1,这个答案只需一次迭代即可计算出来。但函数实际上需要两次迭代,第二次迭代用来确认函数已经收敛,所以实际的迭代次数应该是 2。如果 x 值或迭代次数错误,请修改代码。**提示**:出错的可能是 f0. m 中的导数,也可能是 newton. m 文件。

(3)检查代码。

(a)利用练习 3.1 中的二次函数 f1 测试 newton 函数,令起始点为 x=0.1,易得 f1 的根为 x=3。请问一共需要进行多少次迭代?

(b)在前文我们已经知道牛顿法的理论收敛速度是二次收敛的,这意味着如果数列满足下列等式。

$$r_2^{(k)} = \frac{|\Delta x^{(k)}|}{|\Delta x^{(k-1)}|^2}①$$

那么当 $k \to \infty$ 时,$r_2^{(k)}$ 应趋近于一个非零常数。

在函数迭代完成后,你可以查看变量 errorEstimate 的值。对于函数 f1,比值 $r_2^{(k)}$ 是否趋近于一个非零常数(如果没有,请检查你的代码,错误可能出现在 f1. m 或 newton. m 中)? 根据你的迭代次数,请判断趋近的常数值是多少?

(c)你得出的近似解的绝对误差是多少,是 $|x-3|$ 吗? 它的值是否和 EPSILON 接近?

(d)从 x=-0.1 开始再迭代一次,你应该会得到 x=-3。

(4)填写表 3-2。

表 3-2

名称	表达式	起始点	方程的根	迭代次数
f0	x-1	10		
f1	x^2-9	0.1		
f2	x^5-x-1	10		
f3	x * exp(-x)	0.1		
f4	2 * cos(3 * x)-exp(x)	0.1		
F4	2 * cos(3 * x)-exp(x)	1.5		

注 3.5:牛顿法的理论收敛速度是二次收敛的。在练习 3.2 中,这个结论可以帮助检查代码是否正确。二次收敛的速率取决于对导数的精确计算,即使是导数中一个看似很小的误差也可能导致收敛过慢或者失败。在练习 3.2 的表格中,没有一个函数的迭代次数多于 20 次,如果你的迭代次数超过了 20,请检查导数计算是否正确。

3.7 非二次收敛

牛顿法的收敛性证明表明,二次收敛取决于比值 f''/f' 在方程的根处是有限的。在大多数

---

① 括号中的上标表示迭代数(防止迭代数、幂和向量分量之间混淆)。

情况下,这意味着 $f' \neq 0$,但也可能 f'' 和 f' 都是零,而它们的比值仍然是有限的。当 f''/f' 在方程的根处不是有限的时,收敛速度退化为线性收敛。

练习3.3

(1)编写一个 m 函数文件,同时返回函数 f6＝(x－4)^2 及其导数。

(2)在练习 3.2 中使用 newton 函数从起始点 x＝0.1 求 f1＝x^2－9 的根时,一共进行了多少次迭代?

(3)现在试着用牛顿法求 f6 的根(x＝4),同样从 x＝0.1 开始,一共需要进行多少次迭代?因为方程的根是 x＝4,所以绝对误差是 abs(x－4),绝对误差比 EPSILON 大还是小?

(4)现在为 f7＝(x－4)^20 编写一个新的 m 函数文件,并用牛顿法求 f7 的根(x＝4),同样从 x＝0.1 开始。同时,将 maxIts 的默认值设置为更大的数字,比如 1 000(maxIts 是 newton 函数中可选的第三个参数)。函数需要进行多少次迭代? 绝对误差比 EPSILON 大还是小?此时你会发现收敛速度大幅下降。

(5)查看最后两次迭代,并计算比值 r_1 和 r_2。

$$r_1 = \frac{|\Delta x^{(k+1)}|}{|\Delta x^{(k)}|} \tag{3.7}$$

$$r_2 = \frac{|\Delta x^{(k+1)}|}{|\Delta x^{(k)}|^2} \tag{3.8}$$

比较式(3.7)和式(3.8)会发现 r_1 不是接近零,而是一个离 1.0 不远的数字,r_2 会变得很大。这是线性收敛的特征,而不是二次收敛。

在实际应用中,我们通常不知道方程根的确切值,也不知道导数在方程的根处是否为零,但我们可以观察收敛速度是否正在退化。如果收敛速度是二次的,则 r_2 有界,r_1 接近于零。如果收敛速度退化为线性收敛,则 r_2 无穷大,r_1 大于零。在练习 3.4 中,可以利用上述结论来改进 newton. m 函数。

练习3.4

(1)修改代码

(a)现在给 newton. m 添加一些代码。因为 newton. m 在前面的练习中已经反复验证过是正确有效的代码,所以最好把它保留下来,这样即使在修改过程中出现错误也不必担心原文件丢失。先新建一个名为 newton_backup. m 的副本,把 newton. m 的代码复制过来,然后将文件中函数的名称从 newton 改为 newton_backup(不要让两个不同的文件具有相同的函数名,因为 MATLAB 可能不知道使用二者中的哪一个)。

> 提示:后面的代码修改应该在 newton. m 中进行,并把 newton_backup. m 作为原始文件的副本。

(b)在 newton. m 的循环前插入语句

increment＝1;％这是一个任意指定的值

在改变 increment 的值之前,将 increment 的值保存在 oldIncrement 中

oldIncrement＝increment;

(c)在语句 x＝x＋increment;之后,分别根据(3.7)和(3.8)计算 r1 和 r2。

(d)将原有的 disp 语句注释掉,添加一个新的 disp 语句来输出 r1 和 r2 的值。

(2)使用修改后的 newton 函数求 f1,f6,f7 的根并填写表 3－3,从 x＝1.0 开始计算。填写 r1 和 r2 极限的估计值,当你认为 r1 或 r2 无穷大时,填"unbounded(无界)"即可。与前面的练习一样,将 maxIts 的默认值设置为 1 000。

表 3－3

函数	迭代次数	r1	r2	绝对误差	绝对误差是否小于 est?
f1＝x^2－9					
f6＝(x－4)^2					
f7＝(x－4)^20					

练习 3.4 显示,二次收敛有时也会失败,通常会退化为线性收敛,并且收敛速率可以估计。这并不是糟糕的情况,毕竟它仍在收敛(此时的迭代终止条件可能要作一些修改)。在实际应用中,确保代码能够顺利收敛和确保代码能正确计算同样重要。

当$(x-4)^2$ 和$(x-4)^{20}$ 时,可以看到 r1 接近一个常数,而不仅仅是有上下界。如果 r1 是一个常数,则有

$$x^{(\infty)}=x^{(n)}+\sum_{k=n}^{\infty}\Delta x^{(k)}$$

因为迭代会收敛,所以上述级数必然也会收敛。这里的 $x^{(\infty)}$ 表示方程的精确解。因为 r1 是常数,所以当 $k>n$ 时,有 $\Delta x^{(k)}=r_1^{k-n}\Delta x^{(n)}$,因此可知

$$x^{(\infty)}=x^{(n)}+\Delta x^{(n)}\sum_{k=n}^{\infty}r_1^{k-n}$$
$$=x^{(n)}+\frac{\Delta x^{(n)}}{1-r_1}.$$

这个等式表明,一个好的误差估计可以表示成

$$|x^{(\infty)}-x^{(n)}|\approx\frac{|\Delta x^{(n)}|}{1-r_1}$$

练习 3.5

(1)代码优化

(a)注释掉 newton. m 中输出 r1 和 r2 的 disp 语句,因为当需要大量的迭代时,disp 语句会使输出变得冗长。

(b)显然,r1 要么为零,要么有界。如果数列收敛,r1 应小于 1,或者至少其平均值小于 1。将 newton 函数中的 if 条件换成如下语句

```
if errorEstimate < EPSILON * (1－r1)
    return;
end
```

39

注意：上述代码在数学上等价于

errorEstimate < EPSILON/(1−r1),

代码中使用 EPSILON * (1−r1)是为了避免当 r1≥1 时出现问题，r1≥1 时函数永远不会收敛，因为 errorEstimate 是非负的。

（2）令起始点为 $x=0.1$，运行 newton 函数并填写表 3 − 4，表中的绝对误差一栏填写绝对误差的绝对值（maxIts=1 000）。

表 3 − 4

函数	迭代次数	绝对误差	绝对误差是否小于 est?
f1 = x^2 − 9			
f6 = (x−4)^2			
f7 = (x−4)^20			

将表 3 − 4 与练习 3.4 中的表进行比较。可以看到，修改后的迭代终止条件不影响二次收敛速度（所需迭代次数不变），并且在线性条件下优化了估计误差和迭代终止条件。在实际应用中，可靠的误差估计和正确的解一样重要，因为我们需要知道自己的答案是否准确。

注 3.6：当 r1 很快收敛到一个常数值时，说明修改后的迭代终止条件很合适。在实际问题中，修改迭代终止条件必须慎重，因为 r1 可能会在几个值之间循环（有些值可能大于 1），也可能需要很长时间才能收敛。

注 3.7：在后面的练习题中，继续使用 errorEstimate < EPSILON * (1−r1)的迭代终止条件。

3.8　迭代起始点的选择

牛顿法有一个前提假设，即"精确解和迭代起始点足够接近"，但在一开始我们往往不知道精确解是多少，我们该如何得知二者"足够接近"呢？在一维函数问题中，如果起始点选在远离导数值为零的地方，那么基本上可以成功求解。如果事先知道解位于某个区间，且该区间内有 $f'(x)\neq0$，那么在区间内任选一个起始点都能收敛到方程的解。

当起始点附近有导数为零的点时，牛顿法会非常不稳定，可能收敛也可能发散。在练习 3.6 中，我们将看到这种不稳定的情况。

练习 3.6

练习 3.6、3.7 将重点关注迭代的过程，而不仅仅是最终结果。在练习开始前，请重新使用 newton.m 中输出迭代值的 disp 语句。

（1）为第 2 章中使用的 cosmx 函数（$f(x)=\cos x-x$）编写一个 m 函数文件。和处理 f1~f4 函数时类似，要同时计算和返回函数及其导数。

（2）令起始点为 x=0.5，用 newton 函数求 cosmx 的根。根的值为多少？一共需要多少次迭代（如果迭代次数过多，请检查你的导数公式是否正确）？

（3）令起始点为 x＝12，用 newton 函数求 cosmx 的根。注意 $3\pi<12<4\pi$，所以在起始点和根之间有几个导数为零的点。同时，应该会注意到，函数在达到最大迭代次数后仍未收敛。

（4）令起始点为 x＝12，同时令 maxIts＝5 000（可以把函数调用命令改为 newton('cosmx'，12,5000)）。函数是否用了不到 5 000 次迭代就找到了方程的根？一共进行了多少次迭代？所得的根和刚才一样吗？

（5）观察一下起始点为 x＝12 时得到的每一个 x 值。这些值之间并没有真正的规律，函数最终收敛到方程的根纯粹是偶然的。最终的估计误差是否小于前一个估计误差的平方？

你刚刚看到的是迭代过程中的一个常见现象。中间的过程值在毫无规律地变化，直到某一步的值落到了收敛范围内之后，迭代才迅速收敛。这种现象看起来像函数自己在寻找一个好的起始点。在多元函数中，这种现象更加常见，因为最终进入收敛区域的机会可能非常小。

3.9　函数的根不存在

有没有想过，如果想要求根的函数如果没有根，会发生什么？其实这和刚才提到的"起始点附近有导数为零的点"会出现的现象相同。

练习 3.7

（1）参考 3.5 节，为 f8＝x^2＋9 编写 m 函数文件。

（2）令起始点为 x＝0.1，用 newton 函数求 f8＝x^2＋9 的根，描述一下计算的结果。

（3）注释掉 newton. m 中的 disp 语句，error 语句保留不变。

3.10　函数的根为复数

函数 x^2+9 的确有根，但这些根是复数，MATLAB 可以进行复数运算（准确地说是虚数，但 MATLAB 不区分复数和虚数），而我们需要做的就是让 MATLAB 开启复数运算。

> **提醒**：如果使用字母 i 作为变量，那么它在 MATLAB 中就不默认表示－1 的平方根。这时要先清除 i 被赋予的值，可使用命令 clear i。保险起见，在开始使用复数运算之前最好使用一下这条命令。
>
> **注意**：对于复常数，MATLAB 可以接受例如 2＋3i 这样的写法，表示实部为 2、虚部为 3 的复数，同样也可以写成 2＋3 * i。但是当虚部是变量时，必须使用乘法符号，如 x＋y * i。

练习 3.8

（1）使用 newton 函数求 f8＝x^2＋9 的根，令起始点为 x＝1＋1i，正确结果为 0＋3i，并且只需不到 10 次的迭代。在这里回顾一下省略可选参数的函数调用方式：

[approxRoot，numIts]＝newton(@f8,1＋1i)

此时省略了可选参数 maxIts，函数只会返回根的值和迭代次数。

(2)尝试从不同的起始点开始求 f8 的根。不难得出方程的根是 ±3i,所以我们可以计算绝对误差。请填写表 3-5。

表 3-5

起始点	迭代次数	绝对误差
1+1i		
1−1i		
10+5i		
10+eps * i		

请注意练习 3.8 中的最后一个起始点,f8 的导数为 $f'_8(x) = 2x$,在 $x = (10+(\mathrm{eps})i) \approx 10$ 附近不为零(这个函数的导数只在原点处为零)。起始点既不接近原点,也不接近任何根。事实上,我们需要在一个二维复平面上比较起始点和二者的距离。所以,当牛顿法应用于多元函数时,我们很难看出迭代过程是否正常进行。这个问题将在 3.11 节和第四章进行讨论。

3.11 不可预测的收敛性

本章前面讨论的一元函数求根可能会让你认为起始点和函数的根之间有某种理论关联。例如,你可能会很自然地想到牛顿法会收敛到最接近起始点的根。一般来说这种想法是错误的! 在下面的练习中,你会发现,我们通常无法预测牛顿法会收敛到起始点周围的哪一个根。

考虑函数 $f_9(z) = z^3 + 1$,其中 $z = x + iy$ 是一个实部为 x,虚部为 y 的复数,这个函数有以下三个根:

$$\omega_1 = -1$$
$$\omega_2 = (1 + i\sqrt{3})/2$$
$$\omega_3 = (1 - i\sqrt{3})/2$$

在练习 3.9 中,你将在方形区域 $[-2,2] \times [-2,2] \in \mathbb{C}$ 中选择一些均匀分布的点 $z(k,j)$。然后以这些点作为起始点,使用 newton 函数来求解 $f(z) = 0$。定义一个数组 whichRoots(k, j),如果 newton. m 从某一起始点开始找到了根 ω_1,则数组对应的元素等于 1;如果找到了根 ω_2,则对应的元素等于 2;如果找到了根 ω_3,则对应的元素等于 3。

根据找到的根的不同,给方形区域中的每个起始点标注不同的颜色,然后根据数组 whichRoots 绘制一个图像。你会发现一个有趣的现象:相邻的起始点不一定会收敛到相同的根。

事实上,绘制的图像是一个 Julia 集(一个分形学名词)。如果想了解更多关于"牛顿分形"的知识,可以阅读[*Newton Fractal*][1]或详细讲解牛顿分形的论文[*Hubbard et al.（2001）*][2]。同时,还可以阅读[*Tathan（2017）*][3],文中的讲解生动有趣,并且有许多精美的插图。

---

[1] http://en. wikipedia. org/wiki/Newton_fractal.

[2] Hubbard, J. H. , Schleicher, D. , Sutherland, S. (2001). How to find all roots of complex polynomials by newton's method, Inventiones Mathematicæ 146, pp. 1−33.

[3] http://www. chiark. greenend. org. uk/%7esgtatham/newton.

注 3.8：MATLAB 中的 min 和 max 函数有更高级的表达形式,例如

```
[value, index] = min( vector )
```

其中返回值 value 是在数组 vector 中找到的最小值,返回的索引 index 是该值的下标,也即 value＝vector(index)。

练习 3.9

(1)编写代码。

　　(a)注释掉 newton. m 中所有的 disp 语句。

　　(b)新建 f9. m,计算函数 $f_9(z)=z^3+1$ 及其导数。

　　(c)将 myfractal. m 的下列部分内容复制到 myfractal. m 中。

```
NPTS = 100;
clear i
clear whichRoots
x = linspace( - 2,2,NPTS);
y = linspace( - 2,2,NPTS);
omega(1) =  - 1;
omega(2) = (1 + sqrt(3) * i)/2;
omega(3) = (1 - sqrt(3) * i)/2;
close  %  关闭当前图像(如果有图的话)
hold on
for k = 1:NPTS
  for j = 1:NPTS
    z = x(k) + i * y(j);
    plot(z,'. k')  %  将 z 绘制黑色的点
  end
end
hold off
```

请记得修改文件开头的注释。

(d)运行 myfractal. m,在复平面 $[-2,2]\times[-2,2]\in \mathbb{C}$ 内生成一个包含 10 000 个黑点的图像。

(e)clear i 的作用是什么?

(f)如果 hold on 和 hold off 被省略,会发生什么?

(g)注释掉两个 hold 语句,用下列代码替换 plolt 语句,这些代码也可以在 myfractal. txt 中找到。

```
root = newton(@f9,z,500);
[difference,whichRoot] = min(abs(root - omega));
```

```
if difference>1. e - 2
    whichRoot = 4;
end
whichRoots(k,j) = whichRoot;
```

(h)如果变量 root 碰巧取到 root＝0.50－i＊0.86，那么 difference 和 whichRoot 分别是多少(回想一下(sqrt(3)/2)＝.866025)？

(i)如果函数 f9 出现了错误，那么 root 可能会取 root＝0.51－i＊0.88。此时 difference 和 whichRoot 分别是多少？

(j)数组 whichRoots 包含 1 到 4 之间的整数，但 4 不会出现。MATLAB 有一个名为"flag"的颜色图(colormap)，它可以将数字 1、2、3 和 4 分别映射为红色、白色、蓝色和黑色。在循环之后添加下列代码(也可以在 myfractal. txt 中找到)，将数组 which-Roots 和三个根绘制为黑色星号。

```
imghandle = image(x,y,which');
colormap('flag') % 将数字 1、2、3 和 4 分别映射为红色、白色、蓝色和黑色
axis square
set(get(imghandle,'Parent'),'YDir','normal')
% 将数组 whichRoots 和三个根绘制为黑色星号
hold on
plot(real(omega),imag(omega),'k * ')
hold off
```

注 3.9：为了让图片正常显示，可以用 image 命令绘制 whichRoots 的转置，并使用"handle graphics"将 y 轴恢复到正常方向。有关"handle graphics"的更多信息，请在 MATLAB 帮助文档中搜索"graphics object programming"。

(2)运行代码。

(a)运行修改后的 m 文件。

注 3.10：这幅图上的位置(z＝x＋i＊y)对应起始点，颜色值 1(红色)、2(白色)和 3(蓝色)分别对应从某一起始点开始收敛到第 1、2 和 3 个根。这张图包含了许多信息，例如，一些具有较大的正实部的起始点会收敛到根 $\omega_1＝-1$，尽管它们更接近另外两个根。

(b)(选做)分形图像的特点是，整体和部分的形状相似性。若要看到这种特点，可以把代码的运行范围改成 $[-0.5, 0.5] \times [-0.5, 0.5]$。

3.12　没有解析导数的拟牛顿法

牛顿法的一个缺点是我们需要同时提供函数及其一阶导数。在一阶导数无法显式计算出来时，我们可以用数值的方法来近似它。在练习 3.10 中将看到利用数值的方法近似函数的导

数,从而使计算变得更简便。

$$y' \approx \frac{f(x+\Delta x)-f(x)}{\Delta x} \tag{3.9}$$

Δx 可以取固定值,也可以随着迭代过程而改变(有许多指定非固定 Δx 的方法,练习 3.11 将举例其中一种)。在练习 3.10 中先暂时考虑固定的 Δx。

练习 3.10

(1)编写代码。

　(a)将 newton.m 复制到 newtonfd.m 中。注意迭代终止条件选择 errorEstimate < EPSILON * (1-r1),因为使用近似导数通常会使收敛速度退化为较慢的线性收敛。

　(b)将第一行函数签名改为 function [x,numIts]=newtonfd(f,x,dx,maxIts) 并相应的修改文件注释。

　(c)由于函数的输入参数增加了一个,maxIts 现在是第 4 个变量,所以要更改 nargin 的判断语句。

　(d)将调用函数对变量 derivative 进行求值的部分替换为式(3.9),使用固定的 dx 值。

(2)用函数 f1(x)=x^2-9 测试代码,令起始点为 x=0.1,dx=0.000 01。得到的收敛结果和迭代次数应该和之前用 newton 函数计算 f1 的根时基本相同。

(3)对于 f2(x)=x^5-x-1 和 f6(x)=(x-4)^2,令起始点为 x=5.0,计算 newton 函数和不同步长 dx 时的 newtonfd 函数的迭代次数。在所有情况下,都应该观察到函数收敛到一个根,但当 dx 较大时,必须将 maxIts 的值增加很多才能使 f6 收敛。newtonfd 收敛到的值应该接近 newton 收敛到的值。

表 3-6

newton 函数的计算结果	f2 的迭代次数	f6 的迭代次数
dx=0.00001		
dx=0.0001		
dx=0.001		
dx=0.01		
dx=0.1		
dx=0.5		

如上所示,dx 的选择至关重要。对于更复杂的问题而言,如何合理地选择 dx 也是问题的困难所在。

注 3.11:如前文所述,牛顿法通常收敛得很快。一个牛顿法求根的代码收敛得很慢或不收敛,首先要检查该方法的导数是否正确。其中一种检查方法是利用 newtonfd 这样的函数,输出导数的估计值和精确值,然后判断二者是否接近。当对多元函数使用牛顿法时,该方法尤其有效,因为函数雅可比矩阵的元素可能有些正确,有些错误。

所以 2.7 节中割线法的公式可以改为

$$x = b - \left(\frac{b-a}{f(b)-f(a)} \right) f(b) \qquad\qquad (3.10)$$

练习3.11

(1)将式(3.10)与式(3.3)进行比较,证明当变量 x、a 和 b 取特定的值时,式(3.10)可以变成将 $f'(x^{(k)})$ 近似后的牛顿法表达式。

(2)将 newton.m 复制到 newsecant.m 中,修改代码使其利用割线法求根。割线法要两个起始点才能开始迭代,所以我们需要在第一次迭代中取 b=x 和 a=x−0.1。注意不要使用第二章中的 secant.m,因为它们的迭代终止条件不同。

(3)填写表3-7。

表3-7

函数	起始点	newton 迭代次数	newton 收敛结果	newsecant 迭代次数	newsecant 收敛结果
f1 = x^2 − 9	0.1				
f3 = x * exp(−x)	0.1				
f6 = (x−4)^2	0.1				
f7 = (x−4)^20	0.1				

这两种方法收敛到相同的结果,割线法需要的迭代次数更多,但没有像 newtonfd 在 dx 较大时所用的迭代次数那么多。这是因为牛顿法考虑了函数的导数,其理论收敛速度是二次收敛,而割线法的收敛速度约为 $(1+\sqrt{5})/2 \approx 1.62$ 次。

3.13 牛顿法在求平方根中的应用

有些计算机在硬件中使用一种类似于长除法的方法来计算平方根,有些则在软件中计算平方根,还有些使用迭代法来计算平方根。对于这些使用迭代法的系统,我们必须在计算前确保选择了良好的迭代起始点,以及可靠的迭代终止条件。你可以在论文[*Wang and Schulte (2005)*]中找到关于上述问题的论述。

练习3.12

一个计算正数 a 的平方根的经典迭代方法是

$$x^{(k+1)} = 0.5 \left(x^{(k)} + \frac{a}{x^{(k)}} \right) \qquad\qquad (3.11)$$

这个迭代可以从 $x^{(0)} = 0.5(a+1)$ 开始。关于这个起始点的猜测是合理的,因为 $\sqrt{a}$ 总是在 a 和 1 之间。

(1)证明公式(3.11)是利用牛顿法求解函数 $f(x) = x^2 - a$ 的结果。

(2)当 $a > 0$ 时,迭代的收敛速度为什么没有从二次收敛退化?当 $a > 0$ 且迭代满足下列不等式时,可以使用相对误差来估计何时应该停止迭代。

$$|x^{(k+1)} - x^{(k)}| \leqslant 3(\text{eps})|x^{(k+1)}|$$

这里使用 3(eps)而不是 eps 的原因是为了避免微小的误差导致迭代失败。

(3)编写 newton_sqrt. m,用式(3.11)计算平方根。请直接根据式(3.11)编写此函数,不要调用之前编写的 newton 函数。

(4)用 newton_sqrt. m 计算并填写表 3-8(绝对误差是指 newton_sqrt 计算结果与 MAT-LAB 中 sqrt 函数计算结果之间的差异)。

表 3-8

a 值	平方根	绝对误差	迭代次数
a=9			
a=1 000			
a=12 345 678			
a=0.000 003			

第4章 多维牛顿法

第3章讨论了利用牛顿法求解实变量或复变量的非线性方程。在本章中,牛顿法的应用将扩展到二维或更多维的函数。其中一个例子是管网水流问题,另一个例子是牛顿法的一个常见应用:非线性最小二乘拟合,该拟合方法的收敛范围很小,所以迭代起始点比较难找,牛顿法也会相应的做一些优化。

第3章3.12节还讨论了拟牛顿法。由于求解多维函数雅可比矩阵的运算很容易出现错误,拟牛顿法使用了导数的有限差分近似来保证雅可比矩阵和的正确性。

练习4.1和4.2涉及第3章newton.m的改进,使它能求解矢量函数及其雅可比矩阵。练习4.3是改进newton.m的应用。练习4.4和4.5演示了如何应对收敛速度慢的迭代。练习4.6和4.7利用牛顿法计算非线性流体网络。练习4.8和4.9提出了一个参数识别问题,其收敛范围非常小。练习4.10和4.11涉及改善收敛范围的阻尼法,练习4.12涉及扩大收敛范围的延拓法。练习4.13和4.14介绍了拟牛顿法,可以在大型方程组中加速牛顿法的计算。

4.1 引 言

设 x 是 $\mathbb{R}^N$ 中的一个矢量,$x = (x_1, x_2, \cdots, x_N)$,$f(x)$ 是一个可微矢量函数,则有

$$f = (f_m(x_1, x_2, \cdots, x_N)), m = 1, 2, \cdots, N$$

f 的雅可比矩阵 J 为

$$J_{mn} = \frac{\partial f_m}{\partial x_n}$$

我们知道牛顿法可以写为如下形式:

$$x^{(k+1)} - x^{(k)} = -(J(x^{(k)}))^{-1} f(x^{(k)})^{①} \tag{4.1}$$

在具体计算中不用求 J 的倒数,而应该计算

$$J(x^{(k)})(x^{(k+1)} - x^{(k)}) = -f(x^{(k)})$$

在后文你将看到,求解上述公式将比直接计算 J 的逆节省大约三倍的时间。MATLAB为这个运算提供了一个特殊的类似于除法的运算符:反斜杠运算符("\")。如果计算

$$J \Delta x = -f$$

则可以写成

$$\Delta x = -J \backslash f$$

上述表达式等价于

---

① 括号中的上标用于表示迭代数,避免迭代数、幂和矢量分量之间的混淆。

$$\Delta \mathbf{x} = -\mathbf{J}^{-1} \mathbf{f}$$

MATLAB 既然已经有了一个除法符号，为什么还需要一个新的运算符。原因是矩阵乘法不是可交换的，所以运算顺序很重要。矩阵乘以（列）矢量需要将矢量放在矩阵右边。如果你想用普通的除法符号计算矢量 $\mathbf{f}$ 除以矩阵 $\mathbf{J}$，你必须写成 $\mathbf{f}/\mathbf{J}$，但这看起来很像 $\mathbf{f}$ 是一个行矢量，因为它在矩阵的左边。如果 $\mathbf{f}$ 是一个列向量，那么需要写成 $\mathbf{f}^{\mathrm{T}}/\mathbf{J}$，但是这个表达式很难理解，而且它实际的计算结果是一个行矢量。所以用反斜杠表达式更好。

4.2　用 newton. m 计算矢量函数

练习 4.1

(1)将第 3 章编写的 newton. m 复制到 vnewton. m 中，并根据下列代码修改函数签名和变量（矢量）。

```
function [x,numIts] = vnewton(func,x,maxIts)
%适当添加注释
%检查 x 是否为列向量
[rows,cols] = size(x);
if cols>1
    error('vnewton: x must be a column vector')
end
```

继续修改 newton. m。

　　(a)对 increment 使用"\"运算符；

　　(b)对 increment 和 oldIncrement 使用 norm 函数，代替 abs 函数来计算 r1 和误差估计；

　　(c)注释掉所有 disp 语句；

　　(d)修改注释内容。

　　当存在矢量参数时，disp 语句会导致语法错误，所以一定要把它们注释掉。

(2)用 vnewton 计算上一章的 f_8（$f_8(z)=z^2+9$），并比较它与 newton 函数的计算结果和迭代次数。你的结果应该与 newton 函数的结果一致，这表明 vnewton 仍可以计算标量函数。

(3)填写表 4-1，其中"绝对误差"表示迭代结果与精确解之差的绝对值。

表 4-1

起始点	迭代次数	绝对误差	newton 函数迭代次数
$1+i$			
$1-i$			
$10+5i$			
$10+\text{eps}*i$			

4.3　复变量函数

我们可以将包含复变量的复函数改写为包含矢量变量的矢量函数,将复数的实部变成矢量的第一个分量,将复数的虚部变成矢量的第二个分量。

考虑函数 $f_8(z)=z^2+9$,将 x 和 f 写成复数形式 $z=x_1+x_2i$ 和 $f(z)=f_1+f_2i$。将 z 代入 f 表达式中,得到

$$f_1+f_2i=(x_1^2-x_2^2+9)+(2x_1x_2)i$$

这可以写成一个等价的矩阵形式,如下所示:

$$\begin{bmatrix} f_1(x_1,x_2) \\ f_2(x_1,x_2) \end{bmatrix} = \begin{bmatrix} x_1^2-x_2^2+9 \\ 2x_1x_2 \end{bmatrix} \tag{4.2}$$

练习 4.2

对矢量公式(4.2)的 f8 求根。

(1)按照下列格式新建 f8v.m,并计算公式(4.2)中所述的矢量函数及其雅可比矩阵。

```
function [f,J] = f8v(x)
    % 适当添加注释
    % 姓名和日期
    << your code >>
end
```

其中,f 是式(4.2)中的二维列向量,J 是它的雅可比矩阵。

> **提示**:手动计算 $\text{df1dx2}\left(=\dfrac{\partial f_1}{\partial f_2}\right)$,df1dx1,df2dx1 和 df2dx2,且

```
J = [df1dx1 df1dx2
     df2dx1 df2dx2]
```

(2)令起始列向量为[1;1],将 f8v.m 带入 vnewton.m 中进行计算,将计算结果与 f8.m 起始点为 $1+1i$ 带入 newton.m 的结果进行比较。二者的计算结果和迭代次数应该完全一致,如果没有,使用调试器依次比较每一步的迭代结果。

(3)填写表 4-2,注意此处的误差范数等同于练习 4.1 中 f_8 的误差绝对值,正确的结果应该是 $\begin{bmatrix} 0 \\ \pm 3 \end{bmatrix}$。

表 4 - 2

起始列向量	迭代次数	误差范数
[1;1]		
[1;-1]		
[10;5]		
[10;eps]		

在练习 4.3 中,将用 vnewton 解决一个简单的非线性问题。

练习 4.3

用牛顿法求抛物线和椭圆的两个交点。

(1)将抛物线 $x_2 = x_1^2 - x_1$ 和椭圆 $x_1^2/16 + x_2^2 = 1$ 绘制在同一张图上,注意适当调整图像大小,以便看到所有交点。

(2)按照下列格式编写 f3v. m,计算在交点处的矢量函数。

```
function [f,J] = f3v(x)
  % [f,J] = f3v(x)
  % f 和 x 都是二维列向量
  % J 是一个 2 × 2 矩阵
  % 适当添加注释
  % 姓名和日期
  % 检查 x 是否为二维列向量
  [rows,cols] = size(x);
  if cols>1 | rows ~ = 2
    error('f3v: x must be a 2 - dimensional column vector')
  end
  << your code >>
end
```

> **提示**:矢量 f=[f1;f2],其中 f1 和 f2 在交点处均为零。

(3)令初始列向量为[2;1],vnewton 计算的结果是多少,一共需要多少次迭代?

(4)选择不同的初始矢量来寻找另一个交点。你选择的初始矢量是什么,交点坐标是多少,一共需要多少次迭代?

4.4　迭代收敛缓慢

在练习 4.2 中,起始矢量[10;eps]所用的迭代次数较多,虽然迭代没有失败,但过多的迭代次数也不太正常。在练习 4.4 中我们需要分析一下这种现象。

练习 4.4

本练习将仔细地研究练习 4.2 中收敛缓慢的迭代情况。由于本练习主要关注迭代序列,所以最好新建一个能够返回迭代序列的 vnewton.m 进行研究。该 vnewton.m 将以矩阵的形式返回迭代序列,矩阵的列表示迭代过程,列数表示迭代次数(通常情况下,函数调用不会返回这么多数据,该练习只是一个特例)。

(1)修改代码。

　　(a)将 vnewton.m 复制到 vnewton1.m 中,将其签名行更改为下列内容。

function [x, numIts, iterates] = vnewton1(func,x,maxIts)

　　(b)在循环之前,添加下列语句。

iterates = x;

将变量 iterates 初始化。

　　(c)在计算 x 的新值后添加下列语句。

iterates = [iterates,x];

　　由于 iterates 是一个矩阵,x 是一个列向量,这个语句会使每次迭代都在矩阵 iterates 中添加一列。

　　(d)将函数末尾的 error 函数替换为 disp 函数。现在需要用 vnewton1 函数来研究牛顿法收敛缓慢的情况。

(2)用之前编写的 f3v.m 来测试修改后的 vnewton1 函数,会得到与练习 4.3 相同的结果和迭代次数。检查矩阵的大小是否为 2×(迭代次数+1),也即 2 行×(numIts+1)列。

下面的练习将研究继续收敛缓慢的情况,练习目的一方面是帮助读者巩固牛顿法,另一方面是学习如何使用 MATLAB 作为研究问题的工具。

练习 4.5

(1)以[10;eps]为起始点,利用 vnewton1.m 计算 f8v.m。
(2)使用下列命令在平面上绘制迭代图像。

plot(iterates(1,:),iterates(2,:),'* -')

可以看到大多数点都在 x 轴上,并且其中一些的值相当大。

(3)使用 MATLAB 放大镜功能放大图像特征(带有"+"号的放大镜图标),查看水平区间[−20,20]附近的图像。很明显,大多数点都在 x 轴上。

(4)查看 f8v.m 中计算雅可比矩阵的公式。请解释为什么当起始点 x_2 恰好为零时,在之后所有的迭代过程中,x_2 都始终为零。

(5)观察图像应该会发现,起始点的 x_2 约等于零,因此后续迭代都保持在 x 轴附近。但由于正确的解是 $x_2=3$,所以需要很多次迭代后 x_2 才能充分变大,进入二次收敛区域。

(6)使用半对数图像可以查看迭代如何在垂直方向上增长。

semilogy(abs(iterates(2,:)))

图中显示,x_2 分量似乎呈指数增长(在半对数图上呈线性增长),并且叠加了看似随机的跳变。

现在可以总结出,收敛缓慢是因为起始点不够接近方程的根,达不到二次收敛速度。然而，x_2 分量呈指数增长，最终可以足够接近方程的根，使收敛速度变为二次收敛。这种现象是可以被理论证明的，但其证明过程超出了本章的范围，所以在此不进一步讨论。

4.5 非线性流体网络

牛顿法求解非线性系统的另一个例子是计算下列管网和连接处的水流大小。在图 4-1 中的管网中，水沿着箭头在管道中流动，管道之间的连接用圆圈表示。每根管道中的水流速度表示为 u_i，$i=0,\cdots,7$（箭头方向为正），四个连接处的水压表示为 p_i，$i=1,2,3,4$。在网络中心交叉的管道之间没有连接，输入流的速度为 u_0，令 $u_0=1$。

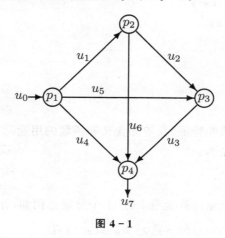

图 4-1

管道两端的压力和水流速度之间的关系是二次的，即 $p_{out}-p_{in}=Ku|u|$，其中 K 是一个常数，表示管道阻力。

由于质量守恒定律，所以流经每个接头的所有水的总和必为零。又由物理守恒定律以及管道压力和速度的本构关系，可以写出下列方程式。

$$f_1=u_0-u_1-u_4-u_5=0$$
$$f_2=u_1-u_2-u_6=0$$
$$f_3=u_2-u_3+u_5=0$$
$$f_4=u_3+u_4+u_6-u_7=0$$
$$f_5=p_2-p_1-K_1u_1|u_1|=0$$
$$f_6=p_3-p_2-K_2u_2|u_2|=0 \tag{4.3}$$
$$f_7=p_4-p_3-K_3u_3|u_3|=0$$
$$f_8=p_4-p_1-K_4u_4|u_4|=0$$
$$f_9=p_3-p_1-K_5u_5|u_5|=0$$
$$f_{10}=p_4-p_2-K_6u_6|u_6|=0$$
$$f_{11}=p_1+p_2+p_3+p_4=0$$

添加最后一个方程是因为相同的常数可以添加到所有压力中，而不改变其余方程式，最后一个方程使方程组有唯一解。

式(4.3)有 11 个未知量的 11 个方程(对于 $k = 1, \cdots, 7$ 和 $j = 1, \cdots, 4$ 的 u_k 和 p_j),$u_0 = 1$ 是给定的边界条件。在下面的两个练习中,我们将看到如何使用牛顿法求这个非线性方程组的解。

练习 4.6

本练习将编写函数来计算方程组(4.3)。用 11 维矢量 f 表示式(4.3)中的 11 个 f_i,11 维矢量 x 表示 7 个 u_k 和 4 个 p_j,即 $x(k) = u_k (k = 1, \cdots, 7)$,$x(k) = p_{k-7} (k = 8, \cdots, 11)$。

(1)新建档 flow. m。

(a)按照下列格式编写 flow. m。

```
function [f,J] = flow(x)
    % [f,J] = flow(x)
    % 适当添加注释
    % 姓名和日期
    << your code >>
end
```

添加注释,注明函数的特征、变量的含义和函数的用途。

(b)将流动阻力定义为:

K = [1,3,5,7,9,11];

(c)根据变量 x 的分量计算变量 f 的 11 个分量。例如,计算第六个分量为:

f(6) = x(10) − x(9) − K(2) * x(2) * abs(x(2));

提示:

1. u_0 是一个常数,恒等于 1,可以在代码中定义 U0 = 1;

2. 确保 f 是列向量的一种方法是先让 f = zeros(11,1);

3. 将 f 变成列向量的另一种方法是在给 f 赋值时使用 f(6,1),而不是 f(6)。

(d)下式给出了 $u|u|$ 的导数。

$$\frac{\mathrm{d}}{\mathrm{d}u}(u|u|) = 2|u|$$

如果无法直接看出上式是怎么来的,可以分别考虑(1)$u \leqslant 0$ 和(2)$u \geqslant 0$ 时函数的导数。请注意,由于函数连续,所以两边的导数在 $u = 0$ 时应该相等。

(e)计算雅可比矩阵 J,J 是一个 11×11 的矩阵,其元素可以表示为

$$J_{mn} = \frac{\partial f_m}{\partial x_n}$$

例如,J 的第一行和第六行分别为

J(1,:) = [−1,0,0,−1,−1,0,0,0,0,0,0];

J(6,:) = [0,−2 * K(2) * abs(x(2)),0,0,0,0,0,0,−1,1,0];

（2）雅可比矩阵可以用有限差分公式近似。将下列代码复制到 checkJ. m 中，用它检查代码。

```
u = ones(11,1);  % 选择一个起始向量 u
[f,J] = flow(u);
delta = .001;
% 确保重新计算 J 的值
clear approxJ
for k = 1:11
  uplus = u;
  uplus(k) = u(k) + delta;
  [fplus] = flow(uplus);
  uminus = u;
  uminus(k) = u(k) − delta;
  [fminus] = flow(uminus);
  approxJ(:,k) = (fplus − fminus)/(2 * delta);
end
```

上述代码应该生成一个近似的雅可比矩阵，该矩阵与 flow 函数计算的矩阵 J 接近。如果没有，请检查代码并修改错误。

练习 4.7

在这个练习中，将使用 vnewton. m 解决流体网问题，同时检查 flow. m 是否正确。

（1）我们知道牛顿法是二次收敛的。在 vnewton. m 的循环内临时输出 norm（increment），将该值代入 flow 函数中计算，令起始矢量的所有元素都为 1。一旦开始收敛，你会看到 increment 的范数迅速下降到零。请问 norm（increment）的最后三个值是多少？正常情况下只需不到 10 次迭代。

（2）注释掉 vnewton. m 中的 disp 语句，修改 flow. m，使 K＝[1,1,1,1,1,1]，计算其余的方程组。如果仔细观察式（4.3），可以很容易地证明 u7＝u0。你的代码可以证明这个等式吗？

（3）令 K(4)＝1,k 的其余元素为 1. e5，这代表除 4 号管道外的所有管道都被"阻塞"了，所有的流量都会通过 4 号管道。请问 u_4 的值是多少？

（4）令 K(5)＝k(6)＝1e5,k 的其余元素为 1。计算结果应该得到 $u_1 \approx u_2 \approx u_3$，请问这三个值分别是多少？

4.6　非线性最小二乘法

牛顿法对于矢量函数的一个常见应用是利用最小二乘法拟合非线性曲线。这个方法可以用来求函数 $F:\mathbb{R}^n \to \mathbb{R}$ 的极值。如果 F 是可微的，则其极值可以由方程组 $\partial F/\partial x_k=0$ 的解求出，其中 $k=1,2,\cdots,n$，用牛顿法可以轻松地找到该方程组的解。

已知，连接在阻尼弹簧上的重物在没有外力的情况下运动的微分方程是

$$m\frac{\mathrm{d}^2 v}{\mathrm{d}t^2}+c\frac{\mathrm{d}v}{\mathrm{d}t}+kv=0$$

式中，v 是重物偏离平衡点的位移，m 是重物的质量，c 是与弹簧阻尼有关的常数，k 是弹簧刚度系数。在该问题中，m、c 和 k 应该是正数。这个微分方程的解是

$$v(t)=\mathrm{e}^{-x_1 t}(x_3\sin x_2 t+x_4\cos x_2 t)$$

其中，$x_1=c/(2m)$，$x_2=\sqrt{k-c^2/(4m^2)}$，x_3 和 x_4 的值取决于 $t=0$ 时重物的位置和速度。一个常见的实际问题是通过观察弹簧在多个时刻的运动来估计 $x_1,\cdots,x_4$ 的值，此类问题称为"参数识别（parameter identification）"。

弹簧运动一定时间后，我们会得到一系列 (t_n,v_n)，其中 $n=1,\cdots,N$，而我们需要解决的问题是"当 $k=1,2,3,4$ 时，x_k 取什么值最能模拟刚才弹簧的运动现象？"换言之，我们需要求得 $x=[x1,x2,x3,x4]^\mathrm{T}$ 的值，使公式计算结果和观测值之差的范数最小。令

$$F(\pmb{x})=\sum_{n=1}^N (v_n-\mathrm{e}^{-x_1 t_n}(x_3\sin x_2 t_n+x_4\cos x_2 t_n))^2 \tag{4.4}$$

我们需要求的就是 F 的最小值。

> **注 4.2**：上述问题可以转化为线性代数问题，从而降低数值计算的难度。然而，当解决更复杂的问题时，转化为线性代数问题就比较难了。

求解时要注意，当 F 达到最小值时，其梯度 $\pmb{f}=\nabla F$ 必为零。$\pmb{f}$ 的分量 f_k 可以写成

$$
\begin{aligned}
f_1=\frac{\partial F}{\partial x_1}&=2\sum_{k=1}^K\left[\begin{array}{l}(v_k-e^{-x_1 t_k}(x_3\sin x_2 t_k+x_4\cos x_2 t_k))t_k e^{-x_1 t_k}\times\\(x_3\sin x_2 t_k+x_4\cos x_2 t_k)\end{array}\right]\\
f_2=\frac{\partial F}{\partial x_2}&=-2\sum_{k=1}^K\left[\begin{array}{l}(v_k-e^{-x_1 t_k}(x_3\sin x_2 t_k+x_4\cos x_2 t_k))e^{-x_1 t_k}\times\\(x_3 t_k\cos x_2 t_k-x_4 t_k\sin x_2 t_k)\end{array}\right]\\
f_3=\frac{\partial F}{\partial x_3}&=-2\sum_{k=1}^K(v_k-e^{-x_1 t_k}(x_3\sin x_2 t_k+x_4\cos x_2 t_k))e^{-x_1 t_k}\sin(x_2 t_k)\\
f_4=\frac{\partial F}{\partial x_4}&=-2\sum_{k=1}^K(v_k-e^{-x_1 t_k}(x_3\sin x_2 t_k+x_4\cos x_2 t_k))e^{-x_1 t_k}\cos(x_2 t_k)
\end{aligned}
\tag{4.5}
$$

要使用牛顿法计算式（4.5）中的 $\pmb{f}$，还需要 $\pmb{f}$ 的雅可比矩阵，一共 16 个分量，求这些分量需要将 f_i 分别对 x_i(i=1,2,3,4) 进行微分。

> **注 4.3**：函数 F 是矢量的实值函数。其梯度 $\pmb{f}=\nabla F$ 是一个矢量值函数（vector-valued function）。$\pmb{f}$ 的梯度是一个矩阵值函数（matrix-valued function）。$\pmb{f}$ 的梯度是 F 的二阶导数，在上面的讨论中被称为雅可比矩阵，有时也被叫作 Hession 矩阵。在上述问题中称雅可比矩阵是针对 $\pmb{f}$ 的梯度而言，Hession 矩阵这种称呼在优化问题中比较常见。

在练习 4.8 中，你会看到用牛顿法求解这个方程组的收敛范围非常小。

练习4.8

（1）objective.m 里面包含最小二乘目标函数 F、梯度 $\pmb{f}$ 和雅可比矩阵 $\pmb{J}$ 的代码（要求最小

值的函数通常称为"目标函数(objective function)")。

（2）使用命令 help objective 查看如何使用该文档。

（3）在 x=[0.15.2.0;1.0;3]时计算 f,确保函数的值在该处为零。

（4）在 x=[0.15;2.0;1.0;3]时计算 **J** 的行列式,确定它是非奇异矩阵(可逆矩阵)。

（5）由于这个问题要寻找二次泛函(quadratic functional)的极小值(等式(4.4)可以看作一个泛函),所以矩阵 **J** 必须是正定和对称的。请检查 **J** 是否对称,然后使用 MATLAB 的 eig 函数找到 **J** 的 4 个特征值,看看它们是否都是正的。

练习 4.9

这项练习的目的是探索牛顿法对起始矢量发生变化时的敏感性。使用 vnewton.m 进行计算,在表 4-3 中填写所需的迭代次数或者"迭代失败"四个字。请注意,表格第一行是正确答案。在本练习中,迭代次数不得超过 100 次。

表 4-3

初始猜测	迭代次数
[0.15；2.0；1.0；3]	
[0.15；2.0；0.9；3]	
[0.15；2.0；0.0；3]	
[0.15；2.0；−0.1；3]	
[0.15；2.0；−0.3；3]	
[0.15；2.0；−0.5；3]	
[0.15；2.0；1.0；4]	
[0.15；2.0；1.0；5]	
[0.15；2.0；1.0；6]	
[0.15；2.0；1.0；7]	
[0.15；1.99；1.0；3]	
[0.15；1.97；1.0；3]	
[0.15；1.95；1.0；3]	
[0.15；1.93；1.0；3]	
[0.15；1.91；1.0；3]	
[0.17；2.0；1.0；3]	
[0.19；2.0；1.0；3]	
[0.20；2.0；1.0；3]	
[0.21；2.0；1.0；3]	

我们已经知道,牛顿法的迭代收敛需要准确猜测起始点的位置。有时,某次迭代结果已经很接近收敛范围,但由于迭代步长太大,下一次迭代的结果又偏离了收敛范围。在牛顿法步长

过大时,即使猜测的起始点与精确解相隔较远,减小迭代步长可能会使结果进入收敛范围,这也是 4.7 节优化牛顿法的策略。

4.7　阻尼牛顿法

练习 4.9 表明,如果牛顿法的迭代步长太大,就可能不收敛。解决这个问题的一种方法是通过在迭代中加入一个阻尼因子来"抑制(soften/dampen)"迭代,这就是"阻尼牛顿法"。

$$\boldsymbol{x}^{(n+1)} = \boldsymbol{x}^{(k)} - \alpha \boldsymbol{J}(\boldsymbol{x}^{(k)})^{-1} \mathbf{f}(\boldsymbol{x}^{(k)}) \qquad (4.6)$$

其中,α 是一个小于 1 的数。

从牛顿法的收敛性证明中可以清楚地看出,引入阻尼因子 α 会破坏该方法的二次收敛性,这就会牵涉到迭代终止的问题。目前的 vnewton. m 的迭代终止条件是当 norm(increment)足够小时停止,但在阻尼牛顿法中,我们给 increment 乘上一个阻尼因子 alpha,且 alpha 非常小,就可能会使 norm(increment)达到终止条件而停止迭代。所以在迭代完成之前,不能让 norm(increment)乘以 alpha。

练习 4.10

(1)将 vnewton. m 复制到 snewton0. m(文件名 snewton 表示 softened Newton,阻尼牛顿法)中,将函数签名改为

function [x,numIts] = snewton0(f,x,maxIts)

令阻尼因子 $\alpha = 1/2$。不要忘记更改注释和迭代终止条件。

> **提醒:**反斜杠运算符没有运算符优先级,因此需要加上括号。例如,3 * 2\4 = 0.6667,但 3 * (2\4) = 6。

(2)回到练习 4.9,将起始矢量的精度精确到 0.01,在迭代失败之前,起始矢量的第一个分量能达到多大(令其余三个分量的值为正确解)?

用常数阻尼因子可以改善迭代的初始行为,但会破坏迭代的二次收敛性。此外,我们很难猜测阻尼因子应该取多少。在这里有一些选取 α 的技巧,使得运算在迭代开始收敛时,α 就会"消失"(即 $\alpha \to 1$)。其中一个方法就是计算下列公式。

$$\Delta x = -\boldsymbol{J}(\boldsymbol{x}^{(k)})^{-1} \mathbf{f}(\boldsymbol{x}^{(k)})$$
$$\alpha = \frac{1}{1 + \beta \| \Delta x \|} \qquad (4.7)$$
$$\boldsymbol{x}^{(k+1)} = \boldsymbol{x}^{(k)} + \alpha \Delta x$$

其中 $\beta = 10$ 是一个方便选择的常数。容易证明这种选取 α 的方法不会破坏二次收敛性,或者至少比线性收敛快。

注 4.4:式(4.7)旨在将最大迭代步长保持在牛顿法迭代步长的十分之一以下。这是一个非常保守的策略。还要注意的是,可以在分母中放入另一个量,如 $\| \mathbf{f} \|$,只要它不影响最后算出来的结果即可。

练习 4.11

(1)将 snewton0. m 复制到 snewton1. m 中,将函数签名改为

function [x,numIts] = snewton1(f,x,maxIts)

把 α 改为式(4.7)中的形式,同时修改注释。

(2)从 x=[0.20;2.0;1.0;3]开始计算,到收敛为止一共需要多少次迭代? snewton0 需要多少次迭代? 你会看到 snewton1 比 snewton0 的收敛范围稍微大一些,并且收敛得更快。

(3)用 snewton1. m 计算,x 的精度精确到 0.01,在迭代失败之前,起始矢量的第一个分量能达到多大(令其余三个分量的值为正确解)?

4.8　延拓法或同伦法

从前面几个练习中可以看出,有些方法可以提高牛顿法的收敛范围。但对于某些问题,比如之前的曲线拟合问题,这些方法还不够。有一类方法称为持续或同伦法(也叫 Davidenko 法,详见[*Ralston and Rabinowitz(2001)*][1]),可以用来寻找牛顿法的良好起始点。还有其他的参考文献包括[*Verschelde(1999)*][2]、[*Davidenko(originator)*][3]和[*Ortega and Rheinboldt(1970)*][4]可供阅读。

4.7 节涉及求解目标函数 $F(x)$ 的最小值。假设还有另一个更简单的目标函数 $\Phi(x)$,它的最小值(和 F 的最小值不同)很容易用牛顿法找到。可以简单地令 $\Phi(x) = \| x - x_0 \|^2$,其中 x_0 的值可以选择。当 $0 \leqslant P \leqslant 1$ 时,考虑新的目标函数

$$G(x,p) = pF(x) + (1-p)\Phi(x) \tag{4.8}$$

当 $p=0$ 时,G 等于 Φ,很容易求得其最小值,当 $p=1$ 时,G 等于 F,其最小值就是 F 期望的最小值。

我们所需要做的就是当 $0 = p_1 < p_2 < \cdots < p_n - 1 < p_n = 1$ 时计算 $G(x,p)$ 的最小值,使用 p_k 的解 x_k 作为 p_{k+1} 的初始值。如果序列选取得当,第 k 步的结果 p_k 将在下一步 p_{k+1} 的收敛范围内,并且最终求得的最小值将是我们期望的最小值。这个方法的诀窍就是找到一个"正确的序列",这一步需要利用很多数学知识。

练习 4.12

(1)假设 x_0 是一个固定的四维矢量,x 是一个四维变量。定义

$$\Phi(x) = \sum_{k=1}^{4} (x_k - (x_0)_k)^2$$

---

① Ralston, A. and Rabinowitz, P. (2001). A First Course in Numerical Analysis (Dover Publications, Mineola, New York), ISBN 0-486-41454-X.

② http://www.math.uic.edu/%7ejan/srvart/node4.html.

③ http://www.encyclopediaofmath.org/index.php?title=Parameter,_method_of_variation_of_the&oldid=16671.

④ Ortega, J. M. and Rheinboldt, W. C. (1970). Iierative Solution of Nonlinear Equations in Several Variables (Academic Press, New York).

它的梯度是

$$\phi_k = \frac{\partial \Phi}{\partial x_k}$$

它的雅可比矩阵表示为

$$J_{k,\ell} = \frac{\partial \phi_k}{\partial x_\ell}$$

下列代码以类似 objective.m 的方式计算 Φ 及其导数，也可以直接下载 easy objective.txt。

```
function [f,J,F] = easy_objective(x,x0)
  % [f,J,F] = easy_objective(x-x0)
  % 适当添加注释
  % 姓名和日期
  if norm(size(x) - size(x0)) ~= 0
    error('easy_objective: x and x0 must be compatible.')
  end
  F = sum((x-x0).^2);
  % f(k)等于 F 对 x(k)的导数
  f = zeros(4,1);
  f = ???
  % J(k,ell)等于 f(k)对 x(ell)的导数
  J = diag([2,2,2,2]);
end
```

将其复制到 easy_objective.m 中，并补全向量 **f** 的表达式。

注 4.5：x0 的选择与具体问题有关，它相当于对最终解的模糊近似。

(2) 当 x0=[0;2;1;2]、x=[0;0;0;0] 以及 x0=[0;2;1;2]、x=[1;-1;1;-1] 时，f、J 和 F 的值是多少？

(3) 将下列代码复制到 homotopy.m 中，并完成该代码。

```
function [f,J,F] = homotopy(x,p,x0)
  % [f,J,F] = homotopy(x,p,x0)
  % 计算同伦延拓法的目标函数
  % 0 <= p <= 1
  [f1,J1,F1] = objective(x);
  [f2,J2,F2] = easy_objective(x,x0);
  f = p * f1 + (1-p) * f2;
  J = ???
  F = ???
```

end

(4)将下列代码复制到 dvdnko.m 中。

```
x0 = [0.24; 2; 1; 3];
x = ones(4,1);
STEPS = 1000;
MAX_ITERS = 100;
p = 0;
% 输出表题
fprintf('p n x(1) x(2) x(3) x(4)\\n');
for k = 0:STEPS
  p = k/STEPS;
  [x,n] = vnewton(@(xx) homotopy(xx,p,x0),x,MAX_ITERS);
  % fprintf 语句比 disp 更复杂
  if n>3 || k = = STEPS || mod(k,20) = = 0
    fprintf('%6.4f %2d %7.4f %7.4f %7.4f %7.4f\\n',p,n,x);
  end
end
```

从 x0=[0.24;2;1;3]开始计算,dvdnko 是否成功算出了 p=1? 它得到的 x 的值是否与练习 4.9～4.11 中的值相同?

(5)解释表达式@(xx) homotopy(xx,p,x0)在 dvdnko.m 中的含义。为什么使用这个表达式而不使用@homopy?

(6)在 easy_objective.m 中从 x0=[.25;2;1;3]开始计算。dvdnko 是否成功算出了 p=1? 将 x0 的精度精确到 0.05,在保证 p=1 的情况下,你能将 x0 的第一个分量增加到多大?

(7)该方法的成功与否在很大程度上取决于从简单的目标函数过渡到真正需要求解的目标函数所采取的步长大小。将 STEPS 从 1 000 改为 750,增加步长大小。在 easy_objective.m 中从 x0 =[.25;2;1;3] 开始计算。将 x0 的精度精确到 0.05,在保证 p=1 的情况下,你能将 x0 的第一个分量增加到多大?

(8)把 STEPS 改回 1 000,能否从 x0=[0;2;1;3]开始计算出正确答案? x0=[-0.5;2;1;3]呢?

在练习 4.11 中能做的最好的结果是与正确答案偏离几个百分点,而在练习 4.12 中,第一个分量增加了三倍多仍然得到了正确的答案。尽管如此,在选择 x0 和 STEPS 时也必须小心谨慎。方法总是有利有弊的,用持续或同伦法完成 1 000 次迭代需要的时间比较长。

4.9 拟牛顿法

拟牛顿法基本上是指使用近似雅可比矩阵而非精确雅可比矩阵的牛顿法。在第 3 章中已经看到,使用近似雅可比矩阵会得到线性收敛速度,而不是二次收敛速度,因此,拟牛顿法比牛顿法需要更多的迭代次数;同时,$N \times N$ 矩阵的求逆需要与 N^3 成正比的时间,而求解矩阵(求逆后)并首先构造矩阵需要与 N^2 成正比的时间。

因此,对于非常大的线性系统,可以通过求解近似雅可比矩阵来弥补所需的额外迭代次数,节省运算时间,因为牛顿法收敛速度更快。在下面的练习中,雅可比矩阵的逆矩阵将从一个迭代保存到另一个迭代,在适当的情况下,在后一个迭代中重新使用,因为它"足够接近"真实雅可比矩阵的逆。

注 4.6:在实际应用中人们几乎从不直接计算矩阵的逆,因为简单地求解一个线性方程组比直接求逆矩阵所需的时间少很多。此外,直接求解线性方程组需要构造两个矩阵,分别为一个下三角矩阵和一个上三角矩阵。这两个矩阵可以让求解方程组变得简便,并且它们可以保存并再次使用。然而,在本章中,我们还是要求矩阵的逆,因为它理解起来更简单直观。

非线性矢量函数的分量可以用下列表达式表示,当 $k=1,\cdots,N$ 时,有

$$(f_{14}(x))_k = (d_k + \varepsilon)x_k^n - \sum_{j=k+1}^{N} \frac{x_j^n}{j^2} - \sum_{j=1}^{k-1} \frac{x_{k-j}^n}{j^2} - \frac{k}{N(1+k)} \tag{4.9}$$

其中,$n=2, n=3\,000, \varepsilon=10^{-5}$,且

$$d_k = \sum_{j \neq k} \frac{1}{j^2}$$

注意:$d_k < \sum_{k=1}^{\infty} 1/k^2 = \pi^2/6 = B_1$,也即第一个伯努利数(Bernoulli number)。

这个函数是非线性函数的一个例子。它的雅可比矩阵是满秩的,并且非零项没有简单的表达式,不过它可以用相对紧凑的式(4.9)来表达。

练习 4.13

(1)当 $N=3$ 时,手动计算式(4.9)中长度为 3 的列向量 f 和 3×3 矩阵 J(用符号 x, n, ε 和 d_k 表示)。你会发现,无论选择的 N 有多大,矩阵 J 都不是对称的,并且没有零元素。

(2)将下列代码复制到 f13.m 中,并补全"???"部分。

```
function [f,J] = f13(x)
  % [f,J] = f13(x)
  % 用大型方程组检验拟牛顿法的效果
  % 姓名和日期
  [N,M] = size(x);
  if M ~= 1
    error(['f13：xmust be a column vector'])
  end
  n = 2; % (4.9)中的指数
  epsilon = 1.e-5; % (4.9)中的ε
  f = zeros(N,1);
  J = zeros(N,N);
```

```
j = (1:N)';
jn = j.^n;
dd = sum(1./jn);
xn = x.^n;
for k = 1:N
    f(k) = (dd − 1/k^2 + epsilon) * xn(k) − sum(xn(k + 1:N)./jn(k + 1:N))...
        − sum(xn(k − 1: − 1:1)./jn(1:k − 1)) − k/(N * (k + 1));
end
if nargout>1  % 如果需要的话,计算雅克比矩阵 J 的值
    J = zeros(N,N);
    for k = 1:N
        J(k,k) = ???
        J(k,k − 1: − 1:1) = − 1./jn(1:k − 1) * n. * x(k − 1: − 1:1).^(n − 1);
        J(k,k + 1:N) = ???
    end
end
end
```

> **注 4.7**:nargout 函数返回请求的输出参数数量。对于[f,J]＝f13(x),nargout＝2,对于 f＝f13(x),nargout＝1。

(3)当 x＝[1;1;1]时,比较手动计算和函数计算的结果,它们应该是相同的。

(4)正确计算雅可比矩阵在本练习中非常重要。$f_{13}(x)$ 中的项在 x 中都是二次的,对于任意二次函数 $g(x)$ 和任意合理选择的 Δx,都有

$$\frac{\mathrm{d}g}{\mathrm{d}x} = \frac{g(x + \Delta x) − g(x − \Delta x)}{2\Delta x} \tag{4.10}$$

令 x＝[1;2;3],Δx＝0.1,$N = 3$,使用式(4.10)计算有限差分雅可比矩阵

$$(\mathrm{Jfd})_{k,j} = \frac{\mathrm{d}(f_{13})_k}{\mathrm{d}x_j}, \text{当 } k,j = 1,\cdots,3$$

把 Jfd 与 f13 中的 **J** 进行比较,二者之差的(矩阵)范数或四舍五入后的 norm(J−Jfd)应该为零。如果二者不相同,请检查你的代码。

> **提示**:通过选择三个列向量 Δx＝[0.1;0;0],Δx＝[0;0.1;0]和 Δx＝[0;0;0.1],可以分三步完成上述比较。

可以看到,当 vnewton 函数二次收敛时,比值 r1 会变小。提高收敛速度的一种方法就是当 r1 很小时停止使用当前的雅可比矩阵,而使用前一个雅可比矩阵。如果一步一步地保存雅可比矩阵的逆,就可以提高速度。在练习 4.14 中所构造的拟牛顿法就是这样做的。

练习 4.14

(1)编写 qnewton. m。

　(a)将 vnewton. m 复制到 qnewton. m 中,并按照下列代码修改格式。

```
function [x,numIts] = qnewton(func,x,maxIts)
  % [x,numIts] = qnewton(func,x,maxIts)
  % 添加适当注释
  % 姓名和日期
  << your code >>
end
```

　(b)在循环开始之前,初始化变量为

```
skipNext = false;
```

　(c)将定义 oldIncrement 和 increment 的语句替换为下列代码:

```
if ~skipNext
  tim = clock;
  Jinv = inv(derivative);
  inversionTime = etime(clock,tim);
else
  inversionTime = 0;
end
oldIncrement = increment;
increment = - Jinv * value;
```

　(d)在计算 r1 之后添加下列代码:

```
% 利用 r1 的值判断是否应跳过下一次迭代
skipNext = r1 < 0.2;
fprintf('it = % d, r1 = % e, inversion time = % e. \\n',numIts,r1, ...
inversionTime)
```

　确保 qnewton. m 中没有其他的输出语句。

(2)将写好的 qnewton. m 复制到 qnewtonNoskip. m 中。修改文档中的函数名称,并将

```
skipNext = r1 < 0.2;
```

替换为

```
skipNext = false;
```

这可以比较牛顿法和拟牛顿法的运算时间。

(3)下列命令既可以求解一个中等规模的方程组,也可以返回它所需的时间:

```
tic;[v,its]=qnewton(@(x) f13(x),linspace(1,10,3000)');toc
```

请问一共需要多长时间？进行了多少次迭代？跳过了多少次迭代(没有花时间的迭代)？矩阵求逆的时间占总时间的百分比是多少？

(4)使用 qnewtonNoskip 重复同样的计算。

tic;[v0,its0]=qnewtonNoskip(@(x) f13(x),linspace(1,10,3000)');toc

请问一共需要多长时间？进行了多少次迭代？比值 norm(v−v0)/norm(v) 是多少？

(5)qnewton 和 qnewtonNoskip 哪个速度更快(总时间更短)？

注 4.8：在作者的计算机上，qnewton 要快几秒钟。如果你有一台更快的计算机，你可能会观察到更小的时间差异，甚至 qnewton 更慢。如果是这样，你可以令 N=4 000 或更大的数字进行比较。

注 4.9：结果表明 qnewtonNoskip 比 vnewton 慢一些，因为逆矩阵是显式求解的。隐式求解雅可比矩阵可以只计算矩阵的因子分解结果，而不是直接计算 Jinv。用这种方式编程的 qnewtonNoskip 和 vnewton 的运行时间差不多，但 qnewton 的速度会更快。

注 4.10：skip = (r1 < 0.2) 的选择在很大程度上取决于具体问题。还有更可靠的方法来决定何时跳过雅可比矩阵的求逆过程，但它们超出了本章的范围。

注 4.11：对于大型矩阵方程组，尤其是由偏微分方程产生的方程组，使用迭代方法求解的速度更快。在这种情况下，有两种迭代方法：非线性牛顿迭代和线性迭代。对于这些方程组，在完全收敛之前停止线性迭代可能会更有效，从而节省不必要的迭代时间，这种方法就是"拟牛顿法"。

注 4.12：当解决一系列类似问题时，例如在使用 Davidenko 法求解或与时间相关的偏微分方程中，拟牛顿法可以在每一步求解中节省大量时间，因为雅可比矩阵通常变化相对缓慢。

第 5 章　等距节点插值

5.1　引　言

本章涉及多项式插值和三角插值。插值不同于近似，插值意味着函数需要通过所有给定点，而近似则是函数需要在一定约束条件下接近所有给定点（及其附近的点）。看起来似乎插值比近似更"精确"，但在许多实际问题中，近似是更好的选择。

多项式经常被用作插值基函数。有多种方法可以定义、构造和计算通过某些点的给定次数的多项式。多项式插值最重要的就是求解插值多项式的系数，本章利用 Vandermonde 方程来求解多项式的系数。

插值并不一定意味着良好的逼近，多项式插值会出现一种"Runge 现象"，即插值函数在给定点的附近"摆动"太过剧烈，这种情况下用三角函数多项式插值会更好，但也不一定成功。

练习 5.1 和 5.2 使用 Vandermonde 方程求多项式的系数；练习 5.3 提供了该方法的一个特例；练习 5.4 展示了由于"Runge 现象"，插值函数无法很好地逼近的情况，练习 5.5 解释了 Runge 现象出现的原因；练习 5.6 和 5.7 用拉格朗日多项式生成与 Vandermonde 方程相同的多项式插值函数；练习 5.8～5.11 讨论了三角插值；练习 5.12 讨论了有限元理论中使用的二维插值，这个练习难度相对较大。

5.1.1　符号

本章的重点是寻找通过给定点的函数，用数学语言描述就是有一组点 $\{(x_k, y_k) \mid k=1, 2, \cdots, n\}$，找到一个函数 $f(x)$，它通过每个点（$f(x_k)=y_k, k=1, 2, \cdots, n$）。换言之，对于每个横坐标 x_k，函数值 $f(x_k)$ 都等于纵坐标 y_k。这些点就被称为"给定"点或"插值"点。

手写符号很容易看出 x 和 x_k 的含义不同，但 MATLAB 代码没有字体差异，因此本文将使用 xval 来表示 x 的值，用 xdata 和 ydata 来表示 x_k 和 y_k，用 fval 或 yval 表示 $y=f(x)$，强调它属于插值函数中的值。

通常我们认为 xval 不等于任何一个 xdata，但本章中，我们通常会令 xval 的值等于某些 xdata 的值来测试插值函数是否正确。

5.1.2　MATLAB 编程提示

确定一个整数 m 是否不等于整数 n 对应的 MATLAB 语法为

```
if m ~= n
```

许多人习惯将逻辑表达式用括号括起来，但这不是必需的。注意，带小数部分的数字不能作上述判断，而应该判断两个数字之差的绝对值是否很小。此外，在用二进制表示数字时，通常会出现微小的错误。要检查数字 x 是否等于 y，应使用

```
if abs(x - y) <= TOLERANCE
```

其中,TOLERANCE 是根据具体情况选择的值。

MATLAB 将多项式表示为系数向量的形式。MATLAB 有以下几个处理多项式的命令:

c=poly(r)返回多项式的系数,其中多项式的根是向量 r 中的元素;

r=roots(c)返回系数由向量 c 给出的多项式的根;

c= polyfit(xdata, ydata, n)返回通过或尽可能接近点 xdata(k),ydata(k)的 n 次多项式的系数,k=1,2,…,K,其中 K−1 不一定与 n 相同;

yval= =polyval(c, xval)用值为 xval(k)的向量 c 给出的系数计算一个多项式,当 $k \geqslant 1$ 时 k=1,2,…,K。

polyfit 函数返回多项式的系数,使得该多项式在最小二乘意义上"最符合"给定点的值。该多项式是给定点值的近似,而不一定是给定点的插值。在本章中,我们将使用与 polyfit 类似的函数编写代码,但这些函数生成的多项式的精确程度由给定点的数量决定(N=numel(xdata)−1)。

按照惯例,MATLAB 中多项式的系数 c_k 定义为

$$p(x) = \sum_{k=1}^{N} c_k x^{N-k} \tag{5.1}$$

该系数在 MATLAB 中表示为向量 c。根据多项式系数向量 c 的定义:

- N=numel(c)比 $p(x)$ 的阶数多一;
- 系数的下标按降幂排列,c(1)是阶数为 N−1 的项的系数,c(N)是常数项。

在本章和后面的几个章中,将使用几种不同的方法编写类似 polyfit 和 polyval 的函数。不同于 MATLAB 内置函数的命名规则,前缀为 coef_ 的函数将生成一个系数向量(vector of coefficients),其作用类似 polyfit,前缀为 eval_ 的函数将计算(evaluate)多项式(或其他函数)在 xval 的值,其作用类似 polyval。

先使用 MATLAB 函数构造已知多项式,并使用它生成给定点的值。然后利用插值函数对给定点进行插值。

> **注 5.1**:牛顿法(第三章)的原理可以通过构造一个线性多项式来推导,该多项式通过点 (a, f_a) 的导数 f'_a,即 $p(a)=f_a$,$p'(a)=dp/dx(a)=f'_a$。我们可以把这个推导过程看作是构造一个线性的插值函数。

有了插值函数以后,我们可以查看函数的图像,可以在给定点以外的其他点对其求值,也可以计算插值函数的积分或导数等,所以确定插值函数很重要。

5.2 Vandermonde 方程

假设要确定通过点 (x_1,y_1) 和 (x_2,y_2) 的线性多项式 $p(x)=c_1 x+c_2$。将两个坐标代入到多项式中,你可以得到关于 c_1 和 c_2 的一组线性方程组

$$\begin{cases} c_1 x_1 + c_2 = y_1 \\ c_1 x_2 + c_2 = y_2 \end{cases}$$

也可以表示为

$$\begin{bmatrix} x_1 & 1 \\ x_2 & 1 \end{bmatrix} \begin{bmatrix} c_1 \\ c_2 \end{bmatrix} = \begin{bmatrix} y_1 \\ y_2 \end{bmatrix}$$

（通常情况下）可以得到

$$c_1 = (y_2 - y_1)/(x_2 - x_1)$$
$$c_2 = (x_2 y_1 - x_1 y_2)/(x_2 - x_1)$$

我们可以将上述问题拓展到通过三个点的二次多项式 $p(x) = c_1 x^2 + c_2 x + c_3$，需要求解的线性方程组就变成了

$$\begin{bmatrix} x_1^2 & x_1 & 1 \\ x_2^2 & x_2 & 1 \\ x_3^2 & x_3 & 1 \end{bmatrix} \begin{bmatrix} c_1 \\ c_2 \\ c_3 \end{bmatrix} = \begin{bmatrix} y_1 \\ y_2 \\ y_3 \end{bmatrix}$$

上述两个例子中分别包含了二阶和三阶的 Vandermonde 方程，它的特征是方程系数矩阵的每一行（或者列）都是由一组变量的升幂（或降幂）系数组成的。

可以看到，对于任何坐标的集合，都可以定义一个线性方程组，该方程组可以由多项式系数（未知）唯一确定。求解该方程组的精确解是确定插值多项式的一种方法。

用 MATLAB 构造和求解 Vandermonde 方程需要建立系数矩阵 $\boldsymbol{A}$。使用变量 xdata 和 ydata 来表示 x_k 和 y_k，假设它们是长度为（numel）N 的行向量。

```
for j = 1:N
  for k = 1:N
    A(j,k) = xdata(j)^(N-k) ;
  end
end
```

等式右边是坐标 ydata，假设它是一个行向量。建立等式后，求解线性方程组就很容易了，只需计算

```
c = A \ ydata';
```

这里回顾一下，反斜杠符号的意思是用矩阵 $\boldsymbol{A}$ 左除 ydata'。请注意，ydata'是行向量 ydata 的转置，使其变成列向量（默认情况下，MATLAB 生成的向量是行向量）。

注 5.2：也可以使用 reshape 函数，该函数可以将变量重构为指定行数和列数的矩阵（向量），同样，它也可以用来让行向量变成列向量。

练习 5.1

polyfit 函数可以通过一组点求解多项式的系数。本练习中将利用 Vandermonde 方程复现 polyfit 函数的功能。可以直接下载 exer1.txt，找到本练习的有关数据和代码。

（1）按照下列格式编写 m 函数文件 coef_vander.m。

```
function c = coef_vander ( xdata , ydata )
```

```
% c = coef_vander ( xdata , ydata )
% xdata = ???
% ydata = ???
% c = ???
% 适当添加注释
% 姓名和日期
<< your code >>
end
```

此代码接受一对长度相等的行向量 xdata 和 ydata,并返回通过该组给定点的多项式的系数向量 c,请补全??? 部分。

> **注意**:仔细考虑 N 的取值。

(2)计算通过下列给定点的多项式的系数(不难看出这个多项式是 $y=x^2$,可以手动检查系数向量)。

xdata = [0 1 2]
ydata = [0 1 4]

(3)计算通过下列给定点的多项式的系数。

xdata = [−3 −2 −1 0 1 2 3]
ydata = [1636 247 28 7 4 31 412]

(4)使用 polyval 来确认多项式确实通过了这些给定点。

(5)与 polyfit 函数计算的结果进行比较,再次检查代码。请写出完整的调用 polyfit 的命令及其计算结果。

在练习 5.2 中,你将使用 coef_vander 构造一个多项式来对给定点进行插值。

练习 5.2

(1)考虑根为 r= [−2−1123]的多项式,使用 poly 函数求其系数 cTrue。

(2)这五个给定点的纵坐标都为零,但要使用 coef_vander,还需要第六个给定点,这可以根据系数 cTrue"读出"x=0 处多项式的值,这个值是多少?

(3)使用 coef_vander 函数求出通过下列给定点的多项式的系数 cVander。

xdata = [−2 −1 0 1 2 3];
ydata = [0 0 ?? 0 0 0];

(4)仅使用坐标已知的五个点作为 xdata 来求出多项式的系数(将这些系数命名为 cVander 以外的其他名称),结果是多少?

(5)使用下列代码绘制区间[−3,2]上的原始多项式及其插值多项式的图像。代码的最后一行提示了计算两条曲线相对误差的方法。相对误差有多大? 将代码复制到 exer2. m 中,并补全"???"的内容。

69

```
% 构造插值测试点,便于绘图
xval = linspace( - 2,3,4001);
% 构造原函数的精确值,便于比较原函数和插值函数之间的区别
yvalTrue = polyval(cTrue,xval);
% 使用 Vandermonde 多项式插值系数来计算测试点处的插值函数值
yval = polyval(cVander, ???);
% 用深绿色线绘制原函数的值
plot(xval,yvalTrue,'g','linewidth',4);
hold on
% 将给定点绘制为黑色加号
plot(xdata,ydata,'k + ');
% 用细黑色线绘制插值函数
plot(xval,yval,'k');
hold off
% 估计插值函数和原函数之间的相对近似误差
approximationError = max(abs(yvalTrue - yval))/max(abs(yvalTrue))
```

我们会观察到这两条曲线是相同的(第一条曲线是绿色粗线,第二条曲线是黑色细线,它们互相重叠)。

注 5.3:这里使用相对误差是考虑了 yvalTrue 非常大或非常小的情况。

5.3　非多项式函数的插值

在上文中已经看到,插值多项式可以和原始多项式基本相同,但当多项式用于插值非多项式函数时,结果就可能不尽如人意。在给定点处,插值函数和原始函数的值完全相同,因此我们需要检查给定点之间的插值函数是否合适。在练习 5.3 中,我们将看到一些效果良好的非多项式插值,同时也会看到一个差值失败的典型例子。本小节的例题参考了 C. Runge 编写的[*Runge*（*1901*）][1]。

练习 5.3

在本练习中,我们将为双曲正弦函数 $\sinh(x)$ 构造插值函数,将会看到 $\sinh(x)$ 与它的多项式插值函数非常接近。

（1）在区间 $[-\pi,\pi]$ 上对函数 $y = \sinh(x)$ 进行插值,将 exer2. m 复制到 exer3. m 中,按照下列步骤修改代码,检查在五个等距点上的插值结果。

（a）在开头添加下列代码。

表 5-1

N	近似误差
5	
11	
21	

---

① Runge, C. (1901). ¨uber empirische funktionen und die interpolation zwischen ¨aquidistanten ordinaten, Z. Math. Phys. 46, pp. 224 - 243.

```
% 构造 N = 5 个插值点
N = 5;
xdata = linspace( - pi,pi,N);
ydata = sinh(xdata);
```

（b）修改计算 xval 和 yvalTrue 的代码。

（c）在使用 cVander 之前，添加下列代码来计算它的值。

```
% 计算 Vandermonde 多项式插值系数
cVander = coef_vander(xdata,ydata);
```

（2）运行 exer3. m。通过放大缩小等功能，目测确认函数是指数函数，且插值函数经过插值点。

（3）使用更多的给定点可以得到更高阶的插值多项式。使用拉格朗日插值法计算并填写表 5 - 1。

可以看到，原始函数和插值函数的近似误差非常小。双曲正弦函数的定义域为 R，多项式插值函数的定义域也为 R，所以它们有一个基本特征。在练习 5.4 中，我们会看到对的定义域不为 R 的函数进行多项式插值可能会产生很糟糕的结果。

练习 5.4

（1）按照下列格式编写 m 函数文件 runge. m。

表 5 - 2

N	近似误差
5	
11	
21	

```
function y = runge(x)
% y = runge(x)
% 适当添加注释
% 姓名和日期
<< your code >>

end
```

使用向量分量除法和幂运算(. /和 .^)。

（2）将 exer3. m 复制到 exer4. m 并作相应修改。

（3）目测确认函数 y 及其插值函数在给定点处的值相同，但在插值点之间的部分不相同。

（4）使用更多的给定点可以得到更高阶的插值多项式。使用拉格朗日插值法计算并填写表 5 - 2。

你可能会惊讶的发现增加了给定点的数量后，y 和插值函数仍然不接近。我们期望的是无论原始函数 $f(x)$ 是什么，插值多项式 $p(x)$ 在任何地方都能很好地逼近它，而且如果插值结果不好，增加插值点的数量就能解决问题。

然而，上述情况的实现是有条件的。在练习 5.5 中，你将看到为什么该函数不能很好地用多项式逼近。

练习 5.5

Runge 函数的泰勒级数

$$\frac{1}{1+x^2}=1-x^2+x^4-x^6+\cdots \tag{5.2}$$

容易证明,该级数在复平面上的收敛半径为 1。

我们已知多项式是整函数(entire functions),即它们的泰勒级数在复平面上处处收敛,所以多项式的有限和只能是整函数。但整函数无法在距离复平面原点半径大于 1 的区域对 Runge 函数插值,如果有,它必定与级数(5.2)一致。但级数在 $x=i$ 处发散,而整函数不可能有无穷大的值,所以 Runge 函数无法用多项式插值。

(1)使用 exer4. m,查看插值多项式的非平凡系数(c_k),并填写表 5 - 3。

(2)填写表 5 - 4,查看插值多项式的平凡系数(c_k),请注意冒号的作用。

<table>
<tr><td colspan="2" style="text-align:center">表 5 - 3</td></tr>
</table>

N	系数		
5	$c_5=$	$c_3=$	$c_1=$
11	$c_{11}=$	$c_9=$	$c_7=$	$c_5=$
21	$c_{21}=$	$c_{19}=$	$c_{17}=$	$c_{15}=$
limit	$+1$	-1	$+1$	-1

表 5 - 4

N	max(abs(c(2:2:end)))
5	
11	
21	

可以看到,插值多项式试图"重现"Runge 函数的泰勒级数(5.2)。然而,这些多项式不可能在所有点上都与泰勒级数一致,因为泰勒级数并非在所有点上都收敛。

5.4　拉格朗日多项式

假设有一组不同的横坐标 x_k,$k=1,\cdots,N$,每个点对应的纵坐标为 y_k,有一个多项式 $l_7(x)$,它的值在每个 $x_k(k\neq7)$ 处为零,在 x_7 处为 1。易得中间项 $y_7l_7(x)$ 在 x_7 处的值为 y_7,在其他 x_i 处都为 0。对每个横坐标都进行相同的推理,并将这些多项式相加,这样得到的多项式无需求解任何方程就可以对这一组数据进行插值。

事实上,多项式 l_k 被称为拉格朗日多项式,对任何一组坐标都可以很容易的构造 l_k。对于 N 个坐标的集合可以构造出 $N-1$ 阶拉格朗日多项式,共有 N 项。第 k 项 $l_k(x)$ 和横坐标 x_k 的关系是:在 x_k 处为 1,在其他横坐标处为 0。

综上所述,拉格朗日插值多项式的形式为

$$p(x)=y_1l_1(x)+y_2l_2(x)+\cdots+y_Nl_N(x)=\sum_{k=1}^{N}y_kl_k(x) \tag{5.3}$$

式(5.3)是定义插值多项式的第二种方法。

注 5.4:找到一个函数,在一个集气中的一个特定点等于 1,在所有其他点上等于 0 的方法非常强大。如果在式(5.3)中令 $y_k=1$,则有 $p(x)\equiv1$,$l_k(x)$ 则是把 1"划分为了很多段"。当我们学习求解利用有限元构造法求解偏微分方程时,会再次遇到它。

在练习 5.6、5.7 中,你将用前面练习中的给定点来构造多项式。由于通过 N 个给定的

$(N-1)$阶非平凡多项式只有一个,所以得到的插值多项式应该和前面的练习中相同。在练习 5.6 中,你将构造与给定点相关的拉格朗日多项式,在练习 5.7 中,你将使用这些拉格朗日多项式来构造插值多项式。

练习 5.6

本练习将基于给定点构造拉格朗日多项式。回顾 $y=x^2$ 的数据集,如下所示:

```
k :      1   2   3
xdata = [ 0   1   2 ]
ydata = [ 0   1   4 ]
```

实际上,ydata 对于 $l_k(x)$ 的构造并不重要。一般来说,$l_k(x)$ 的公式可以写成

$$\ell_k(x)=(f_1(x))(f_2(x))\cdots(f_{k-1}(x))\cdot(f_{k+1}(x))\cdots(f_N(x)) \tag{5.4}$$

其中每一项都可以写成

$$f_j(x)=\frac{(x-x_j)}{(x_k-x_j)} \tag{5.5}$$

(1)简要解释为什么将式(5.5)代入式(5.4)会产生函数

$$\ell_k(x_j)=\begin{cases}1 & j=k \\ 0 & j\neq k\end{cases} \tag{5.6}$$

(2)编写 m 函数文件 lagrangep. m。计算 k 等于任意值时的拉格朗日多项式(5.4),MATLAB 工具箱中有一个名为"lagrange"的函数,所以本小题函数名为"lagrangep"。

(a)函数签名和格式。

```
function pval = lagrangep( k , xdata, xval )
  % pval = lagrangep( k ,xdata, xval )
  % 适当添加注释
  % k = ???
  % xdata = ???
  % xval = ???
  % pval = ???
  % 姓名和日期
  << your code >>
end
```

(b)计算点 xval 处横坐标为 xdata 的第 k 个拉格朗日多项式。

```
pval = 1;
for j = 1 : ???
  if j ~= k
    pval = pval .* ??? %适当添加注释
```

73

```
      end
   end
```

> **注 5.5**：如果 xval 是向量，那么 pval 也是向量，因此要使用向量分量乘法(. ∗)。

(3)根据式(5.6)，计算 xval＝xdata(1)，xval＝xdata(2) and xval＝xdata(3)时的 lagrangep(1, xdata, xval)的值。

(4)lagrangep 是否给出了 lagrangep(1, xdata, xdata)的正确值？ lagrangep(2, xdata, xdata)和 lagrangep(3, xdata, xdata)呢？

练习 5.7

现在可以用 lagrangep 函数实现 polyfit - polyval 的功能了，可以把这个过程成为 eval_lagr。与 coef_vander 不同，多项式的系数向量不需要单独生成，因为它非常简单，这就是 eval_lagr 可以同时拟合和计算拉格朗日插值多项式的原因。

(1)按照下列格式编写 m 函数文件 eval_lagr. m。

```
function yval = eval_lagr ( xdata, ydata, xval )
   % yval = eval_lagr ( xdata, ydata, xval )
   % 适当添加注释
   % 姓名和日期
   << your code >>
end
```

该函数利用 xdata 和 ydata 的值，并根据式(5.3)计算 xval 处的插值多项式，使用 lagrangep 函数计算拉格朗日多项式。

(2)用下列数据测试 eval_lagr。

```
   k :   1 2 3
xdata = [  0   1   2 ]
ydata = [  0   1   4 ]
```

当 xval＝xdata 时，函数的值应该等于 ydata。

(3)用下列数据测试 eval_lagr，并计算 xval＝xdata 时的函数值。

```
xdata = [  - 3   - 2  - 1   0   1    2    3]
ydata = [1636   247   28   7   4   31   412]
```

(4)使用拉格朗日插值法重新计算练习 5.2。

(a)回顾练习 5.2 中构造的多项式，其根为 r＝[−2 −1 1 2 3]，系数为 cTrue；

(b)使用 polyval 函数计算 xdata＝[−2 −1 0 1 2 3]时 ydata 的值；

(c)将 exer2. m 复制到 exer7. m 中，使用拉格朗日插值法进行插值，绘制 yvalLag 和 yvalTrue 的图像，并计算它们之间的误差。

5.5　三角插值

在[*Quarteroni et al.（2007）*][1]第 10.1 节、[*Atkinson（1978）*][2]第 3.8 节以及[*Ralston and Rabinowitz（2001）*][3]第 271 页中讨论了利用三角函数进行插值的问题。三角插值与傅里叶级数逼近密切相关，但本章的重点是插值，逼近问题将在第 8 章讨论。

在区间$[-\pi,\pi]$上使用$(2N+1)$项三角函数进行三角插值的基本表达式是

$$f(x) = \sum_{k=1}^{2N+1} a_k e^{i(k-N-1)x} \tag{5.7}$$

上述表达式有$(2N+1)$项是因为它表示实函数的插值运算。因此，当$k=N+1$时，三角函数$e^{i(k-N-1)x}$是常数项，其余的项都是共轭复数对。

区间$[-\pi,\pi]$上 $2N+1$ 个等距点的横坐标可以由下式计算

$$x_j = \frac{2\pi(j-N-1)}{2N+1}, \quad j=1,2,\cdots,(2N+1) \tag{5.8}$$

系数a_k可以由下式计算

$$a_k = \frac{1}{2N+1}\sum_{j=1}^{2N+1} e^{-i(k-N-1)x_j} f(x_j), \quad k=1,2,\cdots,(2N+1) \tag{5.9}$$

也可以利用复指数的特性来简化计算，将式(5.7)依次乘以函数$e^{-i(k-N-1)x}$的每一项，并在x_k处取值，并求解所得线性方程组，即可得到a_j。

注 5.6：式(5.9)中的三角系数a_k与(5.1)中的多项式系数c_k起着相同的作用。

在练习 5.8 中，你将编写函数 coef_trig 来实现 polyfit 和 coef_vander 的功能，以及函数 eval_trig 来实现 polyval 和 eval_lagr 的功能。

练习 5.8

(1)按照下列格式编写 m 函数文件 coef_trig. m。

```
function a = coef_trig(func,N)
  % a = coef_trig(func,N)
  % func = ???
  % N = ???
  % a = ???
  % 适当添加注释
  % 姓名和日期
```

① Quarteroni, A., Sacco, R., Saleri, F. (2007). Numerical Mathematics (Springer), ISBN 978-3-540-34658-6.

② Atkinson, K. (1978). An Introduction to Numerical Analysis (Wiley, New York).

③ Ralston, A., Rabinowitz, P. (2001). A First Course in Numerical Analysis (Dover Publications, Mineola, New York), ISBN 0-486-41454-X.

```
    << your code >>
end
```

该函数需要根据式(5.9)计算三角系数 a_k，根据式(5.8)确定点 x_k。记住 a 的长度(numel)应该是 $2*N+1$。使用向量表示法和 sum 函数会更加方便，如果不知道怎么使用，你也可以利用 for 循环。

> **提示：** 可以使用下列代码来生成点 x_k，不需要用到 for 循环。

```
xdata = 2 * pi * ( - N:N)/(2 * N + 1);
```

(2)利用 $f(t)=e^{ix}(N=10)$ 来测试 coef_trig 函数(可以为 e^{ix} 编写一个 m 文件，也可以使用 @命令定义一个"匿名函数")。查看式(5.7)会发现只有在 $k=N+2$ 时 $a_k=1$，否则 a_k 为零。

(3)利用 $f(x)=\sin 4x(N=10)$ 再次测试 coef_trig 函数。可以看到只有两个 a_k 的值非零。这两个 a_k 的值分别是多少，对应的下标分别是多少？

练习 5.9

(1)按照下列格式编写 m 函数文件 eval_trig.m。

```
function fval = eval_trig(a,xval)
    % fval = eval_trig(a,xval)
    % a = ???
    % xval = ???
    % fval = ???
    % 适当添加注释
    % 姓名和日期
    << your code >>
end
```

该函数应该在任意点集 xval 处验证式(5.7)。

(2)首先利用 coef_trig 找到 n=10 时函数 $\sin 4x$ 的系数(练习 5.8 中已经找到)，然后用 eval_trig 求出区间 $[-\pi,\pi]$ 上 4 001 个等距点处的系数。插值函数和 $\sin 4x$ 之间的近似误差是多少？ 在同一个图上绘制插值函数和 $\sin 4x$ 的图像，看到两条线应该重叠。可以在 exer2.m 或 exer7.m 的代码基础上作修改，然后把新的文件命名为 exer9.m。

> **警告：** 三角插值的图像对于 MATLAB 可能比较复杂，因此函数图像可能难以绘制。对于本题，你可以先验证函数的虚部(利用 imag 函数)为零，然后只绘制实部(利用 real 函数)的图像。

即使函数本身不是三角多项式，也能使用三角插值。

练习 5.10

(1)用 exer9.m 对函数 $y=x(\pi^2-x^2)$ 进行插值，将修改后的代码命名为 exer10.m。当

N＝5、10、15、20 时,绘制 y 及其插值函数的图像,将每个插值点都设置为"＋"形状,填写表 5-5。

(2)对练习 5.4 中的 Runge 函数进行同样的操作,并填写表 5-6。

表 5-5

N	y＝x.＊(pi2－x.^2)近似误差
10	
15	
20	

表 5-6

N	朗格近似误差
2	
4	
5	

(3)N＝2 时,应该在哪五个点对 Runge 函数进行三角插值? 检查 Runge 函数和 eval_trig 函数在这些点上的值是否一致。

前面的练习表明,三角插值对某些函数的效果很好。在[－π,π]中,当函数不连续或不是周期函数时,三角插值的效果就会比较差,如下列函数所示:

$$f(x)=\begin{cases} x+\pi, & x<0 \\ x-\pi, & x\geqslant0 \end{cases}$$

练习 5.11

(1)将下列代码复制到 sawshape5.m 中。

```
function y = sawshape5(x)
  % y = sawshape5(x)
  % x = ???
  % y = ???
  % 适当添加注释
  % 姓名和日期
  kless = find(x<0);
  kgreater = find(x>= 0);
  y(kless) = x(kless) + pi;
  y(kgreater) = x(kgreater) - pi;
end
```

(2)MATLAB 的 find 函数是一个非常有用的函数。使用 help find 命令或者帮助工具查看该函数的功能。

(3)字母 a 到 j 代表由十个数字组成的递增序列,如果 x＝[a b c d e f g h i j i h g],那么 find(x==c)、find(x==h)和 find(x>＝g)的结果分别是什么?

(4)使用基于 exer9.m 的脚本文件,对 sawshape5 中的函数进行三角插值,填写表 5-7。

表 5-7

N	sawshape5 近似误差
5	
10	
100	

从表 5 - 7 中可以看到，近似误差并没有缩小到零，但如果观察函数的图像，会发现近似误差的确在缩小，除了在 $x=0$ 附近。在 x＝0 附近，函数的值剧烈振荡。这种现象被称为 Gibbs 现象。请绘制出 N＝5 和 N＝100 时的图像。

（5）查看 N＝5 的图像，"＋"号是否在正确的插值点上？

由于 Gibbs 现象，增加多项式插值的阶数可能会导致近似值发散。虽然三角插值不会像 $n \rightarrow \infty$ 那样发散，但 Gibbs 现象会使迭代收敛速度在不连续处大大减慢。

5.6　二维插值

在本节中，你将看到如何为二维平面任意三角形上给定的函数构造二次插值多项式。所采用的方法一共有两步：

（1）将给定的三角形映射为参考三角形；

（2）在参考三角形上使用二维拉格朗日多项式对函数进行插值。

之所以采用两步进行，一方面是因为在标准（参考）三角形上生成拉格朗日多项式比在任意三角形上生成拉格朗日多项式方便；另一方面，分解为两步后的每一步都很容易编程，并且代码可以重复使用（在有限元分析程序中，可能涉及数千或数百万个这样的三角形）。

考虑下列三角形（图 5 - 1），$T_{\text{ref}}=\{(\xi,\eta)\,|\,0\leqslant\xi\leqslant1,0\leqslant\eta\leqslant(1-\xi)\}$。

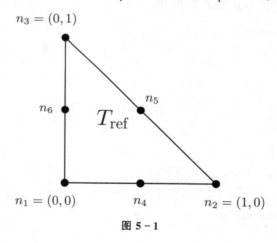

图 5 - 1

在这个三角形中，节点 n_4、n_5 和 n_6 分别位于三条边的中点。

T_{ref} 上定义了三个线性拉格朗日多项式，任何线性多项式都可以写成下列 $\ell_1,\cdots,\ell_3$ 的线性组合。

$$\ell_1(\xi,\eta)=1-\xi-\eta$$
$$\ell_1(\xi,\eta)=\xi$$
$$\ell_3(\xi,\eta)=\eta$$

T_{ref} 上定义了六个二次拉格朗日多项式，任何二次多项式都可以写成下列 $q_1\cdots q_6$ 的线性组合。

$$q_1(\xi,\eta)=2(1-\xi-\eta)(0.5-\xi-\eta)$$
$$q_2(\xi,\eta)=2\xi(\xi-0.5)$$
$$q_3(\xi,\eta)=2\eta(\eta-0.5)$$
$$q_4(\xi,\eta)=4\xi(1-\xi-\eta)$$
$$q_5(\xi,\eta)=4\xi\eta$$
$$q_6(\xi,\eta)=4\eta(1-\xi-\eta).$$

在练习 5.12 中,你将使用上述多项式在图 5-2 中的三角形上对函数进行插值。

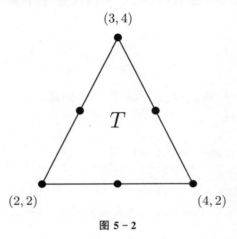

图 5-2

表 5-8 展示了用 (ξ,η) 坐标表示的参考三角形 T_{ref} 和用 (x,y) 坐标表示的三角形 T 之间的关系,以及函数 $p(x,y)=e^{0.1xy}$ 的值。

表 5-8

n	(x,y)	(ξ,η)	p
1	(2,2)	(0,0)	$e^{0.4}$
2	(4,2)	(1,0)	$e^{0.8}$
3	(3,4)	(0,1)	$e^{1.2}$
4	(3,2)	(0.5,0)	$e^{0.6}$
5	(3.5,3)	(0.5,0.5)	$e^{1.05}$
6	(2.5,3)	(0,0.5)	$e^{0.75}$

练习 5.12

注意:可以在不编写任何 MATLAB 代码的情况下手动计算完成这个练习,也可以借用 MATLAB 符号工具箱的帮助来完成它。

(1)直接计算节点 $n_j(j=1,\cdots,3)$ 处 $\ell_i(\xi,\eta)\ i=1,\cdots,3$ 的值,确认 ℓ_i 是拉格朗日多项式。在 n_i 处的每个 ℓ_i 都等于 1,在 n_j 处的每个 ℓ_i 都等于 0,其中 $j\neq i$。

（2）直接计算节点 $n_j(j=1,\cdots,6)$ 处 $q_i(\xi,\eta)i=1,\cdots,6$ 的值，确认 q_i 是拉格朗日多项式。在 n_i 处的每个 q_i 都等于 1，在 n_j 处的每个 q_i 都等于 0，其中 $j\neq i$。

（3）求一个线性函数 $x=x(\xi,\eta)$，使得 $x(n_1)=2$，$x(n_2)=4$，$x(n_3)=3$。注意，2、4 和 3 是 T 的三个顶点的 x 坐标。你可以基于拉格朗日多项式 ℓ_i，将 ξ 和 η 写成关于 x 的函数。

（4）类似地，求一个线性函数 $y=y(\xi,\eta)$，使得 $y(n_1)=2$，$y(n_2)=2$，$y(n_3)=4$。注意，2、2 和 4 是 T 的三个顶点的 y 坐标。你可以基于拉格朗日多项式 ℓ_i，将 ξ 和 η 写成关于 y 的函数。

（5）刚刚构建了从 $(\xi,\eta)\in T_{\text{ref}}$ 到 $(x,y)\in T$ 的映射，这种映射可以写成向量形式，如下所示：

$$\begin{bmatrix}x\\y\end{bmatrix}=\begin{bmatrix}x_0\\y_0\end{bmatrix}+J\begin{bmatrix}\xi\\\eta\end{bmatrix}$$

其中，J 是一个 2×2 的矩阵。x_0、y_0 和矩阵 J 分别是多少？

（6）这个映射也可以写成

$$\begin{bmatrix}\xi\\\eta\end{bmatrix}=J^{-1}\begin{bmatrix}x-x_0\\y-y_0\end{bmatrix},$$

也可以表示为 $\xi=\xi(x,y)$ 和 $\eta=\eta(x,y)$。

（7）函数 $e^{0.1xy}$ 在三角形 T 上的二次多项式插值函数 $p(x,y)$ 可以写成

$$p(x,y)=\sum_{k=1}^{6}a_kq_k(\xi(x,y),\eta(x,y)) \tag{5.10}$$

（$p(x,y)$ 的值详见本练习前面的表格）。$K=1,\cdots,6$ 时 a_k 的值是多少？（**提示**：三角形的顶部是 $x=3$ 和 $y=4$ 的点。）此时（5.10）的等号两侧分别是什么？

（8）$P(3.5,2.5)$ 的值是多少？

第 6 章 多项式和分段线性插值

6.1 引 言

我们在第 5 章中看到,随着插值多项式阶数的增加,插值效果反而可能更糟糕(插值点之间的值远离原函数)。这意味着用等距点进行高次多项式插值的策略不可行。事实证明,等距点插值一定会导致较差的渐近收敛速率,具体参见文章[*Platte et al.（2011）*][1]。

在本章中,我们将使用非均匀分布的插值点进行插值计算,其中包括分布最优的切比雪夫点,这些计算将基于第 5 章中的多项式插值函数和 Runge 函数;还将研究分段线性插值和分段常数插值。与多项式插值不同,分段多项式插值可以在插值点变多的情况下保证具有较小的误差。由于本章练习题涉及的差值精度比较方法与第 5 章中的方法比较相似,因此我们将第 5 章所用的比较方法编写成一个通用的框架。

练习 6.1 比较了不同间距给定点的插值效果,并且给出了一种通用的比较方法,在练习 6.2、6.3、6.7 和 6.8 中进行了应用。练习 6.4 和 6.5 是编程练习,旨在介绍 MATLAB 递归函数。练习 6.6 讨论了切比雪夫多项式,为练习 6.7 和 6.8 打下基础(这两个练习也可以在不依赖练习 6.6 结果的情况下完成)。练习 6.9~6.12 是一个系列,讨论连续函数的分段线性插值。练习 6.13 给出了估计分段线性插值收敛速率的两种方法。练习 6.14 讨论连续函数的分段常数插值,练习 6.15 讨论了可微函数用分段线性函数插值后,二者的导数的关系,该练习是为学有余力的同学准备的。

6.2 编写工具函数

在第 5 章中,我们学习了几种不同的多项式插值方法,并使用了一种通用的方法来计算插值函数和原函数的近似误差。本章的前面部分将计算不同点集上的几个不同函数的多项式插值。与上一章相同,我们也会计算近似误差,但在这里我们会使用 m 文件让计算更自动化。

> **注 6.1**:这时我们就会用到工具函数,比如练习 6.1 中构建的函数,它可以使比较插值效果的过程变得标准化,并且简单快速。

练习 6.1

在本练习中,我们将构造一个工具函数(utility function) m 文件,该文件的输入是一个要进行插值的函数(句柄)和一组插值点 xdata。在第 5 章中,xdata 是均匀分布的,但在本章中是非均匀分布的。计算插值点之间的点的近似误差需要选取比插值点数量更多的测试点,并用这些测试点中的最大误差来表示插值函数与原函数之间的近似误差。该函数使用了第 5 章中的 eval_lagr. m 和 lagrangep. m(也可以使用 coef_vander. m 和 polyval)。下列代码是这个

---

[1]　https://epubs.siam.org/doi/abs/10.1137/090774707.

函数的框架。

```
function max_error = test_poly_interpolate(func,xdata)
    % max_error = test_poly_interpolate(func,xdata)
    % 这是一个用于测试多项式插值效果的工具函数
    % func 表示被插值的函数
    % xdata 是插值点的横坐标
    % max_error 是原函数及其插值函数之间的最大误差
    % 姓名和日期
    % 选择测试点的数量然后生成测试点
    % 使用 4001(奇数)个测试点
    NTEST = 4001;
    % 构造插值区间内均匀分布的 NTEST 个测试点
    % xval(1) = xdata(1),xval(NTEST) = xdata(end)
    xval = ???
    % 我们需要 xdata 处的 func 值来完成插值(注意:需要用向量语句)
    % 在实际问题中,原函数的表达式可能未知,ydata 可能是以其他方式获得的
    ydata = func(xdata);
    % 使用第五章中的拉格朗日插值函数进行插值
    % 警告:必须用向量分量运算
    % 用 eval_lagr 函数根据 xval 的值计算插值函数 yval 的值
    yval = eval_lagr( ???
    % 把 xval 对应的 yval 值与 func 的精确值进行比较
    % 在实际问题中,func 的精确值 yexact 可能未知
    yexact = ???
    % 将插值函数的值和原函数精确值绘制在同一张图上
    % plot 可以让我们更加直观的看到插值效果
    plot( ???
    % 计算插值函数和原函数之间的最大误差
    max_error = max(abs(yexact - yval))/max(abs(yexact));
end
```

(1)查看 test_poly_interpolate. m 中的代码并补全"???"部分。

(2)在具有 ndata 个等距点的区间$[-\pi, \pi]$上,用 test_poly_interpolate 计算 Runge 函数 $f(x) = 1/(1+x^2)$的插值函数,ndata 的值如表 6-1 所示,这些数据在第 5 章中的练习 5.4 中出现过。

表 6-1

ndata	最大误差
5	0.31327
11	0.58457
21	3.8607

（3）在区间$[-5,5]$上构造 5 个等距插值点（间距和第（2）条中不同），并使用 test_poly_interpolate 绘制插值函数和 Runge 函数的图像，然后计算二者之间的最大误差，并填写表 6 - 2。

表 6 - 2

ndata	最大误差
5	
11	
21	

查看图像之后，我们可能会猜，拟合效果较差的原因可能是因为这些插值点是均匀分布的。也许它们应该集中在端点附近（这样插值函数就不会在区间端点剧烈振荡）或中心附近（也许振荡现象是由端点附近有太多插值点引起的）。让我们来看看这两个假设。

在练习 6.2 中会使用一个函数来改变插值点的分布。选择一个非线性函数 f，它将区间 $[-1,1]$ 映射到其自身（在这里 f 选用 x^2 和 $x^{1/2}$），然后选择一个仿射函数 g，它将区间 $[-5,5]$ 映射到 $[-1,1]$。然后使用点 $x_k = g^{-1}(f(g(\tilde{x}_k)) = g^{-1} \circ f \circ g(\tilde{x}_k)$ 进行插值，其中 $\tilde{x}_k$ 均匀分布。

练习 6.2

我们需要将 $[-5,5]$ 中均匀分布的点集中在零点附近，选择一个小于 1 的数字 x，它满足 $|x|^2 < |x|$。如果 xdata 表示一个在 -5 和 -5 之间均匀分布的数字序列，则表达式 5 * (sign(xdata). * abs(xdata. /5).^2) 可以将该序列集中在零点附近（sign 和 abs 函数可以保证负数的符号在计算中不发生改变）。

（1）先在向量 xdata 中构造 $[-5,5]$ 之间均匀分布 11 个点，然后使用下列代码。

xdata = 5 * (sign(xdata). * abs(xdata. /5).^2)

使用下列代码查看点的分布情况。

plot(xdata,zeros(size(xdata)),'*')

沿 x 轴绘制重新分布的点。这些点应该集中在 $[-5,5]$ 中点附近，并且包含端点 -5 和 $+5$。

（2）使用上述转换方式和 test_poly_interpolate 函数重新对 Runge 函数进行插值，并填写表 6 - 3，其中 ndata 集中在零点附近。

表 6 - 3

ndata	最大误差
5	
11	
21	

可以看到，误差增加的速度比插值点均匀分布时快得多。

练习 6.3

插值点也可以用类似的方式集中在区间端点附近,方法是用函数 $|x|^{1/2}=\sqrt{|x|}$ 使其远离零点。

(1)类似于练习 6.2 中的方法,利用 $|x|^{1/2}$ 构造 11 个分布在区间端点附近的点。注意修改 xdata 的符号。

(2)使用下列代码绘制插值点。

```
plot(xdata,zeros(size(xdata)),'*')
```

使用上述转换方式和 test_poly_interpolate 函数重新对 Runge 函数插值,并填写表 6 - 4,其中 ndata 集中在区间端点附近。

表 6 - 4

ndata	最大误差
5	
11	
21	

可以看到,这种插值点分布情况下,误差在逐渐缩小。

为什么在众多函数中选择了 x^2 和 $x^{1/2}$。其实这两个函数也是猜测出来的。然而事实证明,有一种方法可以选择最优分布的插值点(切比雪夫点),切比雪夫点也与三角插值密切相关(见第 5 章)。

6.3　切比雪夫多项式

6.3.1　递归函数

本节简要介绍递归函数的编程方法。当显式公式或循环较为复杂而难以理解时,运用递归函数可能会使代码变得简洁优雅。

考虑阶乘函数。它的定义可以写成

$$0! = 1$$
$$n! = n((n-1)!), \quad n \geqslant 1$$

本节将讲解如何在 m 文件中编写递归函数。可以证明,任何递归函数都可以写成循环形式,但递归形式的函数通常更短,更容易理解。

练习 6.4

下面的代码复现了阶乘函数,名为 rfactorial(因为 MATLAB 已经有了阶乘函数 factorial,不能与它重名)。

(1)将下列代码复制到 rfactorial. m 中。

```
function f = rfactorial(n)
  % f = rfactorial(n)用递归的方法计算 n! 的值
  % 姓名和日期
```

```
if n<0
  error('rfactorial:
  cannot compute factorial of negative integer. ');
elseif n = = 0 %  = = 是逻辑判断语句
  f = 1;
else
  f = n * rfactorial(n - 1);
end
end
```

（2）确认 rfactorial 能够正确计算 5! 的值,可以使用 factorial 函数验算。

（3）假设计算 rfactorial(3)。当 rfactorial 启动时,它要做的第一件事就是检查 n 是否小于 0。由于 n=3,它将继续运行,然后发现在继续计算之前,它必须再启动一次 rfactorial 并计算 rfactorial(2)。这次的 rfactorial 需要判断 2>1 并启动第三次 rfactorial,这样现在有两个 rfactorial 等待计算,一个 rfactorial 正在计算。请描述一下接下来函数是怎样计算出 3! ＝6 的。

（4）如果尝试用 rfactorial 计算负整数的阶乘,它会输出报错信息,并调用 error 函数而停止计算。但如果代码开头没有判断 n<0 的语句,会发生什么?

阶乘函数其实非常简单,使用递归函数有些大材小用了。毕竟阶乘可以写成一个简单的循环,或者直接用 prod(1:n)。考虑斐波那契数列

$$
\begin{aligned}
f_1 &= 1 \\
f_2 &= 1 \\
f_n &= f_{n-1} + f_{n-2}, \quad n > 2
\end{aligned}
\tag{6.1}
$$

f_n 的值也可以用 Binet 公式计算。

$$
f_n = \frac{(1+\sqrt{5})^n - (1-\sqrt{5})^n}{2^n \sqrt{5}}
$$

可以在[*Chandra and Weisstein*（2020）][1]上找到更多关于斐波那契数列的信息。

练习 6.5

（1）编写一个名为 fibonacci 的函数,该函数的输入参数为 n 的值,然后根据式(6.1)中给出的公式返回 f_n 的值。

（2）检查函数是否能正确计算出前几个斐波那契数:1,1,2,3,5,8,13。

（3）当 n＝13 时,fibonacci 函数计算的值是否和 Binet 公式给出的值相同。

递归是一种强大的编程技术,它有时比循环更简洁(例如 fibonacci 函数),并且和循环的作用相同(例如 factorial 函数)。有些递归函数的运行速度与循环差不多(例如 fibonacci 函数),而另一些的运行速度可能比循环慢很多(例如 factorial 函数)。

n 次切比雪夫多项式

---

[1]　https://mathworld. wolfram. com/FibonacciNumber. html.

$$T_n(x) = \cos(n \cos^{-1} x) \qquad (6.2)$$

这个公式看起来不像是生成了一个多项式,但利用和角公式以及等式 $\sin^2\theta + \cos^2\theta = 1$ 可以证明它的确生成了一个多项式。

这些多项式满足正交关系和三项递归关系:

$$T_n = 2xT_{n-1}(x) - T_{n-2}(x), \quad T_0(x) = 1 \text{ 和 } T_1(x) = x \qquad (6.3)$$

切比雪夫多项式对于插值非常重要。

• $T_n(1) = 1$ 时,T_n 的峰值和谷值是 $[-1,1]$ 上所有 n 次多项式中最小的(详见 [*Quarteroni et al.* (2007)][1] 第 10.2 节,[*Atkinson* (1978)][2] 第 222 页定理 4.09 或 [*Chebyshev*][3])。

• 在区间 $[-1,1]$ 上,每个多项式都在零左右振荡,峰值和谷值的量级是相等的(详见 [Quarteroni *et al.* (2007)] 第 10.1 节,[Atkinson (1978)] 第 224 页定理 4.10)。

因此,当选取 $T_n(x)$ 的根作为式(6.4)中的 $\{x_1, x_2, \cdots, x_n\}$ 时,式(6.4)括号内的表达式与 T_n 成正比,并且括号内的表达式具有所有多项式中最小的值(即误差最小)。

在继续研究切比雪夫多项式之前,你需要明白式(6.2)和式(6.3)实际上是同一个多项式。证明这个结论最好的方法就是用 MATLAB 符号工具箱自己计算一遍。

练习 6.6

(1)按照下列格式编写 cheby_trig. m。

```
function tval = cheby_trig(xval,degree)
  % tval = cheby_trig(xval,degree)
  % 姓名和日期
  if nargin = = 1
    degree = 7;
  end
  << your code >>
end
```

使用练习(6.2)中的公式计算 $T_n(x)$。如果省略参数 degree,则 degree 默认为 7。

(2)按照下列格式编写递归函数 cheby_recurs. m。

```
function tval = cheby_recurs(xval,degree)
  % tval = cheby_recurs(xval,degree)
  % 姓名和日期
  if nargin = = 1
    degree = 7;
  end
  << your code >>
```

① Quarteroni, A. , Sacco, R. , Saleri, F. (2007). Numerical Mathematics (Springer), ISBN 978 - 3 - 540 - 34658 - 6.

② Atkinson, K. (1978). An Introduction to Numerical Analysis (Wiley, New York).

③ http://en. wikipedia. org/wiki/Chebyshev_polynomials.

end

按照式(6.3)的递归定义计算 $T_n(x)$。如果省略参数 degree，则 degree 默认为 7。

(3)当 x=[0,1,2,3,4]时,证明 cheby_trig 和 cheby_recurs 计算的 degree=4(T_4)一致。degree=4(T_4)的值是多少?

> **注 6.2**:如果两个 4 次多项式在 5 个不同点处的值都相等,那么这两个多项式必定相等。因此,如果(6.2)定义了一个多项式,那么(6.2)和(6.3)算出的 T_4 值也相同,这就是为什么只需要五个测试点的原因。

(4)当 degree=7 (T_7)时,在区间[−1.1,1.1]上绘制 cheby_trig 和 cheby_recurs 的图像,至少使用 100 个点绘图。这两条线应该相互重叠,并且 T_7 的峰值和谷值的绝对值相等。

> **建议**:可以绘制一粗一细两条不同颜色的线,第一条比第二条更粗,这样就以看到两条线了。

(5)在 T_7 图像中,分别选出最大的根和第二大的根对应的符号变化区间(目测选择一个合适的区间即可),然后使用第 2 章中的 bisect.m（或 fzero 函数),求区间[−1.1, 1.1]上 $T_7(x)=0$ 的最大的和第二大的根。

6.4　切比雪夫点

如果不知道生成数据的函数是什么,但可以事先选择插值点的位置时,选择切比雪夫点就是最明智的选择,有关切比雪夫点和插值的更多信息,详见[*Quarteroni et al.*（2007）][1]第 10.1～10.3 节和[*Atkinson*（1978）][2]第 228 页。

函数 f 及其多项式插值函数 p 在任意点 x 的近似误差(approximation error)可以由公式(6.4)计算。

$$f(x)-p(x)=\left[\frac{(x-x_1)(x-x_2)\cdots(x-x_n)}{n!}\right]f^n(\xi) \tag{6.4}$$

其中 ξ 是 x 附近一个未知的点。这类似于泰勒级数的误差项。

我们无法知道 $fn(\xi)$ 的值,因为 f 可以是任意（足够光滑）的函数,但我们可以决定中括号内表达式的大小。例如,如果在区间[10,20]中只使用一个插值点($n=1$),那么插值点的最佳选择是 $x_1=15$,因为此时表达式的最大绝对值。

$$\left[\frac{(x-x_1)}{1!}\right]$$

等于 5。与之相反,插值点的最坏选择是区间的端点,上述表达式的最大绝对值将加倍。

切比雪夫点是切比雪夫多项式的零点,可以从式(6.2)中推导出。

---

[1]　Quarteroni, A., Sacco, R., Saleri, F. (2007). Numerical Mathematics (Springer), ISBN 978-3-540-34658-6.

[2]　Atkinson, K. (1978). An Introduction to Numerical Analysis (Wiley, New York).

$$\cos(n\,\cos^{-1}x)=0$$
$$n\,\cos^{-1}x=(2k-1)\pi/2$$
$$\cos^{-1}x=(2k-1)\pi/(2n)$$
$$x=\cos\left(\frac{(2k-1)\pi}{2n}\right)$$

对于给定的 n 个插值点，区间 $[a,b]$ 上的切比雪夫点可按下列方式构造。

(1)选取等距角度 $\theta_k=(2k-1)\pi/(2n)$，其中 $k=1,2,\cdots,n$。

(2)区间 $[a,b]$ 上的切比雪夫点如下所示，其中 $k=1,2,\cdots,n$。

$$x_k=0.5(a+b+(a-b)\cos\theta_k)$$

练习 6.7

(1)编写 cheby_point. m，它返回区间 $[a,b]$ 中 ndata 个切比雪夫点的值，并将这些值赋予 xdata。如果使用向量表示法，可以只用 3 行代码就写完。

```
function xdata = cheby_points ( a, b, ndata )
  % xdata = cheby_points ( a, b, ndata )
  % 适当添加注释
  % 姓名和日期
  k = (1:ndata); % 这是向量，不是循环
  theta = << vector expression involving k >>
  xdata = << vector expression involving theta >>
end
```

这里也可以使用 for 循环(向量表示法更紧凑，运行速度更快，但比较难理解)。

(2)请使用 cheby_point 寻找区间 $[-1,1]$ 上的切比雪夫点(ndata＝7)。最大的和第二大的根是否与练习 6.6 中 T_7 的根一致？

(3)ndata＝5 和 $[a,b]＝[-5,5]$ 时对应的五个切比雪夫点是多少？

(4)可以看到，切比雪夫点在区间上不是均匀分布的，但它们关于区间中心对称，这可以从式(6.2)中很容易地看出。

(5)使用区间 $[-5,5]$ 上的切比雪夫点进行插值，重复练习 6.2 和 6.3 中的比较，并填写表 6-5(注意，表格多出来了一行！)。可以看到使用切比雪夫点插值的误差比前面两个练习更小，尤其是当 ndata 比较大时。

表 6-5

ndata	最大误差
5	
11	
21	
41	

在练习 6.8 中，你将用数值的方法验证切比雪夫点是最佳插值点。你可以使用蒙特卡罗法进行多次插值，每次插值都使用一组（伪）随机生成的插值点。如果假设是正确的，这些（伪）随机插值点的误差都应大于切比雪夫点插值的误差。

练习 6.8

（1）由于这里需要进行大量测试，请删除或注释掉 test_poly_interpolate 中的绘图语句。

（2）使用 rand 函数生成一个矩阵，矩阵的元素是区间[0,1]内均匀分布的（伪）随机数。请问下列代码的作用是什么？

$$xdata = [-5, sort(10 * (rand(1,19) - .5)), 5];$$

（3）如果将上面的命令执行两次，会得到相同的 xdata 吗？

（4）使用下列循环测试多组不同的 21 个插值点，运行整个循环的时间应该小于一分钟（可以从 exer8.txt 中复制此代码）。

```
for k = 1:500
    xdata = [-5, sort(10 * (rand(1,19) - .5)), 5];
    err(k) = test_poly_interpolate(@runge,xdata);
end
```

（5）err 的最大和最小值分别是多少？它们与练习 6.7 中得到的 21 个切比雪夫点的误差相比如何？

注 6.3：事实上，使用 test_poly_interpolate 计算时，随机生成的一组点可能产生比切比雪夫点更小的误差。切比雪夫点对于 Runge 函数不一定是最优的，但它们对于整个光滑函数集来说是最优的。

注 6.4：测试次数越多，意味着这个测试越严格。当然，这种测试方法不能代替严格证明，但它可以成为发现反例的一种方式。

本章的后半部分将不再讨论利用单个多项式进行插值，而是使用不同子区间上的不同多项式进行插值。在大多数应用中，这种"分段"插值比使用单个多项式要好得多。

6.5 分段线性插值

6.5.1 括号

要计算分段插值函数，首先必须知道插值点 x 位于哪个分段区间（子区间），然后利用区间的端点计算插值函数。本小节讨论如何找到 x 所在子区间的端点。

编写一个工具函数来完成任务，这个函数必须编写正确，因为你将会多次使用它。

给定 N 个横坐标，按递增顺序排列

$$x_1 < x_2 < \cdots < x_N$$

分别对应 $n = 1, 2, \cdots, N$ 时 y_n 的值，它们共同定义了一个分段线性函数 $l(x)$。为了计算

给定 x 的 $l(x)$，你需要知道 n 的值，使得 $x \in [x_n, x_{n+1}]$。具体如图 6-1 所示，其中 $N=4$，$x \in [x_2, x_3]$，所以 $n=2$。

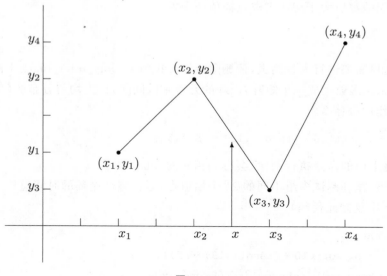

图 6-1

在 MATLAB 中，上面的数学表达可以转换为下列语句。ndata 表示 N，矢量 xdata 表示 x_n。假设 xdata 的元素单调递增。现在给定一个值 xval，需要寻找一个整数 left_index，使得子区间[xdata(left index)，xdata(left index＋1)]包含 xval。left_index 是子区间左端点的索引，left_index＋1 是其右端点的索引（计算机程序中的索引一词通常就是数学表达式中下标的意思）。

寻找一个整数 left_index，使得下列情况之一成立。

情况 1　如果 xval 小于 xdata(1)，则认为 xval 在第一个区间，并且 left_index＝1；

情况 2　如果 xval 大于或等于 xdata(ndata)，则认为 xval 在最后一个区间，并且 left_index＝ndata－1；

情况 3　如果 xval 满足 xdata(k)<＝xval 且 xval<xdata(k+1)，则 left_index＝k。

在练习 6.9 中，编写一个函数 scalar_bracket，针对标量 xval 进行计算。练习 6.10 则考虑 xval 是向量的情况。

练习 6.9

(1)按照下列格式编写 m 函数文件 scalar_bracket. m。下列代码中提到的"case"是指上述三种情况。

```
function left_index = scalar_bracket(xdata,xval)
   % left_index = scalar_bracket(xdata,xval)
   % 适当添加注释
   % 姓名和日期
   ndata = ??? "number of x data points" ???
```

```
        % 先判断是不是"情况 1"
        if ??? "condition on xval"???
          left_index = ???
          return
        % 然后判断是不是"情况 2"
        elseif ??? "condition on xval" ???
          left_index = ???
          return
        % 最后判断是不是"情况 3"
        else
          for k = 1:ndata − 1
            if ??? "condition on xval" ???
              left_index = ???
              return
            end
          end
          error('Scalar_bracket: this cannot happen! ')
        end
      end
```

（2）至少选取五个 xdata（注意升序排列），至少测试 7 个 xval，一次用一个 xdata 和 xval，尽可能全面地进行测试。测试应该包括下列情况：

- 一个测试值在所有 xdata 左边；
- 一个测试值在所有 xdata 右边；
- 一个测试值等于其中一个 xdata；
- 一个测试值不等于任何 xdata，但在 xdata 范围内。

　　注 6.5：这个练习中可能用不到 error 函数，但它是一个强大的调试工具。如果你的程序出错，它可能会执行错误的代码，这个时候系统会立即提示该错误，而不是在等到程序使用了错误的 left_index 的值并且引发了一系列莫名其妙的 bug 之后提示错误。任何节省调试时间的技巧都非常值得牢记。

练习 6. 10

在本练习中，你将看到如何使用向量语句来完成相同的任务。下列代码可以在向量 xval 非常大时保证运算尽可能高效。

（1）将以下代码复制到 bracket. m 中。

```
function left_indices = bracket(xdata,xval)
    % left_indices = bracket(xdata,xval)
    % 适当添加注释
    % 姓名和日期
```

```
ndata = numel(xdata);
left_indices = zeros(size(xval));
% 情况 1
left_indices( find( xval<xdata(2) ) ) = 1;
% 情况 2
left_indices( find( xdata(ndata-1)< = xval ) ) = ndata-1;
% 情况 3
for k = 2:ndata-2
  left_indices(find((xdata(k)< = xval)&(xval<xdata(k+1)))) = k;
end
if any(left_indices = = 0)
  error('bracket: not all indices set! ')
end
end
```

(2) 假设字母 a,b,c,…,z 表示一组升序数字。如果 xval=[b,m,f,g,h,a,q],那么使用下列语句后,indices 的值会是多少？

indices = find((g < = xval) & (xval < p))

(3) 如果 xval=[b,m,f,f,g,h,a,q],使用下列语句之后,left_indices 的值是多少？

left_indices = zeros(size(xval));
left_indices(find((g< = xval) & (xval<p))) = 4

(4) 以 "if any" 开头的语句有什么含义？为什么它表示 "不是所有的 k 都使 left_indices(k) 等于零"。

(5) bracket 中的循环是 k=2:ndata-2,而 scalar_bracket 中的循环是 k=1:ndata-1。为什么这两个函数会给出相同的结果？

(6) 给代码添加一组描述性的注释。

(7) 使用 scalar_bracket.m 中的 xdata 和 xval 的值,并填写表 6-6。

表 6-6

xdata	xval	left_indices（标量）	left_indices（向量）
—			
—			

请确保在标量 left_indices 和向量 left_indices 的值相同。

现在可以尝试分段线性插值。插值函数不是一个由公式定义的光滑多项式,而是将几段线性插值函数拼接在一起的函数。因此,该函数连续,但不一定可微。如果要处理插值区间左侧的函数部分,可以将第一段线性函数向左无限延伸,类似地,插值区间右侧的函数部分即为最后一段线性函数向右无限延伸。

分段线性函数插值的图像可能并不平滑,但有一点是肯定的:它永远不会在插值点间振荡。插值误差可能会和区间的大小,以及原函数二阶导数的范数有关,这两者通常都很容易计算。随着区间内插值点的数量增加,子区间将变小,原函数二阶导数的范数不会改变,因此可以得出下列定理。

定理 6.1:给定区间 $[a,b]$ 和一个在该区间上具有连续二阶导数的函数 $f(x)$,以及 f 的任意分段线性插值函数 $\lambda_n(x)$,其值为 h_{max}。随着 n 的增加,最大子区间的大小将变为零,插值函数一致收敛到 f。

证明:如果 C 是区间上函数二阶导数的最大绝对值的界,那么根据泰勒定理,逐点插值误差和无穷范数以 Ch_{max}^2 为界,一范数以 $(b-a)Ch_{max}^2$ 为界,二范数以 $(\sqrt{b-a})Ch_{max}^2$ 为界。

一致收敛是在无穷范数下的收敛,是比逐点收敛强得多的结果。

因此,如果只知道原函数在 $[a,b]$ 上有一个有界的二阶导数,那么可以保证最大插值误差会随着子区间变小而逐渐减小到零。

注 6.6:分段线性插值的收敛性很容易证明,但是它真的比多项式插值好吗?为什么多项式插值会有许多的问题?一个原因是多项式插值的误差结果不能转化为收敛结果。使用 10 个插值点,误差估计需要用 10 阶导数表示;使用 20 个插值点,误差估计需要用 20 阶导数表示,这两个量不容易比较。对于非多项式函数,连续的高阶导数很容易在范数中连续不断地变大。而分段线性插值的误差界(error bound)只涉及一个特定的导数,因此很容易使误差变为零,因为误差项中的其他因素仅取决于区间大小。

要在 xval 处计算分段线性插值函数,需要:

(1)确定 xval 在区间 (xdata(left_index),xdata(left_index+1))内;

(2)确定通过点(xdata(left_index),ydata(left_index)) 和 (xdata(left_index +1),ydata(left_index +1))的直线的方程式;

(3)在 xval 处计算线性函数。

练习 6.10 中的 bracket.m 函数执行了第一步,但是第二步和第三步呢?

练习 6.11

编写 eval_plin.m(函数名是"计算分段线性插值函数"evaluate piecewise linear interpolation 的简称),该函数可以执行证明分段线性插值收敛性的第二步和第三步计算。

(1)新建文件 eval_plin.m。

(a)按照下列格式编写文件开头。

```
function yval = eval_plin ( xdata, ydata, xval )
  % yval = eval_plin ( xdata, ydata, xval )
  % 适当添加注释
  % 姓名和日期
```

```
end
```

记得添加适当的注释。

（b）使用 bracket.m 查找 xdata 中的索引向量，标记 xval 中每个值所在的区间（可以只用一行代码完成）。

（c）写出通过任意两点的线性函数的一般公式，并将公式写在注释中。

（d）根据（b）中找到的区间计算该区间内的线性函数（可以只用一行代码完成）。

（2）基于 test_poly_interpolate 函数，用下列代码计算区间 $[-2,2]$ 上分段线性函数 $f(x)=3|x|+1$ 的插值函数。

```
xdata = linspace( - 1,1,7);
ydata = 3 * abs(xdata) + 1; % 计算函数 y = 3 * |x| + 1 的值
plot(xdata,ydata,'*');
hold on
xval = linspace( - 2,2,4001);
plot(xval,eval_plin(xdata,ydata,xval));
hold off
```

该图像应该通过五个插值点，并由两条形成"V"的直线组成。

出于理论和实践原因，本练习的最后一部分选择了一个分段线性函数进行测试。原因一是分段线性函数插值一个分段线性函数，并且原函数和插值函数在 $x=0$ 时都有拐点，因此这两个函数应该是一样的，可以很容易看出插值结果是正确的。原因二是对不同类型的函数进行分段线性插值的方法是相通的，对于其他函数你可以举一反三。

练习 6.12

在本练习中，你将研究分段线性插值函数与 Runge 函数的收敛性。

（1）编写 test_plin_interpolate.m，按照下列步骤进行分段线性插值。

　　（a）新建文件 test_poly_interpolate.m 并按照下列代码编写函数签名。

```
function max_error = test_plin_interpolate(func,xdata)
  % max_error = test_plin_interpolate(func,xdata)
  % 适当添加注释
  % 姓名和日期
```

　　使用多项式插值改为使用 eval-plin 进行分段线性插值，不要忘了修改注释。

　　（b）恢复 plot 语句。

（2）考虑区间 $[-5,5]$ 上的 Runge 函数，使用 ndata＝5 个等间距插值点，用 test_plin_interpolate 绘制插值函数图像并计算插值误差。

（3）逐渐增加 ndata 的值，并填写表 6-7。

> 提醒：下表中最后几排数据耗费的运算时间应不到数秒，如果用的时间较长，可能代码的效率较为低下。

表 6 - 7

Runge 函数,分段线性,均匀间隔点	
ndata	最大误差
5	
11	
21	
41	
81	
161	
321	
641	

(4)使用切比雪夫点重复上述计算并填写表 6 - 8,你会发现切比雪夫点也没什么特别的优势。

表 6 - 8

Runge 函数,分段线性,切比雪夫点	
ndata	最大误差
5	
11	
21	
41	
81	
161	
321	
641	

表中的误差随着 ndata 的增加而变小。但仅仅是误差变小还不够,误差变小的速率也很重要。一般来说,误差往往以 Ch^p 为界,其中 C 是常数,通常与被插值函数的导数有关,h 与子区间大小近似成正比(在通常情况下,$h = 1/ndata$),p 是一个整数,通常比较小。

估计误差变小速率的一种方法是绘制 $\log(error)$ 与 $\log h$ 的图像。通常情况下,$\log(error) \approx \log C + p\log h$,因此 $\log(error)$ 与 $\log h$ 之间的曲线应该随着 h 变小而变直。此外,绘制 $\log(error)$ 与 $\log h$ 的图像与直接绘制 error 与 h 的对数坐标系图像(log-log plot)是一样的。

我们可以通过对数坐标系图像直观地估计误差,只需先绘制一条已知斜率 q 的直线,然后观察误差估计的直线慢慢和斜率为 q 的直线相平行。练习 6.13 就会用这种方法。当然,你也可以在误差估计的直线上选两个点计算斜率,不过肉眼观察更方便。

另一种估计误差变小速率的方法是将子区间长度连续减半。如果误差大致与 Ch^p 成正比,那么将 h 减半就会使误差减少 $(1/2)^p$。因此,对于某些整数 p,$|\text{Max Error}(321)|/|\text{Max Error}(641)|$ 应大致为 2^p。

练习 6.13

本练习主要研究练习 6.12 表格中的插值误差的变化(等间隔插点)。

(1)在练习 6.12 中的表 6 - 7(等间隔插值点)中,使用对数坐标系绘制 Max Error 和 $h=(10/\text{ndata})$ 的图像(MATLAB 的 loglog 函数与 plot 函数用法类似,但会生成对数坐标系图像)。所得到点应该大致是一条直线,尤其是对于较大的 ndata 值。

(2)按照下列步骤直观地估计直线的斜率。

  (a)选择一个合适的值 C_3,使得 $y=C_3h^3$ 通过点 h=10/641,y=Max Error(641)。

  (b)在上述误差图像中绘制 $y=C_3h^3$(使用 hold on 命令)。如果 C_3 计算正确,则两个图像应通过 h=10/641 处的同一点。

  (c)对 $y=C_2h^2$ 重复上述操作。

  (d)对 $y=C_1h$ 重复上述操作。

  (e)哪个 p 值最接近误差曲线的斜率,p=3、p=2 还是 p=1?

(3)计算比值 Max Error(5)/Max Error(11),Max Error(11)/ Max Error(21),Max Error(21)/Max Error(41)等。对于某些整数 p,它们是否接近 2p? 如果是,p 的值是多少?

> **注 6.7**:通过计算比值估计收敛速率时,最好选择分子较大、分母较小的比值,这样,比值更接近整数。判断 15.5 接近 $2^4=16$ 比判断 0.064 52 接近 $2^{-4}=0.062\ 5$ 更容易。

6.6　分段常数插值

分段常数插值函数不是连续的,这类函数的图像是一系列水平线,它们之间有跳跃间断点。虽然用不连续函数对连续函数插值看起来很奇怪,但理论上也是可行的,并且也有一些优点。例如,你在大学期间看到的用矩形定义函数的积分,就相当于用分段常数函数进行插值,然后将矩形面积之和近似为函数的积分。

为简单起见,后面只考虑对连续函数进行插值。

给定一个连续函数 $f(x)$,它在区间 $x_l \leqslant x < x_l+1$ 上的分段常数插值函数 $I(x)$ 为 $I(x)=0.5(f(x_l) + f(x_l+1))$

练习 6.14

(1)编写函数 eval_pconst. m,计算给定连续函数的分段常数插值。可以基于 eval_plin. m 进行编程。

(2)仿照 test_plin_interpolate. m 编写 test_pconst_interpolate. m。

(3)用 11 个等间距的插值点绘制函数 $f(x)=x$ 在区间$[-5,5]$上的分段常数插值函数。你会注意到插值函数在 x 等于$-4.5,-3.5,-2.5,\cdots,4.5$ 处与 $f(x)$ 相等。

(4)对 Runge 函数进行插值并填写表 6-9,研究插值的收敛性。

表 6-9

Runge 函数,分段常数	
ndata	最大误差
5	
11	
21	
41	
81	
161	
321	
641	

(5)使用绘图法(练习 6.13 的前两小题)或比值法(练习 6.13 的第三小题),估计当插值点数量增加时的收敛速率的变化。这时可观察到分段常数插值比分段线性函数插值的收敛速率更慢。

6.7　导数的近似计算

如果一个可微函数有一个很好的近似函数,那么我们可以用近似函数的微分结果来近似这个可微函数的导数。上文中我们已经看到了用多项式插值 Runge 函数时会有振荡现象,因此多项式可能无法同时近似函数及其导数。

例如,[*Quarteroni et al.*(2007)][1]第 347 页定理 8.3:一个二次可微函数可以通过分段线性函数 $O(h^2)$ 进行近似(例如练习 6.12~6.13 的情况),并且 $O(h^2)$ 的导数近似于可微函数对 $O(h)$ 的导数。在练习 6.15 中,你将用 Runge 函数进行验证。

练习 6.15

(1)修改练习 6.12 中的 eval_plin.m,使其同时返回 yval 和 y1val,其中 y1val 近似于 yval 的导数(yval 来自分段线性函数,y1val 来自分段线性函数的导数)。

(2)仿照 test_plin_interpolate.m 编写 test_plin1_interpolate.m,对给定函数(func)进行插值,计算两个函数导数的误差并绘图。

(3)用函数 $f(x)=3|x|+1, x\in[-2,2]$测试 test_plin1_interpolate.m(这也是练习 6.11 中使用的测试函数)。你的测试结果是否正确,为什么?

---

[1]　Quarteroni, A., Sacco, R., Saleri, F. (2007). Numerical Mathematics (Springer), ISBN 978-3-540-34658-6.

（4）使用绘图法（练习 6.13 的前两小题）或比率法（练习 6.13 的第三小题），随着插值点数量增加，在区间 $[-5,5]$ 上估计插值函数的导数与 Runge 函数的导数之间的收敛速率。你会观察到 Runge 函数导数的收敛速率比 Runge 函数本身的收敛速率（练习 6.12 中的收敛速率）更慢。请解释计算方法。

第 7 章　高阶插值

7.1　引　言

在第 6 章我们了解到,分段线性插值具有许多优良的性质。特别是如果插值的给定点来自一个连续可微函数 f(x),并且在整个闭区间内适当分布,则插值函数一定会收敛到 f(x)。但是由分段线性插值函数由直线段组成,有许多拐点,所以不适用于许多应用场合。

在本章中,你将看到几种具有连续导数的分段多项式插值函数。

练习 7.1～7.4 主要介绍参数插值,部分练习需要用到第 6 章的函数,练习 7.1 需要 eval_plin. m 和 bracket. m,练习 7.3 需要 test_plin_interpolate. m;练习 7.5～7.9 介绍了参数插值的应用,对工程应用中的数值偏微分方程感兴趣的同学可以着重练习。练习 7.10～7.15 讨论了样条插值,这是一个更经典的插值方法。练习 7.13～7.15 只使用 MATLAB 的插值函数,不用之前练习中编写的样条函数。

7.2　参数插值

曲线的参数化表达就是用一个中间变量(通常称为 t 或 s)来描述 x 和 y 之间可能没有函数关系的部分。例如,圆的参数化定义是

$$\begin{aligned} x &= \cos t \\ y &= \sin t \end{aligned} \tag{7.1}$$

其中 $0 \leqslant t \leqslant 2\pi$。用这种方法画圆需要把 x 和 y 都看作是自变量 t 的函数(我们无法把 y 写成 x 的函数,因为平方根会引入正负号)。

如果需要插值一个形状复杂的曲线,该曲线的图像已知,我们可以简单地沿着曲线标记出大致等距的插值点,并制作 tdata、xdata 和 ydata 值的表格,其中 tdata 的值可以是 1,2,3,…。然后需要进行两次插值,一次是 xdata 作为 tdata 的函数,另一次是 ydata 作为 tdata 的函数。

在第一个练习中,我们将处理比圆稍微复杂的曲线:心形曲线。心形曲线是一条大致呈心形的闭合曲线,但底部没有尖点。我们可以在[*Weisstein（2020a）*][①]中找到心形曲线的详细描述,以及定义它们的各种方法。这篇文章还指出,心形曲线是 limacon 曲线(蜗型线)的特例,limacon 曲线的参数方程可以通过下列公式给出。

$$\begin{aligned} r &= r_0 + \cos t \\ x &= r \cos t \\ y &= r \sin t \end{aligned} \tag{7.2}$$

---

① https://mathworld. wolfram. com/Cardioid. html.

练习 7.1

借助练习 6.10 和 6.11 中的 eval_plin. m 函数和 bracket. m 函数绘制 limacon 曲线。将下列代码复制到 exer1. m 中并用它绘制图像。

```
% 生成 limacon 曲线的插值点
numIntervals = 20;
tdata = linspace ( 0, 2 * pi, numIntervals + 1 );
r = 1.15 + cos ( tdata );
xdata = r . * cos ( tdata );
ydata = r . * sin ( tdata );
% 进行插值
tval = linspace ( 0, 2 * pi, 10 * (numIntervals + 1) );
xval = eval_plin ( tdata, xdata, tval );
yval = eval_plin ( tdata, ydata, tval );
% 用合适的横纵坐标比例绘制图像
plot ( xval, yval )
axis equal
```

可以看到练习 7.1 中的 limacon 图像不是很平滑，这是因为不同线段的连接处有尖点。在 7.3 节中，你将看到一种使用曲线段插值曲线的方法，曲线段的导数是连续的，因此没有尖点。

7.3　三次埃米尔特 Hermite 插值

Hermite 插值详见[*Quarteroni et al.（2007）*][1]第 8.5 节，[*Atkinson（1978）*][2]第 3.6 节，以及[*Ralston and Rabinowitz（2001）*][3]第 3.7 节。

假设你想要设计车门金属板的形状，这个金属板不能有弯折和拐角，转化为插值问题就变成了：你需要得到一个平滑的插值曲线。你可以检查每个点的函数值和导数值是否连续变化来确保插值更平滑（假设导数值已知）。

假设有一组点 $x_k, k=1,2,\cdots,N$ 和一个可微函数 $f(x)$，那么 $y_k = f(x_k)$ 和 $y'_k = f'(x_k)$ 可以作为插值点。现在考虑第 k 个区间 $[x_K, x_{K+1}]$，这个区间上有唯一一个的三次多项式，它在两个端点处的函数值为 y_k，导数值为 y'_k。

回想一下第 6 章中有关拉格朗日插值多项式的 eval_plin 函数，拉格朗日多项式插值的基本思想是：在区间 $[x_k, x_{k+1}]$ 上有两个特殊的线性多项式，其中 $\ell_0(x)$ 在 x_k 处为 1，在 x_{k+1} 处为 0，$\ell_1(x)$ 在 x_{k+1} 处为 1，在 x_k 处为 0。有了这两个特殊多项式，我们就可以构造在区间端

[1]　Quarteroni, A., Sacco, R., Saleri, F. (2007). Numerical Mathematics (Springer), ISBN 978 - 3 - 540 - 34658 - 6.

[2]　Atkinson, K. (1978). An Introduction to Numerical Analysis (Wiley, New York).

[3]　Ralston, A. and Rabinowitz, P. (2001). A First Course in Numerical Analysis (Dover Publications, Mineola, New York), ISBN 0 - 486 - 41454 - X.

点处的值分别为 y_k 和 y_{k+1} 的函数了,即 $p \text{linear} = y_k \ell_0(x) + y_k + 1\ell_1(x)$。

在本章讨论的问题中,匹配区间端点处的函数值和导数值非常重要,三次 Hermite 多项式插值可以做到,而线性多项式插值不能。

考虑下列四个 Hermite 多项式

$$h_1(x) = \frac{(x - x_{k+1})^2 (3x_k - x_{k+1} - 2x)}{(x_k - x_{k+1})^3}$$

$$h_2(x) = \frac{(x - x_k)(x - x_{k+1})^2}{(x_k - x_{k+1})^2}$$

$$h_3(x) = \frac{(x - x_k)^2 (3x_{k+1} - x_k - 2x)}{(x_{k+1} - x_k)^3}$$

$$h_4(x) = \frac{(x - x_{k+1})(x - x_k)^2}{(x_{k+1} - x_k)^2}$$

这四个三次多项式满足下列等式,这些等式与[*Quarteroni et al.*（2007）]的第 349 页、[*Atkinson*（1978）]等式(3.6.11)和[*Ralston and Rabinowitz*（2001）]等式(3.7-7)相似。

	x_k	x_{k+1}
$h_1(x)$	1	0
$h'_1(x)$	0	0
$h_2(x)$	0	0
$h'_2(x)$	1	0
$h_3(x)$	0	1
$h'_3(x)$	0	0
$h_4(x)$	0	0
$h'_4(x)$	0	1

(7.3)

式 7.3 表示 $h_2(x_k) = 0, h'_2(x_k) = 1, h_2(x_k + 1) = 0, h'_2(x_k + 1) = 0$。用 MATLAB 符号工具箱可以很容易地验证这些等式的值。在本章中,最容易验证的是 h_2,手动验证一下。

给定上述四个多项式以后,根据下列方程组

$$y_k = f(x_k)$$
$$y'_k = f'(x_k)$$
$$y_{k+1} = f(x_{k+1})$$
$$y'_{k+1} = f'(x_{k+1})$$

可以唯一确定多项式 $p(x)$。

$$p(x) = y_k h_1(x) + y'_k h_2(x) + y_{k+1} h_3(x) + y'_{k+1} h_4(x) \tag{7.4}$$

其中 x 的区间为 $[x_k, x_{k+1}]$。如果式(7.4)在两个相邻的区间 $[x_{k-1}, x_k]$ 和 $[x_k, x_{k+1}]$ 上使用,很容易看出,p 和 p' 在 $x = x_k$ 点是连续的,因此 p 是组合区间 $[x_{k-1}, x_{k+1}]$ 上的 C^1。

现在,可以编写一个分段 Hermite 插值程序了,该程序与 eval_plin.m 类似。

练习 7.2

(1)按照下列步骤编写 eval_pherm. m。

(a)按照下列格式新建 m 函数文件 eval_pherm. m

function yval = eval_pherm (xdata, ydata, ypdata, xval)

　% yval = eval_pherm (xdata, ydata, ypdata, xval)

　% 适当添加注释

　% 姓名和日期

　<< your code >>

end

记得添加注释。其中 ypdata 的值是 xdata 点处的导数值。

(b)使用 bracket 函数查找 xval 所在的区间，就像 eval_plin. m 一样，可以只用一行代码完成。

(c)计算四个 Hermite 函数 $h_1(x)$、$h_2(x)$、$h_3(x)$ 和 $h_4(x)$ 在 xval 处的值。请使用向量运算或循环语句。

(d)使用 Hermite 插值多项式(7.4)计算 yval。

(2)分别对 xdata＝[0,2]上的函数 $y=1$，$y=x$，$y=x^2$ 和 $y=x^3$ 进行插值，选择四个点对这四个插值函数进行检查。你可以选择[0,2]内或[0,2]外的整数，因为[0,2]内外的点的计算公式相同，但不能选择 $x=0$ 或 $x=2$。回想一下，你选择的四个点可以唯一确定一个三次多项式，所以如果这四个点的值和原函数一致，那么你的插值函数就是正确的。

如果代码不正确，可以通过下列方式进行调试。

(a)该问题只有一个区间，所以 bracket 的结果应该是向量 ones(size(xval))。你可以使用调试器来确认这一点。这从源头上检查了 bracket. m 的问题。

(b)如果你使用的是向量分量运算，请确保所有乘法和(尤其是)除法前面都加了一个点"."。

(c)在区间 xdata＝[0,1](不是[0,2])上对四个多项式 $y=1$、$y=x$、$y=x^2$ 和 $y=x^3$ 进行插值。将区间改为[0,1]的原因是该区间的长度为 1，因此 h_k 多项式中的分母都变为 1。如果这四个多项式都能顺利插值，但 eval_pherm 不能正确运行，那么很可能是一个或多个 $h_k(x)$ 的分母有错误。

(d)如果上述多项式的插值结果有问题，那么你的 $h_k(x)$ 可能是错的。使用 eval_pherm 重新计算 xdata＝[0,1]上的每个 $h_k(x)$，式(7.3)提供了 ydata 和 ypdata 值。首先检查 $x=0$ 和 $x=1$ 的结果，然后检查 $x=0.25$ 和 $x=0.5$ 的结果。如果这些都一致，但 eval_pherm 仍然不能正确运行，那么你使用(7.4)可能是错误的。

(e)如果你已经完成了前两步并修改了这些问题，但仍然无法在[0,2]区间上使插值多项式 $y=1$、$y=x$ 等，请再次检查 $h_k(x)$。尝试在 xdata＝[0,2]上插值每个 Hermite 多项式。插值完成后，你一定会找到你的问题。

现在，你将使用 eval_pherm. m 来查看分段 Hermite 如何收敛。

练习 7.3

(1)按照下列格式修改文件 runge. m,使其同时返回 Runge 函数 $y=1/(1+x^2)$ 及其导数 y'。请仔细检查导数表达式是否正确。

function [y,yprime]= runge (x)
　　% [y,yprime]= runge (x)
　　% 适当添加注释
　　<< your code >>
end

适当添加注释,不要忘记使用向量分量运算。

(2)将第 6 章的 test_plin_interpolate. m 重命名为 test_pherm_interpolate. m,并使用 eval_pherm. m 进行计算。

(3)xdata 为 0 到 5 之间的等距插值点,xdata 的数量为 ndata,如下表所示。然后使用 runge. m 计算该区间内 4 001 个等距点的原函数精确值 ydata 和插值函数近似值 ypdata 之间的最大相对误差(使用无穷范数),并将该值作为最大插值误差。填写表 7-1,其中"比例"列是上一行的误差除以当前行的误差。

表 7-1

Runge 函数,Hermite 分段立方体		
ndata	误差	比例
5		
11		
21		
41		
81		
161		
321		
641		

(4)查看 Err(41)/Err(81)等比值,并计算迭代收敛速率(求整数 p 使得上表中的比值近似等于 2^p,理论收敛速率大于 2)。

现在,可以用 Hermite 插值来生成非常平滑的 limacon 曲线了。

练习 7.4

(1)按照以下步骤编写一个新的脚本文件。

　　(a)将练习 7.1 中的 exer1. m 重命名为 exer4. m;

　　(b)对式(7.2)进行求导,并将 xpdata 和 ypdata 的表达式添加到 exer4. m 中;

　　(c)将 eval_plin 替换为 eval_pherm。

（2）运行脚本文件绘制 limacon 曲线。如果图像看起来不平滑，你可能在对式（7.2）求导时出了问题。

7.4　二维埃米尔特 Hermite 插值与网格生成

如果我们要用数值方法求解一个偏微分方程，必须把要求解的区域分成小块。这些小块通常被称为"网格元素（mesh elements）"，在任意区域生成网格元素的过程称为"网格生成（mesh generation）"。网格可能非常复杂，尤其是在工程应用中，例如飞机的应力分析，厘米大小的网格元素必须覆盖一架洲际喷气式客机的所有部位，包括窗户、甲板、机翼、尾部和发动机。构建复杂零件轮廓然后生成网格的过程非常耗时，可能需要数周时间。本章主要讨论生成四边形和六面体网格（暂不讨论三角形和四面体网格）。

在许多商业软件包中，生成网格的最底层操作是定义"Coons 曲面片"[Coons（1967）][1]。由这些曲面片构成的二维或三维几何实体，一方面可以平滑地组合在一起，另一方面可以轻松地细分为网格元素。这些 Coons 面片通常使用二维的双三次 Hermite 多项式和三维的三次 Hermite 多项式构建。本章将重点讨论二维情况。Coons 曲面片也应用于计算机图形学，但这里不讨论。

生成二维网格的一种方法是先绘制对象的图像，然后用适当数量的面片覆盖它，每个面片有四条弯曲的边。这些面片需要与对象的边界相匹配（达到合理的近似值），面片之间也要相互匹配，并且不小于计算所需的面积。一旦对象被面片完全覆盖，面片本身就会被分解成更小的网格。网格线不会跨越面片边界，不会发生突变，而且用户能够修改网格线的密度并将其集中在某处。Patran[MSC（2020）][2]和 Ansys[Ansys（2020）][3]等商业软件就使用了这种网格划分方法。

> **定义**：二维双三次 Hermite 面片（Coons 面片）是从单位区域 $(s,t)\in[0,1]\times[0,1]$ 到区域 $(x(s,t),y(s,t))\in\mathbb{R}^2$ 的平滑映射。对于每个固定的 t，该映射是 s 的一个三次多项式，对于每个固定 s，该映射是 t 的一个三次多项式，并且可以写成 16 项 $s^m t^n$ 的线性组合，其中 $n,m=0,1,2,3$。

$\mathbb{R}^3$ 中曲面上的二维面片有一个类似的定义，只不过带有一个附加函数 $z(s,t)$。将双三次 Hermite 面片的定义扩展到三维三次 Hermite 面片是很简单的。

> **注 7.1**：由曲面四边形组成的网格可以由几个相邻的双三次 Hermite 面片组合而成，这些面片沿相邻边的参数化表达式是一致的。每个面片在局部坐标系中都是 $[0,1]\times[0,1]$ 的正方形，将其划分为更小的正方形，并使用双三次 Hermite 多项式映射这些更小的正方形，从而生成计算网格。

图 7-1 中外部的四条曲线 AB、BC、DC 和 AD 构成面片的边界。曲线 AB 和 DC 使用参数为 s 的三次 Hermite 多项式参数化（图中箭头所示为正方向），曲线 BC、AD 和每条中间曲

[1]　Coons, S. A. (1967). Surfaces for computer-aided design of space forms, Report MAC-TR-41, Project MAC, MIT.

[2]　https://www.mscsoftware.com/product/patran.

[3]　https://www.ansys.com/products/platform/ansys-meshing.

线（如 EF）使用参数为 t 的三次 Hermite 多项式参数化（图中箭头所示为正方向）。显然，我们需要 A、B、C 和 D 点的坐标。此外，每个顶点都需要 $x(s,t)$ 和 $y(s,t)$ 对 s 和 t 求导，而且都需要混合偏导数 $\partial^2 x/\partial s\partial t$ 的值。构造 Coons 面片需要上述 16 个数据，这也印证了上文所说的双三次 Hermite 多项式是 16 项 $s^m t^n$ 的线性组合，其中 $n,m=0,1,2,3$。

在这 16 个数据中，可以令 $x(s,0)$ 和 $y(s,0)$ 构造边界曲线 AB，其中 s 是从 A 点到 B 点递增的自变量。可以用之前写的 eval_pherm.m 进行插值。类似地，可以令 $x(s,1)$ 和 $y(s,1)$ 构造边界曲线 DC。s 为常数的线，例如 EF，可以使用曲线 AB 和 DC 来构造。全部构造完成后我们就得到了 $x(s,t)$ 和 $y(s,t)\in[0,1]\times[0,1]$。这也是练习 7.5 中采用的构造思路。

在练习 7.5 中，你将编写一个 m 脚本文件，用较小的正方形填充大正方形。这是网格生成的特殊情况，但在练习时，我们把正方形的边当成曲线进行编程。在后面的练习中将会看到边为曲线的网格。

四个顶点 A、B、C 和 D 都需要 x 和 y 的数据，它们是 s 和 t 的函数，具体数据如表 7-2 所列。

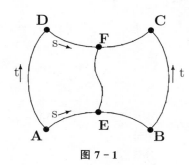

图 7-1

表 7-2

x	y
$\dfrac{\partial x}{\partial s}$	$\dfrac{\partial y}{\partial s}$
$\dfrac{\partial x}{\partial t}$	$\dfrac{\partial y}{\partial t}$
$\dfrac{\partial^2 x}{\partial s\partial t}$	$\dfrac{\partial^2 y}{\partial s\partial t}$

现在以点 A 为例解释这些量具体代表什么。x 在点 A 的值表示它的横坐标。$\dfrac{\partial x}{\partial s}$ 表示 x 对 s 的导数，代表"随着 s 从 A 点开始增加，x 沿曲线移动的速度"。$\dfrac{\partial x}{\partial t}$ 与之类似，只不过 s 换成了 t。$\dfrac{\partial^2 x}{\partial s\partial t}$ 是混合偏导数，它们可能较难计算，但生成网格时通常可以将 $\dfrac{\partial^2 x}{\partial s\partial t}$ 和 $\dfrac{\partial^2 y}{\partial s\partial t}$ 都设为零。

练习 7.5

根据下列代码新建 exer5.m，并补全 ??? 部分。该代码需要将正方形在水平方向三等分，垂直方向四等分，如图 7-2 所示。

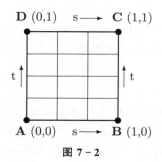

图 7-2

> 提示：
> - 在进行任何修改之前，请通读整个文件。
> - 在这个例子中，映射 $(s,t) \rightarrow (x(s,t), y(s,t))$ 是恒等映射。
> - 要明白 dxdsB 代表什么，请回答以下问题：当沿着 AB 边从 A 移动到 B 时，坐标 x 是如何变化的？
> - 如果生成的图像不正确，你可以先绘制轮廓线（$t=0$、$t=1$、$s=0$ 和 $s=1$）。然后一次检查一个顶点，然后需要逐个修改错误。接着添加具有不同 s 值的线条，最后添加具有不同 t 值的线条。
> - 在查看生成的图像之前，不要对文件进行过多更改。

exer5.m 的代码如下所示。

```
% 基于双三次 Hermite 插值生成网格
% A 点的数据
xA = 0; yA = 0;
dxdsA = 1; dydsA = 0;
dxdtA = 0; dydtA = 1;
d2xdsdtA = 0; d2ydsdtA = 0;
% B 点的数据
xB = 1; yB = 0;
dxdsB = ??? dydsB = ???
dxdtB = 0; dydtB = 1;
d2xdsdtB = 0; d2ydsdtB = 0;
% C 点的数据
xC = 1; yC = 1;
dxdsC = 1; dydsC = 0;
dxdtC = ??? dydtC = ???
d2xdsdtC = 0; d2ydsdtC = 0;
% D 点的数据
xD = 0; yD = 1;
dxdsD = 1; dydsD = 0;
dxdtD = 0; dydtD = 1;
d2xdsdtD = ??? d2ydsdtD = ???
% 先生成水平方向的 4 个点和垂直方向的 5 个点
s = linspace(0,1,4);
t = linspace(0,1,5);
% 以 s 为自变量，对底部和顶部两条边的 x 坐标进行插值
xAB = eval_pherm([0,1],[xA,xB],[dxdsA,dxdsB], s);
dxdtAB = eval_pherm([0,1],[dxdtA,dxdtB],[d2xdsdtA,d2xdsdtB],s);
```

```
xDC = ???
dxdtDC = ???
% 以 s 为自变量,对底部和顶部两条边的 y 坐标进行插值
yAB = ???
dydtAB = ???
yDC = ???
dydtDC = eval_pherm([0,1],[dydtD,dydtC],[d2ydsdtD,d2ydsdtC],s);
% 在 t 方向重复上述在 s 方向的插值
% 如果变量 x 和 y 已经被赋值,他们的维数可能不符合本代码的要求,所以需要先清除
它们的值
clear x y
for k = 1:numel(s)
    x(k,:) = eval_pherm([0,1],[xAB(k),xDC(k)],[dxdtAB(k),dxdtDC(k)],t);
    y(k,:) = ???
end
% 把所有的线条绘制出来
plot(x(:,1),y(:,1),'b')
hold on
for k = 2:numel(t)
    plot(x(:,k),y(:,k),'b')
end
for k = 1:numel(s)
    plot(x(k,:),y(k,:),'b')
end
axis('equal');
hold off
```

s 和 t 沿两个方向可以呈线性变化,也可以是非线性变化。在练习 7.6 中,你将看到如何使用非线性变化的 s 在不改变图形轮廓的情况下改变网格分布。只要 s 和 t 平滑变化并映射到正方形$[0,1]\times[0,1]$,它们的变化方式基本上可以任意选择。

练习 7.6

(1)将 exer5.m 复制到 exer6.m 中,该代码需要在正方形$[0,1]\times[0,1]$水平方向上生成 10 个小矩形,垂直方向上生成 15 个小矩形(水平生成 11 个点,垂直生成 16 个点)。

(2)将 A 和 D 的$\partial x/\partial s$ 改为 3.0,B 和 C 的$\partial x/\partial s$ 改为 1.0,其他值不变。可以看到网格越靠近右侧,它们变得更细。这种网格分布方法在机翼空气流动的计算中很有价值,因为飞机蒙皮附近的"边界层"非常薄,对应网格元素也必须非常薄。

可以正确生成直线网格并不意味着代码是正确的。在接下来的两个练习中,你将对两个更难的图形进行测试。第一个图形有直边的四边形,第二个图形是曲线边的四边形。

练习 7.7

将 exer5.m 复制到 exer7.m 中,并按照下列步骤生成图像。

- 将 A 点坐标改为(−1,0),C 点坐标改为(1,0.5)。
- 将 s 的值改为 20,t 的值改为 15。
- 适当调整曲线斜率,使得四条边都是直线。例如,dxdtA 和 dydtA 的值都应该是 1,因为当 t 从 0 到 1(从点 A 到点 D)时,x 和 y 都会增加 1,所以直线 AD 的斜率是 1。
- 将四个顶点的 d2xdsdt 和 d2ydsdt 都改为 d2xdsdt＝−1 和 d2ydsdt＝−0.5。

所有生成的网格线(包括边界线和内部线)都应该是均匀分布的直线。

> **提示**:如果你的图像不正确,可以尝试下列步骤修改代码。

(1)在 exer5.m 中作如下三个修改。

    (a)将 A 点坐标改为(−1,0),C 点坐标改为(1,0.5);

    (b)将 s 和 t 分别改为 20 和 15;

    (c)把每个顶点的 d2xdsdt 和 d2ydsdt 都分别改为−1 和−0.5。

画出图像之后,你会看到一些边界线是直的,一些是弯曲的,比如 AD 边。

(2)注意看 AD,它现在是一条"T 字形"的线,拿一根直尺大致测量一下。可以看到 A 点的直线斜率正确,但 D 点的直线斜率不正确。既然 AD 原本应该是一条直线,那么 D 点的 dxdt 是多少呢?把你估计的 dxdt 值输入文件中再次运行,如果运行正确,AD 会变成一条直线。

(3)用这种方法修改其他曲线。

(4)BC 线看起来是直的,但是网格间距不均匀,所以我们需要调整 dydtB 和 dydtC 的值。

(5)类似的,如果其他边界的网格间距不一致,请相应调整。

练习 7.8

考虑图 7−3。

将四条曲线都看作四分之一圆,因此每条边界曲线在每个角的斜率为 $dy/dx=\pm1$(不要将其与 dx/ds 或 dy/ds 混淆)。可以看到,四个顶点的坐标和练习 5 中单位正方形顶点的坐标相同。

(1)首先处理底部曲线,AB 是角度为 π/2 的圆弧。但我们很难看出圆弧两端的 dx/ds 和 dy/ds,所以在本练习中,你需要用参数化方式绘制曲线,并计算导数。写一组简单的参数方程,类似于(7.1),用变量 s 表示 x 和 $y\in[0,1]$,可以参考图 7−4。

求圆心点 G 的坐标,考虑下面的步骤。请注意,圆不具有单位半径。

- 根据图形的对称性,G 的 x 坐标必为 0.5。
- GH 垂直于 y 轴。
- 圆弧为四分之一圆,因此∠AGB 为 π/2。
- ∠AGH 为 π/4,因此直线 AG 和 BG 具有相同的长度,且 G 必定是圆心。

(2)编写文件 exer8a.m 绘制四分之一圆弧,其参数为 $s\in[0,1]$(参数 s 不是弧长)你会看到一个与上图非常相似的弧 AB。根据参数方程,在 A 点和 B 点的 dx/ds 和 dy/ds 分别是多少?

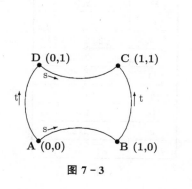

图 7 - 3

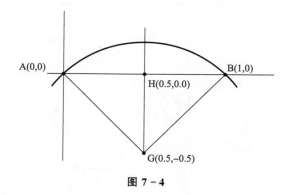

图 7 - 4

（3）基于 exer5.m 编写 exer8b.m，只绘制 AB 部分，s 的值变成 $[0,1]$ 中均匀分布的 25 个点

- 使用（2）中 A 和 B 点的 x、dx/ds 和 dy/ds 值。
- 将 25 个点用红色标记出来，可以使用下列命令。

plot(x,y,'r * -')

% 用红色星号绘制 25 个点，点之间用红色圆弧连起来

- 使用 exer8a.m 在同一区域上绘制四分之一圆。你应该看到 25 个点均匀分布在 AB 之间的圆弧上。红色圆弧应该靠近 exer8a.m 的四分之一圆，但不与之重叠。

（4）将 exer5.m 复制到 exer8.m，并使用 exer8.m 在上述四边形上生成 25×25 的网格。网格应该清楚地显示出双重对称性（左右对称和上下对称），网格沿四条边的间隔应该大致一致。请附上你画出的网格图。

> **提示**：如果已经知道了圆弧 AB 的参数，可以先让 exer8.m 只输出 AB，在检查 AB 的图像正确后，再改变参数的值单独绘制并检查 BC 的图像，以此类推，这样可以确保代码不会出错。

7.5　匹配斑块

三次 Hermite 插值有一个突出的优点：两个面片可以彼此相邻放置，如果公共边端点处的导数给定相同的值，网格将从一个平滑过渡到另一个。在练习 7.9 中，有两个面片共用同一条边，如图 7 - 5 所示。

练习 7.9

在本练习中，你需要分别为两个面片生成网格，并检查两个面片上的网格是否互相匹配。图形的内侧边界是一个圆弧，我们需要用三次 Hermite 曲线去近似它，如果这个圆弧边界需要更高的精度，就要使用更多的面片去近似。

（1）将下列绘制 ABCD 网格的命令复制到文件 exer9a.m。

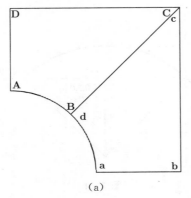

点	坐标
A	$(0,1)$
B	$(\sqrt{2}/2,\sqrt{2}/2)$
C	$(2,2)$
D	$(0,2)$
a	$(1,0)$
b	$(2,0)$
c	$(2,2)$
d	$(\sqrt{2}/2,\sqrt{2}/2)$

(a)　　　　　　　　　(b)

图 7-5

```
% 给面片 ABCD 划分网格
sqrt2on2 = sqrt(2)/2;
% A 点的数据
xA = 0；yA = 1；
dxdsA = pi/4；dydsA = 0；
dxdtA = 0；dydtA = 1；
d2xdsdtA = 0；d2ydsdtA = 0；
% B 点的数据
xB = sqrt2on2；yB = sqrt2on2；
dxdsB = sqrt2on2 * pi/4；dydsB = − sqrt2on2 * pi/4；
dxdtB = 2 − sqrt2on2；dydtB = 2 − sqrt2on2；
d2xdsdtB = 0；d2ydsdtB = 0；
% C 点的数据
xC = 2；yC = 2；
dxdsC = 2；dydsC = 0；
dxdtC = 2 − sqrt2on2；dydtC = 2 − sqrt2on2；
d2xdsdtC = 0；d2ydsdtC = 0；
% D 点的数据
xD = 0；yD = 2；
dxdsD = 2；dydsD = 0；
dxdtD = 0；dydtD = 1；
d2xdsdtD = 0；d2ydsdtD = 0；
```

(2)添加适当的命令,在面片 ABCD 上生成 20×30 的网格。

(3)将 exer9a. m 复制到 exer9b. m 中并适当修改代码,使 exer9b. m 在面片 ABCD 上生成 20×30 的网格。确保沿 BC 边的节点数与沿 dc 边的节点数相同,使网格线连续。两边的网格应关于 BC(dc)线对称。

(4)如果图形区域轮廓平滑,三次 Hermite 插值将生成平滑的网格线。但边界 DCcb 有一个拐角,所以区域内部的网格线也应该有类似的拐角。将 exer9b. m 复制到 exer9c. m,把点 C 和 c 从(2,2)移动到(1.8,1.8),过点 C 和 c 绘制斜率为－1 的直线,使原本的直角变成倒角。dxdsC 和 dydsC(dxdsc 和 dydsc)的值并不重要,只要 $dy/dx = (dy/ds)/(dx/ds) = -1$ 即可。

7.6　三次样条插值

Hermite 插值的一个缺点是需要知道函数的导数,但你很可能不知道函数的表达式,只知道插值点的值。第二个缺点是 Hermite 插值可能不太平滑,插值函数的二阶导数在插值点处可能不连续。

三次样条曲线是非常平滑的分段三次插值,曲线是光滑连续的,具有连续的一阶导数和二阶导数。只有三阶导数可以在连接点(称为节点)处跳跃。

把一个区间$[a,b]$分解成子区间

$$a = x_1 < x_2 < \cdots < x_n = b$$

如果有 $m \geqslant 1$ 且满足下列条件,$s(x)$就是一个"样条函数":

(1)对于每个子区间$[x_{k-1}, x_k]$,$s(x)$都有 $degree \leqslant (m-1)$;

(2)当 $0 \leqslant r \leqslant (m-2)$ 时,$\dfrac{d^r s}{d_x^r}(x)$在$[a,b]$上连续。

给定每个"节点"xk 处的值 yk,因此 s(xk)=yk。

根据上述条件几乎足以确定三次样条曲线。如果在每个端点添加一个附加条件,例如导数的值,则样条曲线将被唯一确定。与 Hermite 插值不同,三次样条插值不需要在每个子区间的端点使用导数,只需要在曲线端点处使用即可。

与其他插值方法一样,首先需要计算样条曲线的参数。参数确定以后,计算节点处的一阶导数 $s'(x_k)$,然后用 eval_pherm 函数来计算样条函数。

[$Atkinson$（1978）][1]第 168 页和[$Quarteroni\ et\ al.$（2007）][2]第 357 页描述了如何计算"完整"三次样条曲线的二阶导数(M 或 s'')。这些文献中使用的下标从 $k=0$ 开始,但我们遵循 MATLAB 的惯例,从 $k=1$ 开始。

由于所需样条曲线是分段 C^2 三次多项式,其二阶导数是连续的。因此,$M_k = s''(x_k)$有定义。由于 $s(x)$ 是一个分段三次多项式,所以其二阶导数 $s(x)$ 是分段线性的。所以有

$$s''(x) = \frac{(x_{k+1} - x)M_k + (x - x_k)M_{k+1}}{h_k} \ \text{for}\ k = 1, \cdots, n-1$$

对于每个区间$[x_k, x_{k+1}]$,对上述表达式进行两次积分,得到

$$s(x) = \frac{(x_{k+1} - x)^3 M_k + (x - x_k)^3 M_{k+1}}{6h_k} + C_k(x_{k+1} - x) + D_k(x - x_k)$$

①　Atkinson, K. (1978). An Introduction to Numerical Analysis (Wiley, New York).

②　Quarteroni, A., Sacco, R., Saleri, F. (2007). Numerical Mathematics (Springer), ISBN 978-3-540-34658-6.

其中 C_k 和 D_k 是积分常数。因为 $s(x)$ 是连续的,并且是插值函数,所以 $s(x_k) = y_k$,由此可以计算 C_k 和 D_k 的值,从而得到

$$s(x) = \frac{(x_{k+1}-x)^3 M_k + (x-x_k)^3 M_{k+1}}{6h_k} + \frac{(x_{k+1}-x)y_k + (x-x_k)y_{k+1}}{h_k} - \frac{h_k}{6}\big((x_{k+1}-x)M_k + (x-x_k)M_{k+1})\big) \tag{7.5}$$

到目前为止,M_k 仍然未知,并且我们已经使用了 $s(x)$ 和 $s'(x)$ 的连续性。由 $s'(x)$ 的连续性可推导出 M_k。在区间 $[x_k, x_{k+1}]$ 用式(7.5)求导,得到

$$s'(x) = \frac{-(x_{k+1}-x)^2 M_k + (x-x_k)^2 M_{k+1}}{2h_k} + \frac{y_{k+1}-y_k}{h_k} - \frac{(M_{k+1}-M_k)h_k}{6} \tag{7.6}$$

其中

$$h_k = x_{k+1} - x_k, k = 1, 2, \cdots, (n-1) \tag{7.7}$$

利用式(7.6)计算 $s'(x_k)$,得到

$$s'(x_k) = -M_k \frac{h_k}{3} - M_{k+1} \frac{h_k}{6} + \frac{y_{k+1}-y_k}{h_k} \tag{7.8}$$

对于 $k = 2, 3, \cdots, n-1$,节点 x_k 同时存在于区间 $[x_k, x_{k+1}]$ 和 $[x_{k-1}, x_k]$。将式(7.6)中的 k 换成 $(k-1)$,得到

$$s'(x_k) = M_k \frac{h_{k-1}}{3} + M_{k-1} \frac{h_{k-1}}{6} + \frac{y_k - y_{k-1}}{h_{k-1}} \tag{7.9}$$

上述共有 $(n-2)$ 个方程,但需要计算 n 个 M_k 的值,我们还需要另外两个方程。一种方法是利用 $s'(x_1) = y_1'$ 和 $s'(x_n) = y_n'$,并结合式(7.8)与式(7.9),得出下列方程组

$$M_1 \frac{h_1}{3} + M_2 \frac{h_1}{6} = \frac{y_2 - y_1}{h_1} - y_0'$$

$$\frac{M_1}{6} + \frac{h_1 + h_2}{3}M_2 + M_3 \frac{h_2}{6} = \frac{y_3 - y_2}{h_2} - \frac{y_2 - y_1}{h_1}$$

$$\cdots = \cdots \tag{7.10}$$

$$M_{n-2} \frac{h_{n-1}}{6} + M_{n-1} \frac{h_{n-1}+h_{n-1}}{3} + M_n \frac{h_{n-1}}{6} = \frac{y_n - y_{n-1}}{h_{n-1}} - \frac{y_{n-1}-y_n}{h_n}$$

$$M_{n-1} \frac{h_{n-1}}{6} + M_n \frac{h_{n-1}}{3} = y_n' - \frac{y_n - y_{n-1}}{h_{n-1}}$$

这个方程组等价于矩阵方程

$$AM = D$$

其中矩阵 A 为

$$A = \begin{pmatrix} \dfrac{h_1}{3} & \dfrac{h_1}{6} & 0 & 0 & \cdots \\[2mm] \dfrac{h_1}{6} & \dfrac{h_1+h_2}{3} & \dfrac{h_2}{6} & 0 & \\[2mm] 0 & \dfrac{h_2}{6} & \dfrac{h_2+h_3}{3} & \dfrac{h_3}{6} & 0 \\[2mm] \ddots & \ddots & \ddots & \ddots & \ddots \\[2mm] & 0 & \dfrac{h_{n-3}}{6} & \dfrac{h_{n-3}+h_{n-2}}{3} & \dfrac{h_{n-2}}{6} & 0 \\[2mm] & & 0 & \dfrac{h_{n-2}}{6} & \dfrac{h_{n-2}+h_{n-1}}{3} & \dfrac{h_{n-1}}{6} \\[2mm] & \cdots & & 0 & \dfrac{h_{n-1}}{6} & \dfrac{h_{n-1}}{3} \end{pmatrix} \tag{7.11}$$

向量 D 为

$$D = \begin{pmatrix} \dfrac{y_2-y_1}{h_1} - y'_1 \\[3mm] \dfrac{y_3-y_2}{h_2} - \dfrac{y_2-y_1}{h_1} \\[2mm] \vdots \\[2mm] \dfrac{y_n-y_{n-1}}{h_{n-1}} - \dfrac{y_{n-1}-y_{n-2}}{h_{n-2}} \\[3mm] y'_n - \dfrac{y_n-y_{n-1}}{h_{n-1}} \end{pmatrix} \tag{7.12}$$

向量 M 为

$$M = \begin{pmatrix} M_1 \\ M_2 \\ \vdots \\ M_{n-1} \\ M_n \end{pmatrix}$$

由于 A 的每个对角元素都不小于非对角元素之和,且在某些行中是严格大于非对角元素之和的,由盖尔圆盘定理(Gershgorin disk theorem)可知 A 是非奇异的,因此该方程可以求出 M。

练习 7.10

在本练习中,你将编写一个函数来计算矩阵 A 和向量 D 并求解方程 $AM=D$,然后构造节点处完整三次样条曲线的导数值。该函数使用循环而不是向量分量运算,因为循环更容易看到计算的详细过程。

(1)根据下列步骤编写 ccspline. m。

(a)新建 ccspline. m 来计算 M_k 和 $s'(x_k)$,其函数签名如下所示。

113

```
function sprime = ccspline(xdata,ydata,y1p,ynp)
%  sprime = ccspline(xdata,ydata,y1p,ynp)
%  适当添加注释
%  姓名和日期
<< code >>
end
```

(b)选择适当的 n,并编写一个循环来定义式(7.7)中区间的长度向量 h_k。

```
for k = 1:n-1
    h(k) =  ???
end
```

(c)利用 $y_1' =$ y1p 和 $y_n' =$ ynp,写一个循环来定义式(7.12)中的列向量 D_k。

```
D(1,1) =  ???
for k = 2:n-1
D(k,1) =  ???
end
D(n,1) =  ???
```

(d)写一个循环来定义式(7.11)中的矩阵 $\boldsymbol{A}$。

```
A = zeros(n,n);
A(1,1) =  ???
A(1,2) =  ???
for k = 2:n-1
A(k,k-1) = ???
A(k,k)  = ???
A(k,k+1) = ???
end
A(n,n-1) = ???
A(n,n)  = ???
```

(e)利用反斜杠运算符求解 $\boldsymbol{AM} = \boldsymbol{D}$。

(f)写一个循环来定义式(7.8)中给出的样条函数的导数。如果 ydata 是行向量,则导数应为行向量;如果 ydata 是列向量,则导数应为列向量。回想一下,对于完整的三次样条曲线,有 $s_1' =$ y1p 和 $s_n' =$ ynp。

```
    sprime = zeros(size(ydata));
sprime(1) = ???
for k = 2:n-1
sprime(k) = ???
end
```

```
sprime(n) = ???
```

（2）计算 $y(x)=x^3$ 的三次样条函数，在区间$[0,3]$上使用不等长的子区间进行插值。因为 $y(x)=x^3$ 是三次多项式，所以很容易看出三次样条函数是 x^3。

```
xdata = [0 1 2 4];
ydata = [0 1 8 64];
y1p = 0;
ynp = 48;
```

如果 sprime 的结果正确，请继续下一步。如果没有，请按照下列步骤检查代码：

（a）根据公式（7.8）仔细检查 sprime 的代码；

（b）输出矩阵 A 并检查它是否对称，如果不对称，请修改代码；

（c）盖尔圆盘定理要求矩阵每行的非对角元素之和不大于对角元素，在某些行中严格小于对角元素。请仔细检查你的矩阵是否符合盖尔圆盘定理。

（d）如果 A 是对称矩阵，在区间$[0,2]$上尝试下列插值点。

```
xdata = [0 1 2];
ydata = [0 1 8];
y1p = 0;
ynp = 12;
```

如果结果不正确，那就说明错误出在下标 h(k) 上（选择这组插值点进行测试，是因为本节中所有 k 值对应的 h(k) 均为 1，但这是种特殊情况）。现在修改代码再试一次。

（e）如果刚才的测试结果不正确，请尝试下列插值点。

```
xdata = [0 1 3];
ydata = [0 1 27];
y1p = 0;
ynp = 27;
```

根据式（7.11）和式（7.12）手动计算 3×3 矩阵 A 和向量 D，并与代码计算结果进行比较，然后修改代码错误。

（f）如果 A 和 D 的值是正确的，根据式（7.8）手动计算 sprime 并与代码计算结果进行比较，然后修改代码错误。

上述修改完成后，ccspline 函数就可以用来计算三次样条插值了。样条函数插值最常见的应用之一是对表格数据进行插值，而其中主要的难点是计算导数。

练习 7.11

（1）将 test_pherm_interpolate.m 复制到 test_ccspline_interpolate.m 中，并修改代码，使用 ccspline 计算导数值，因为在区间端点仍然需要导数值。你可以使用 eval_pherm 来计算样条曲线近似值，因为函数值（ydata）和导数值（y1p、ynp 和 sprime）已知。

（2）xdata 为 0 到 5 之间的等距插值点，xdata 的数量为 ndata，如表 7-3 所列。然后使用 runge.m 计算该区间内 4 001 个等距点的的原函数精确值和插值函数近似值之间的最大相对误差(使用无穷范数),并将该值作为最大插值误差。填写表 7 - 3,其中"比值"列是上一行的误差除以当前行的误差。

表 7 - 3

Runge 函数,三次样条插值		
ndata	误差	比例
5		
11		
21		
41		
81		
161		
321		
641		

(3)检查最后一列,并估计迭代收敛速率(求整数 p,使得上表中的比值近似等于 2^p)。

7.7　无导数的样条

如果只有函数在某些点处的数据(比如一个数据表),而没有任何方法来计算它的导数,那么就需要另一组方程来完全指定 $M_k(k=1,2,\cdots,n)$。一种方法是假设 $M_1=M_n=0$,即近似值在区间端点处线性变化。这种样条曲线被称为"自然三次样条曲线"。

练习 7.12

(1)编写 ncspline. m,根据下列步骤构造自然三次样条曲线。

(a)将 ccspline. m 复制到 ncspline. m 中。

function sprime = ncspline(xdata,ydata)

 % sprime = ncspline(xdata,ydata)

 % 适当添加注释

 % 姓名和日期

 << code >>

end

(b)修改矩阵 A 和向量 D 的第一行和最后一行,以使它们满足下列方程组。

$$M_1=0 \text{ 和 } M_n=0.$$

> 提示:公式(7.10)明确给出了关于 M_1 - M_n 的方程组。仔细看方程组的第一行,如何改变矩阵 A,使第一行变成 $M_1=0$? 最后一行同理。

(c)分别利用式(7.8)和式(7.9)计算 $s'(x_1)$ 和 $s'(x_n)$

(2)下面的插值点来自一个线性函数。

xdata = [0 1 2 3];

ydata = [0 2 4 6];

用它来测试 ncspline 是否能正常运行。

(3)临时输出解向量 M，选择一些非线性函数来近似它，并验证 $M(1)=M(n)=0$（用自然三次样条曲线无法精确地拟合这个函数，但可以检查拟合函数的端点是否和原函数相同）。检查完之后取消临时输出。

(4)给定下列插值点，测试 ncspline 和 ccspline 的结果是否一致。

xdata = [0,1,2];

ydata = [0,-3,-16];

ncspline 计算的 s' 称为 ncsprime。然后用 ccspline 计算 s'，并使用 ncsprime(1) 和 ncsprime(end) 作为导数值。调用 ccspline ccsprime 的结果，检查 ncsprime 和 ccsprime 是否相同。

(5)将 test_ccspline_interpolate.m 复制到 test_ncspline_interpolate.m 中，并做适当修改，用 ncspline 计算导数值。

(6)xdata 为 0 到 5 之间的等距插值点，xdata 的数量为 ndata，如表 7-4 所列。然后使用 runge.m 计算该区间内 4 001 个等距点的原函数精确值和插值函数近似值之间的最大相对误差（使用无穷范数），并将该值作为最大插值误差。填写表 7-4，其中"比值"列是上一行的误差除以当前行的误差。

表 7-4

Runge 函数，自然三次样条插值		
ndata	误差	比例
5		
11		
21		
41		
81		
161		
321		
641		

(7)检查最后一列并估计迭代收敛速率（求整数 p，使得上表中的比值近似等于 2^p）。

在练习 7.13 中，你将看到如何使用非扭结（not-a-knot）边界条件生成样条函数。非扭结边界条件更难编程，我们可以利用 MATLAB 的 spline 函数，它默认的条件就是非扭结边界。spline 也可以用来生成完整的三次样条曲线，其语法将在练习后的注释中给出。

练习 7.13

(1)将 test_ncspline_interpolate.m 复制到 test_spline_interpolate.m 中并做适当修改，用

下列代码计算三次样条函数:

```
yval = spline(xdata,ydata,xval);
```

其中 xdata 表示插值点,ydata 表示插值点的函数值,xval 表示检查插值函数所用的点。

（2）xdata 为 0 到 5 之间的等距插值点,xdata 的数量为 ndata,如表 7-5 所列。然后使用 runge. m 计算该区间内 4 001 个等距点 xval 的原函数精确值和插值函数近似值之间的最大相对误差（使用无穷范数）,并将该值作为最大插值误差。填写表 7-5,其中"比值"列是上一行的误差除以当前行的误差。

表 7-5

Runge 函数,无节点三次样条插值		
ndata	误差	比例
5		
11		
21		
41		
81		
161		
321		
641		

（3）检查最后一列并估计迭代收敛速率（求整数 p,使得上表中的比值近似等于 2^p）。

注 7.2:完整三次样条曲线光滑且精确度高,但需要函数的一些导数值。自然三次样条曲线不需要导数值,但精度不如完整三次样条曲线。非扭结边界条件的三次样条曲线保持了完整三次样条的渐近精度,且不需要任何导数信息。

注 7.3:可以用 spline 函数来计算完整三次样条曲线和非扭结边界三次样条曲线。计算完整三次样条曲线的语法如下所列。

```
% 计算完整三次样条曲线
yval = spline( xdata, [yp1, ydata, ypn], xval);
```

7.8　单调插值

假设有一个封闭的金属盒子,里面装着一些水,在加热它的同时测量水的温度。这时会发现温度单调上升,直到达到 100℃ 为止,之后温度在一段时间内保持不变,直到所有的水沸腾后,温度会再次上升,即,加热总是会导致非负的温度变化。

如果获取这些温度数据,并尝试使用三次样条函数插值,可能会发现沸点附近的温度存在振荡现象。如果沸点附近的温度恰好是你需要关注的数据,这时就需要使用一种符合数据单调性的方法对其进行插值。

保形插值是 Fritsch 和 Carlson 的一篇开创性论文中的一个重要主题[Fritsch and Carlson (1980)][1]。MATLAB 提供了一个名为 pchip 的函数,它实现了 Fritsch 和 Carlson 的算法。

在练习 7.14 中,你将比较 spline 插值和 pchip 插值的异同。

练习 7.14

考虑下列插值点:

xdata = [0, 1, 2, 3, 4];
ydata = [0, 1, 2, 2, 2];

其中 xdata＝2 表示水开始沸腾后的时间。

(1)使用圆圈形状的散点绘制插值点。

(2)使用 spline 函数构造非扭结边界样条函数插值并绘图,在一个子区间中至少使用 100 个点。

(3)使用 pchip 函数(其用法和 spline 相同)构造保形插值函数,在一个子区间中至少使用 100 个点。你应该注意到,在这种情况下,pchip 插值比 spline 插值更符合物理逻辑。

练习 7.15

(1)将 test_spline_interpolate.m 复制到 test_pchip_interpolate.m 中并做适当修改,用 pchip 计算插值函数。

(2)xdata 为 0 到 5 之间的等距插值点,xdata 的数量为 ndata,如表 7-6 所列。然后使用 runge.m 计算该区间内 4 001 个等距点的原函数精确值和插值函数近似值之间的最大相对误差(使用无穷范数),并将该值作为最大插值误差。填写表 7-6,其中"比值"列是上一行的误差除以当前行的误差。

表 7-6

Runge 函数,单调三次插值		
ndata	误差	比例
5		
11		
21		
41		
81		
161		
321		
641		

(3)检查最后一列并估计迭代收敛速率(求整数 p,使得上表中的比值近似等于 2^p)。可以观察到 pchip 的收敛速率比 spline 更慢。

---

[1]　Fritsch,Carlson (1980). Monotone piecewise cubic interpolation,SIAM J. Numer. Anal. 17,pp. 238-246.

第 8 章　勒让德多项式与 L^2 空间的逼近问题

8.1　引　言

在第 5 到第 7 章我们讨论了插值,给定函数 $f(x)$ 的公式或插值点,通过插值,可得到一个通过给定插值点的函数 $p(x)$。本章讨论的则是近似,在近似过程中,仍需要建立函数 $p(x)$,但它必须满足的某些近似条件。和插值不同的是,$p(x)$ 可能在某些点上仍然等于 $f(x)$,但我们事先不知道是哪些点。

与插值一样,我们可以使用一组基函数构建近似模型。该模型是系数 c 的线性组合,系数 c 决定了基函数的数量。

在本章中,我们将考虑在 $L^2([-1,1])$ 空间中的四种不同的基函数选择方式。第一个是常用的单项式 $1,x,x^2,\cdots$,此时,系数 c 就是多项式的系数;第二个是勒让德多项式,它比单项式近似有更好的数值行为;第三个是三角函数(傅里叶近似);第四个是一组分段常数或分段线性函数近似。本章将介绍每种方法在数值计算中的优缺点。

一旦确定了基函数集,我们就需要考虑如何使近似函数 $p(x)$ 成为给定基函数的"最佳"近似,并研究近似误差。由于是在 $L^2[-1,1]$ 空间进行计算,因此需要使用 L^2 范数来计算近似误差。

事实证明,用单项式近似会得到一个与 Hilbert 矩阵类似的矩阵,而 Hilbert 矩阵的求逆可能非常不准确,即使矩阵很小,不准确的求逆会使近似效果变差。而使用正交多项式(如勒让德多项式)可以得到一个几乎可以无误差求逆的对角矩阵,但等式右边的矩阵很难计算到高精度,速度也很慢;此外,舍入误差(roundoff errors)积累可能是一个严重的问题。傅里叶近似可以大大降低舍入误差,但计算速度较慢;分段常数近似在分段较少时不会有上述缺点,但收敛速率可能较慢。

在本章中,我们将尝试对若干个函数进行近似计算,所有函数的定义域都在区间 $[-1,1]$ 上。这些函数包括:

- Runge 函数 $f(x)=1/(1+x^2)$;
- 分段函数

$$f(x)=\begin{cases}0 & , \quad -1\leqslant x<0 \\ x(1-x), & \quad 0\leqslant x\leqslant 1\end{cases} \tag{8.1}$$

在本章中,这个分段函数称为"部分二次函数"。

之所以选择它,是因为它简单、连续且满足 $f(-1)=f(1)$,但这个函数不可微。下列代码是计算该"部分二次函数"的 m 文件。

```
function y = partly_quadratic(x)
    % y = partly_quadratic(x)
```

```
% 输入参数 x 可能是向量或矩阵
% 输出参数 y 当 x<= 0 时,y = 0;当 x>0 时,y = x(1 - x)
y = (heaviside(x) - heaviside(x - 1)). * x. * (1 - x);
```
　end

注 8.1:"heaviside"函数(有时称为"单位阶跃函数")以 Oliver heaviside 的名字命名,其定义为

$$f(x) = \begin{cases} 0 & , & x < 0 \\ 0.5, & x = 0 \\ 1 & , & 0 < x \end{cases}$$
(8.2)

heaviside 函数是 MATLAB 特殊函数之一。
- 第三个函数的形状像锯齿

$$f(x) = \begin{cases} (x+1), & -1 \leqslant x < 0 \\ 0 & , & x = 0 \\ (x-1), & 0 < x \leqslant 1 \end{cases}$$
(8.3)

下列代码是计算这个锯齿形函数的 m 文件。

```
function y = sawshape8(x)
% y = sawshape8(x)
% 输入参数 x 可能是向量或矩阵
% 输出参数 y 当 -1< = x<0 时 y = (x + 1);当 x = 0 时 y = 0;当 0<x< = 1 时 y = (x - 1)
y = heaviside( - x). * (x + 1) + heaviside(x). * (x - 1);
```
　end

注 8.2:在第 7 章中,我们使用 find 命令定义了一个类似的函数,而这里变成了 heaviside,二者没有本质区别。

本章共有 6 个练习,除第 2 个练习外,每个练习都涉及不同的近似方法,以及不同的 coeff、eval 和 test 函数,每个练习都会用到这三个函数。练习 8.1 为单项式近似,练习 8.3 为勒让德多项式近似,练习 8.4 为傅里叶近似,练习 8.5 为分段常数近似,练习 8.6 为分段线性函数近似。

练习 8.1 介绍了 MATLAB 脚本和函数文件的一般格式,练习 8.2 和 8.3 是一个系列。练习 8.6 不像前几个练习那样有结构性,它主要针对的是已经完成了前几个练习的学生。练习 8.5 和 8.6 会用到 bracket. m。

8.2　MATLAB 积分函数

近似过程需要计算积分,我们可以使用 MATLAB 的 integral 函数计算积分。为使计算结果的误差比较小,需要将 MATLAB 默认的误差限调小一些,其对应的命令如下所列。

```
q = integral(func, - 1,1,'AbsTol',1. e - 14,'RelTol',1. e - 12);
```

其中，func 是使用向量（数组）语法编写的函数句柄。

此命令将产生近似值 q，满足下列不等式

$$\left| q - \int_{-1}^{1} func(x)dx \right| \leqslant \max\{10^{-14}, 10^{-12} \mid q \mid\}$$

> **注 8.3**：integral 函数于 2012 年加入 MATLAB，如果你的 MATLAB 版本比较旧，可以使用 quadgk 函数，该函数的调用方法如下所示。

```
q = quadgk(func,- 1,1,'AbsTol',1. e - 14,'RelTol',1. e - 12, ...
'MaxIntervalCount',15000);
```

由于这些积分函数涉及许多参数和数据类型，因此可以为它们创建缩写名称，以便记忆和节约敲代码的时间。根据下列代码创建名为 ntgr8. m 的 m 文件。

```
function q = ntgr8(func)
    % 函数 q = ntgr8(func)计算区间[-1,1]上 func 的积分，容差很小
    q = integral(func,- 1,1,'AbsTol',1. e - 14,'RelTol',1. e - 12);
end
```

quadgk 函数的字母 n 可以读作"en"，字母 t 可以读作"tee"，gr8 可以读作"gr - eight"，把它们放在一起就是"integrate 积分"的意思。

8.3　$L^2([-1,1])$ 空间中的最小二乘近似

L^2 空间中的近似问题可以用下列方式描述。

问题：给定函数 $f \in L^2$ 和一个（完整的）函数集 $\phi_\ell(x) \in L^2$，其中 $n = 1, 2, \cdots$，对于给定的 N，求系数 $\{c_\ell \mid \ell = 1, 2, \cdots, N\}$，使得

$$f(x) \approx \sum_{\ell=1}^{N} c_\ell \phi_\ell \tag{8.4}$$

如果函数是成对正交的，这种近似方式可以使 L^2 误差最小。如果函数 ϕ_ℓ 是线性无关，则系数 c_ℓ 是唯一的。

[*Quarteroni et al.*（2007）][1]第 10.7 节，[*Atkinson*（1978）][2]第 4.3 节和[*Ralston and Rabinowitz*（2001）][3]第 6.2 节讨论了函数空间中的最小二乘近似，包括 $L^2([-1,1])$ 空间。其思想是使给定函数和近似函数之差的范数最小。给定一个函数 f 和一组近似函数（如单项式 $\{x^{k-1}: k = 1、2、\cdots, n\}$），对于每个向量 $c = \{c_\ell\}$，定义一个函数

[1]　Quarteroni, A., Sacco, R., Saleri, F. (2007). Numerical Mathematics (Springer), ISBN 978 - 3 - 540 - 34658 - 6.

[2]　Atkinson, K. (1978). An Introduction to Numerical Analysis (Wiley, New York).

[3]　Ralston, A. Rabinowitz, P. (2001). A First Course in Numerical Analysis (Dover Publications, Mineola, New York), ISBN 0 - 486 - 41454 - X.

$$F(c) = \int_{-1}^{1} \left(f(x) - \sum_{\ell=1}^{n} c_\ell x^{n-\ell} \right)^2 \mathrm{d}x$$

当 $\|c\|$ 较大且在 0 以下有界时,该连续函数递增,因此它必定有一个最小值,并且由于该函数是可微的,所以当下列等式成立时,函数的值必定最小。

$$\frac{\partial F}{\partial c_\ell} = 0, \quad \ell = 1, \cdots, n$$

上述表达式是在二次近似 ($n = 3$) 的情况下计算的。

考虑函数

$$F = \int_{-1}^{1} (f(x) - (c_1 x^2 + c_2 x + c_3))^2 \mathrm{d}x$$

其中 f 是在区间 $[-1, 1]$ 上需要近似的函数。对 c_i 求偏导,得到

$$\frac{\partial F}{\partial c_1} = -2 \int_{-1}^{1} (f(x) - (c_1 x^2 + c_2 x + c_3)) x^2 \mathrm{d}x$$

$$\frac{\partial F}{\partial c_2} = -2 \int_{-1}^{1} (f(x) - (c_1 x^2 + c_2 x + c_3)) x \, \mathrm{d}x$$

$$\frac{\partial F}{\partial c_3} = -2 \int_{-1}^{1} (f(x) - (c_1 x^2 + c_2 x + c_3)) \mathrm{d}x$$

令每一个等式都为零,得到方程组

$$c_1 \int_{-1}^{1} x^4 \mathrm{d}x + c_2 \int_{-1}^{1} x^3 \mathrm{d}x + c_3 \int_{-1}^{1} x^2 \mathrm{d}x = \int_{-1}^{1} x^2 f(x) \mathrm{d}x$$

$$c_1 \int_{-1}^{1} x^3 \mathrm{d}x + c_2 \int_{-1}^{1} x^2 \mathrm{d}x + c_3 \int_{-1}^{1} x \, \mathrm{d}x = \int_{-1}^{1} x f(x) \mathrm{d}x$$

$$c_1 \int_{-1}^{1} x^2 \mathrm{d}x + c_2 \int_{-1}^{1} x \, \mathrm{d}x + c_3 \int_{-1}^{1} \mathrm{d}x = \int_{-1}^{1} f(x) \mathrm{d}x$$

或

$$
\begin{aligned}
(2/5)c_1 \quad + \quad\quad 0 \quad\quad + \quad (2/3)c_3 &= \int_{-1}^{1} x^2 f(x) \mathrm{d}x \\
0 \quad\quad + \quad (2/3)c_2 \quad + \quad\quad 0 \quad\quad &= \int_{-1}^{1} x f(x) \mathrm{d}x \\
(2/3)c_1 \quad + \quad\quad 0 \quad\quad + \quad (2/1)c_3 &= \int_{-1}^{1} f(x) \mathrm{d}x.
\end{aligned}
\tag{8.5}
$$

由于积分区间关于原点对称,因此奇数次幂的项积分为零。

对于任意的 n,方程 (8.5) 可以写成如下形式,其中索引从 1 开始,多项式系数按 x 降幂排列。

$$\sum_{\ell=1}^{n} \left(\int_{-1}^{1} x^{(2n-k-\ell)} \mathrm{d}x \right) c_\ell = \int_{-1}^{1} x^{n-k} f(x) \mathrm{d}x, \quad k = 1, \cdots, n \tag{8.6}$$

式(8.6)中的矩阵

$$H_{k,\ell} = \int_{-1}^{1} x^{(2n-k-\ell)} \mathrm{d}x = (1-(-1)^{(n-\ell)+(n-k)+1})/((n-\ell)+(n-k)+1)$$

与 Hilbert 矩阵密切相关。事实上，如果上面的推导是在区间[0,1]上进行的，那么 H 就是 Hilbert 矩阵。Hilbert 矩阵的条件数很大（病态矩阵），并且很难在不损失精度的情况下进行求逆。练习 8.1 说明了 Hilbert 矩阵对近似的影响。

根据式(8.6)，如果要计算系数 c_k，则需要计算两组积分。公式左边，被积函数包含 $x^{(n-k)} x^{(n-\ell)}$；等式右边，被积函数包含 $x^{(n-k)} f(x)$。请注意，这些表达式的索引由大变小，让表达式看起来很复杂，但这样做是为了与 MATLAB 的索引编号方案保持一致。在后文中使用勒让德多项式进行近似时，你可以使用更简单的编号方案。

一旦算出了 c_k，就可以使用 polyval 函数来计算近似多项式了。

练习 8.1

（1）在本练习中，你将编写 coef_mon. m，使用公式(8.6)计算函数 $f(x)$ 的最佳 $L^2([-1,1])$ 近似的系数向量。文件开头如下所示。

```
function c = coef_mon(func,n)
    % c = coef_mon(func,n)
    % func 是函数句柄
    % 适当添加注释
    % 姓名和日期
```

它将通过构造矩阵 $\boldsymbol{H}$ 和等式右侧的向量 $\boldsymbol{b}$ 来求解式(8.6)，并求解 c_k。在 coef_mon. m 中，func 指的是函数句柄。

（a）将上述代码添加到 coef_mon. m 的开头；

（b）$b_k = \int_{-1}^{1} x^{n-k} f(x) \mathrm{d}x$;

```
for k = 1:n
    % 这里要设置第 2 个索引，以保证 b 为列向量（如果写作 b(k)，b 将成为行向量）
    b(k,1) = ntgr8(@(x) func(x). * x.^(n-k));
end
```

> **提醒**：ntgr8. m 函数的创建方法已经在 8.2 节的注 8.3 中说明了。

（c）补全下列代码，用公式 $H_{k,\ell} = \int_{-1}^{1} x^{(2n-k-\ell)} \mathrm{d}x$. 计算矩阵元素 H(k,ell)，这段代码与上述计算 b(k)的代码类似；

```
for k = 1:n
    for ell = 1:n
```

```
            H(k,ell) = ntgr8( ??? )
        end
    end
```

（d）求解 c＝H\b，完成整个函数的编写。

如果 MATLAB 警告当 n 较大时会导致 H 的条件数很大，不用紧张，因为上文已经提到 Hilbert 矩阵的条件数本来就很大。

（2）计算多项式 $f(x)=3x^2-2x+1$ 的最佳三项单项式近似，验证你的代码是否正确。算出的系数向量应该和 f 本身的系数向量相同。

（3）根据下列代码编写 m 脚本文件 test_mon. m。

```
func = @partly_quadratic;
c = coef_mon(func,n);
xval = linspace( -1,1,10000);
yval = polyval(c,xval);
yexact = func(xval);
plot(xval,yval,xval,yexact)
% 用欧几里得范数(L2 范数)计算最小二乘近似函数和原函数之间的相对误差
relativeError = norm(yexact - yval)/norm(yexact)
```

用上述代码分别计算 n＝1 和 n＝5 时的近似值。观察曲线图，用肉眼估计精确曲线和近似曲线不匹配的部分是否大致一半在精确曲线上面，一半在下面。此外，n＝5 的误差应该小于 n＝1 的误差，且近似曲线更精确。

（4）对 Runge 函数进行近似，并填写表 8-1，请至少保留三位有效数字。你应该会发现，n 较小时，误差也比较小，而后误差逐渐变大。当 n 的值为多少时，相对误差最小（你可能会收到"矩阵 H 很接近奇异矩阵"的警告）？

（5）你应该注意到，n＝1 和 n＝2 时相对

表 8-1

Runge 测试函数	
n	相对误差
1	
2	
3	
4	
5	
6	
10	
20	
30	
40	

误差相同,n＝3 和 n＝4 以及 n＝5 和 n＝6 时也是如此。请解释为什么会出现这种情况?

(6)近似部分二次函数,并填写表 8－2。

(7)近似 sawshape8 函数,并填写表 8－3。

表 8－2

部分二次函数	
n	相对误差
1	
2	
3	
4	
5	
6	
10	
20	
30	
40	

表 8－3

sawshape8 函数	
n	相对误差
1	
2	
3	
4	
5	
6	
10	
20	
30	
40	

你应该注意到,与不可微的部分二次函数和不连续的 sawshape8 函数相比,光滑的 Runge 函数的相对误差要小得多。

对于最后一个 n 值,误差似乎并没有减少多少。为什么当 n 变大时,单项式近似效果会变差呢? 因为公式(8.5)和(8.6)与 Hilbert 矩阵有关,并且极难求逆。难以求逆的原因是,当 n 变大时,所有的单项式看起来都一样,也就是说,它们在 L^2 空间上几乎平行。即使可以精确地积分,在计算得到的高阶多项式时,也会有舍入误差。

既然单项式近似存在上述局限,我们可以选择一组更好的基函数进行近似。8.4 节将讨论勒让德多项式,它允许我们使用更大的 n 值来近似。

8.4　勒让德多项式

勒让德多项式形成了一组 $L^2([-1,1])$ 正交多项式。在下文中我们将看到为什么正交多项式是函数近似的一个很好的选择。在本节中,我们将编写 m 文件来生成勒让德多项式,并确保它们在 $L^2([-1,1])$ 中形成一个正交集。本节中的多项式都表示为系数向量的形式。

勒让德多项式是所有多项式集合的基础,就像单项式 x^n 一样,而且它们在 $L^2([-1,1])$ 空间上正交。

[*Quarteroni et al.*（2007）][1]第 10 章讨论了正交多项式;[*Quarteroni et al.*（2007）]第

---

① Quarteroni, A., Sacco, R., Saleri, F. (2007). Numerical Mathematics (Springer), ISBN 978-3-540-34658-6.

10. 1. 2 节，[*Atkinson（1978）*][1]第 210 页，[*Ralston and Rabinowitz（2001）*][2]第 6. 4 节，第 254 页讨论了勒让德多项式。

最初几项勒让德多项式是

$$
\begin{aligned}
P_0 &= 1 \\
P_1 &= x \\
P_2 &= (3x^2 - 1)/2 \\
P_3 &= (5x^3 - 3x)/2 \\
P_4 &= (35x^4 - 30x^2 + 3)/8
\end{aligned}
\tag{8.7}
$$

任意勒让德多项式 P_i 在 x 处的值可以使用下列递归公式确定。

$$
\begin{aligned}
P_0 &= 1 \\
P_1 &= x \\
P_k &= ((2k-1)xP_{k-1} - (k-1)P_{k-2})/k
\end{aligned}
$$

下列递归函数计算第 k 个勒让德多项式的值。

```
function yval = recursive_legendre ( k , xval )
  % yval = recursive_legendre ( k , xval )
  % yval 是第 k 个勒让德多项式在 xval 处的值
  % at values xval
  if k<0
      error('recursive_legendre: k must be nonnegative.');
  elseif k = =0 % 注意:else 和 if 之间没有空格!
      yval = ones(size(xval));
  elseif k = =1 % 注意:else 和 if 之间没有空格!
      yval = xval;
  else
      yval = ((2*k-1)*xval.*recursive_legendre(k-1,xval)...
        - (k-1)*recursive_legendre(k-2,xval) )/k;
  end
end
```

只不过，这个递归函数的速度太慢，不能在本章中使用。上述递归计算可以用循环来代替（任何递归算法都可以使用循环来实现，但循环的代码通常比递归更复杂）。在练习 8.2 中，你将编写一个循环来计算勒让德多项式的值。

练习 8.2

在本练习中，你将使用循环来计算第 n 个勒让德多项式 P_n 的值。该方法将首先根据公

[1]　Atkinson，K. (1978). An Introduction to Numerical Analysis (Wiley, New York).

[2]　Ralston，A, Rabinowitz，P. (2001). A First Course in Numerical Analysis (Dover Publications, Mineola, New York), ISBN 0－486－41454－X.

式(8.7)计算 P_0 和 P_1 的值,然后通过从较小的下标开始,逐步计算 P_k 的值,最后得出 P_n 的值。请注意,如果 k 大于 2,你只需要保留 P_{k-1} 和 P_{k-2} 的值,就可以计算 P_k 的值。

(1)按照下列步骤编写 legen. m。

(a)首先写上函数签名,并添加适当的注释。

```
function yval = legen ( n , xval)
    % yval = legen ( n , xval)
    % 适当添加注释
    % 姓名和日期
end
```

注8.6:为什么索引从 k 变成了 n? 因为 k 的循环会产生 n 的值。

(b)使用 if 语句测试 n<0、n==0 和 n==1 的情况,并使用这些 n 值对应的公式计算 yval。

(c)当 n 大于 1 时,计算 P_0 的值并将其命名为 ykm1(变量名 ykm1 表示"y 除以(sub)k 减(minus)1"),计算 P_1 的值并将其命名为 yk。

(d)编写循环 for k=2:n,首先将 ykm1 的值放入 ykm2(变量名 ykm2 表示"y 除以 k 减 2")中,然后将 yk 的值放入 ykm1 中。这样做是因为 k 的值增加了 1。然后用 ykm1 和 ykm2 的值计算 P_k,将其命名为 yk。该行与 recursive_legendre 中的相应代码类似。

(e)循环结束后,k 的值为 n,令 yval=yk。

(2)根据下列代码,用 legen 函数计算 P_3。

```
xval = linspace(0,1,10);
norm( legen(3,xval) - (5 * xval.^3 - 3 * xval)/2 )
```

并证明计算值和真实值之间的差异只有舍入误差。

(3)legen 函数计算的结果应和 recursive_legendre 一致。使用下列代码计算 n=10 时勒让德多项式的值。

```
xval = linspace(0,1,20);
norm( legen(10,xval) - recursive_legendre(10,xval) )
```

同样地,证明计算值和真实值之间的差异只有舍入误差。

8.5 正交与积分

勒让德多项式构成了多项式线性空间的基础。任何基向量集的一个理想特征是正交。对于两个函数 $f(x)$ 和 $g(x)$,如果它们的 L^2 标准点积等于零,则这两个函数正交。

$$(f,g) = \int_{-1}^{1} f(x)g(x)\mathrm{d}x$$

在 MATLAB 中,可以使用 integral 或 quadgk 函数,用下列代码计算该点积。

```
q = ntgr8(@(x) f_func(x). * g_func(x) );
```

其中 f_func 表示函数 f，g_func 表示函数 g。

8.6　勒让德多项式逼近

$L^2([-1,1])$ 空间上的勒让德多项式近似与单项式近似类似。

(1)计算矩阵 $H_{m,n} = \int_{-1}^{1} P_{m-1}(x) P_{n-1}(x) \mathrm{d}x$，该矩阵是对角矩阵(与单项式情况下的 Hilbert 矩阵相反)，对角线项为 $H_{m,m} = 2/(2m)-1)$，所以不需要积分。

(2)计算等式右边的值 $b_m = \int_{-1}^{1} f(x) P_{m-1}(x) \mathrm{d}x$。

(3)根据公式 $d_m = \dfrac{2m-1}{2} b_m$，求解 $\mathbf{d} = H^{-1}\mathbf{b}$。

(4)近似函数可以写成

$$f(x) \approx f_{\text{legen}}(x) = \sum_{k=1}^{n} d_k P_{k-1}(x) \tag{8.8}$$

系数 d_k 与之前计算的单项式系数 c_k 不同，并且近似值只能根据式(8.8)计算，而不是用 polyval 函数。

练习 8.3

(1)按照下列格式编写 m 函数文件 coef_legen. m。

```
function d = coef_legen(func,n)
% d = coef_legen(func,n)
% 适当添加注释
% 姓名和日期
<< your code >>
end
```

计算近似函数的系数。

$$d_k = \frac{2k-1}{2} \int_{-1}^{1} f(x) P_{k-1}(x) \mathrm{d}x$$

ntgr8 函数的用法和练习 8.1 中的用法相同。

注 8.7：系数 $(2k-1)/2$ 来自对角矩阵 $H_{k,k} = 2/(2k-1)$ 的逆。

(2)当 $n \geqslant 4$ 时，计算 P_3 的最佳勒让德多项式近似值，验证 coef_legen 是否正确(请记住，n 是项数，而不是多项式的次数)。d 的值是式(8.8)中的系数，而不是多项式的系数。

(3)编写 eval_legen. m，根据式(8.8)计算勒让德多项式，其函数如下。

```
function yval = eval_legen(d,xval)
    % yval = eval_legen(d,xval)
```

```
    % 适当添加注释
    % 姓名和日期
    << your code >>
end
```

（4）选择 d 作为 P_3 的系数（d 已经在上文中计算过了），并输入 $[0,1,2,3,4]$ 作为 xval 的值，比较 eval_legen 和 legen 的结果，验证 eval_legen 是否正确。

（5）类似于 test_mon.m，编写测试文件 test_legen.m。它应该使用 eval_legen 函数并计算近似函数与原函数之间的相对误差。如果有时间，你也可以把原函数和近似函数的图像画出来。

（6）将命令 tic; 放在脚本文件开头，将命令 toc; 放在结尾，这一对命令将计算并输出文件的运行时间。

（7）近似 Runge 函数，并填写表 8-4。

（8）近似部分二次函数，并填写表 8-5，包括最后三行的运行时间。

（9）近似 sawshape8 函数，并填写表 8-6，包括最后三行的运行时间。

表 8-4

Runge 测试函数	
n	相对误差
1	
2	
3	
4	
5	
6	
10	
20	
30	
40	
50	

表 8-5

部分二次函数		
n	相对误差	累积时间
5		—
10		—
20		—
40		—
80		—
160		
320		
640		

表 8-6

sawshape8 函数		
n	相对误差	累积时间
5		—
10		—
20		—
40		—
80		—
160		
320		
640		

（10）根据上述数据，可以看出运行时间与 n^p 成正比，请粗略估计 p 的值。是否有 $1 \leqslant p \leqslant 2$、$2 \leqslant p \leqslant 3$、$3 \leqslant p \leqslant 4$、$4 \leqslant p \leqslant 5$、$5 \leqslant p \leqslant 6$？

对于较小的 n，会发现勒让德多项式近似的误差与单项式近似的误差相同，当 n 较大时，勒让德多项式近似比单项式近似更精确。

然而，较大的 n 可能会导致计算时间变长，随着 n 的增大，计算时间的增加速率超过了 n，这是因为 integral 函数必须补偿被积函数快速振荡（由于勒让得多项式在积分区域内快速振荡）引起的舍入误差。事实上，计算的时间复杂度超过了 $O(n^p)$，其中的 p 就是我们在第（10）

题估计的值。

8.7 傅里叶级数

还有另一组函数在 $L^2[-1,1]$ 空间上是正交的,它们是三角函数的集合。

$$\frac{1}{\sqrt{2}},\cos(\pi x),\sin(\pi x),\cos(2\pi x),\sin(2\pi x),\cos(3\pi x),\cdots$$

它们也可以用来近似函数。在第 5 章使用 $k=-n,-n+1,\cdots,-1,0,1,\cdots,n-1,n$ 的 $e^{ik\pi x}$ 插值时,就出现了三角多项式。这里使用的复指数就相当于 sin 和 cos,但三角函数在 $[-1,1]$ 上是正交的,而复指数不是。

函数 f 的傅里叶级数的前 $2n+1$ 项之和如下所示:

$$f(x)\approx\frac{z}{\sqrt{2}}+\sum_{k=1}^{n}s_k\sin(k\pi x)+c_k\cos(k\pi x) \tag{8.9}$$

通常,上式的系数可以通过在两边分别乘以 $(1/\sqrt{2})$、$\sin(\ell\pi x)$ 或 $\cos(\ell\pi x)$ 并积分得到。由正交性可得

$$z=\int_{-1}^{1}\frac{f(x)}{\sqrt{2}}\mathrm{d}x$$

$$s_k=\int_{-1}^{1}f(x)\sin(k\pi x)\mathrm{d}x \tag{8.10}$$

$$c_k=\int_{-1}^{1}f(x)\cos(k\pi x)\mathrm{d}x$$

($k\neq\ell$ 的项都为零)。

练习 8.4

(1)参考 coef_legen 编写 coef_fourier. m,其格式如下所示:

function [z,s,c] = coef_fourier(func,n)
    % [z,s,c] = coef_fourier(func,n)
    % 适当添加注释
    % 姓名和日期
    << your code >>
end

根据式(8.10)计算傅里叶级数前 $2n+1$ 项的系数。

(2)当 $n\geqslant3$ 时,令 $f(x)$ 分别为 $1/\sqrt{2}$,$\sin(2\pi x)$,$\cos(3\pi x)$,用 coef_fourier 函数计算它们的系数。$f(x)=1/\sqrt{2}$ 时,$z=1$,其他系数为零;$f(x)=\sin(2\pi x)$ 时,$s_2=1$,其他系数为零;$f(x)=\cos(3\pi x)$,$c_3=1$,其他系数为零。

> **提醒:** integral 函数要求其被积函数 fun 是一个函数句柄,该被积函数 $y = \text{fun}(x)$ 必须接受向量参数 x,并返回向量结果 y,请确认你输入的函数是这样的格式。你可以计算 $\int_{-1}^{1} (1/\sqrt{2})^2 dx$ 是否等于 1 来简单测试一下 integral 函数有没有用对。

（3）按照下列格式编写 m 函数文件 eval_fourier. m。

```
function yval = eval_fourier(z,s,c,xval)
    % yval = eval_fourier(z,s,c,xval)
    % 适当添加注释
    % 姓名和日期
    << your code >>
end
```

（4）使用 $f(x) = 1/\sqrt{2}$, $f(x) = \sin(2\pi x)$, $f(x) = \cos(3\pi x)$ 这三个函数进行计算。使用 eval_fourier. m,然后适当选择 z、s 和 c 的值,并将选定值处的近似值与原函数精确值进行比较。描述你选择的值和获得的结果。

（5）参照 test_mon. m 和 test_legen. m 编写 test_fourier. m。它应利用 eval_fourier 函数来计算原函数和近似函数之间的相对误差。如果有时间也可以把原函数和近似函数的图像画出来。

（6）近似 Runge 函数并填写表 8-7。

（7）近似部分二次函数并填写表 8-8。

表 8-7

Runge 测试函数		
n	相对误差	累计时间
1		—
2		—
3		—
4		—
5		—
6		—
10		—
50		—
100		
200		
400		
800		

表 8-8

部分二次函数		
n	相对误差	累计时间
1		—
2		—
3		—
4		—
5		—
6		—
10		—
50		—
100		
200		
400		
800		

(8)在第 7 章中使用三角多项式插值方波函数时,我们观察到了 Gibbs 现象,这个现象使得插值误差始终存在。在刚才的练习中我们看到了傅里叶近似可以很好地近似可微函数和连续函数,对于不连续函数仍然有 Gibbs 现象,但是当使用积分范数计算相对误差时,近似就会收敛(尽管收敛速率会变慢)。近似 sawshape8 函数并填写表 8-9。

表 8-9

sawshape8 函数		
n	相对误差	累计时间
1		—
2		—
3		—
4		—
5		—
6		—
10		—
50		—
100		
200		
400		
800		

(9)根据上述数据,可以看出运行时间与 n^p 成正比,请粗略估计 p 的值。是否有 $1 \leqslant p \leqslant 2$、$2 \leqslant p \leqslant 3$、$3 \leqslant p \leqslant 4$、$4 \leqslant p \leqslant 5$、$5 \leqslant p \leqslant 6$?

可以看出,近似这几个函数不会很快就收敛,因为计算时间太长而无法达到所需精度。计算时间的增加是由于 integral 使用的自适应求积需要计算的点越来越多。事实证明,将 n 增加到 2 000 以上会导致积分无法达到预期的精度。因此,sawshape8 和 partly_quadratic 的积分精度不如 Runge 函数。

8.8 分段常数级数

我们已经知道,使用易于求逆的矩阵(如对角矩阵)进行近似会使计算更加轻松,这就是使用正交基函数集进行近似计算的原因。当然,我们还希望让积分变得更加容易,练习 8.4 中近似的阶数受到限制的很大一部分原因就是积分精度难以达到,因为振荡现象很严重,这是近似过程中误差的主要来源。使用 integral 函数会改善积分的不精确性,但是相应的,计算耗时会变长,正如上文所说。

在本节中,我们将了解分段常数函数近似。使用分段线性函数或更高次的函数来近似也很有效,但分段常数近似既简单,又包含了分段近似所需的重要步骤。另外,分段常数近似更容易扩展到更高维的情况。

给定常数 N_{pc},区间 $[-1,1]$ 被划分为 N_{pc} 个等距子区间和 N_{pc+1} 个点 x_k,$k = 1, 2, \cdots,$ N_{pc+1}。对于 $k = 1, \cdots, N_{pc}$,函数 $u_k(x)$ 可以定义为

$$u_k(x) = \begin{cases} 1, & x_k \leqslant x < x_{k+1} \\ 0, & x < x_k \text{ or } x > x_{k+1} \end{cases}$$

函数满足

$$\int_{-1}^{1} u_k(x) u_\ell(x) \mathrm{d}x = \begin{cases} 2/N_{\mathrm{pc}}, & k = \ell \\ 0, & k \neq \ell \end{cases} \qquad (8.11)$$

可以看出,函数 u_k 和 u_ℓ 正交,这也意味着它们线性无关。另外,$L^2([-1,1])$ 空间中的任何函数都可以近似为正交函数的和(这是 L^2 空间的一个基本定理)。事实证明,这些理论事实不受数值计算困难的影响,选取合理的 n 值就可以进行数值近似。

如果可以找到一个系数向量 $\boldsymbol{a}$ 来表示函数 $f(x)$ 的分段常数近似,那么该近似函数可以表示为

$$f(x) \approx f_{\mathrm{pc}}(x) = \sum_{j=1}^{N_{\mathrm{pc}}} a_j u_j(x) = a_k \qquad (8.12)$$

其中 k 满足 $x_k \leqslant x < x_{k+1}$。

练习 8.5

在本练习中,将使用分段常数(piecewise constant,pc)函数进行近似。假设 N_{pc} 是偶数,所以 $x_k < 0$ 表示 $k \leqslant N_{\mathrm{pc}}/2$,对于 $k > N_{\mathrm{pc}}/2+1, x_k > 0$,对于 $k = N_{\mathrm{pc}}/2+1, x_k = 0$。

(1)按照下列格式编写 m 函数文件 coef_pc. m。

```
function a = coef_pc(func,Npc)
% a = coef_pc(func,Npc)
% 适当添加注释
% 姓名和日期
<< your code >>
end
```

计算系数 a_k, a_k 为

$$a_k = \frac{N_{\mathrm{pc}}}{2} \int_{-1}^{1} f(x) u_k(x) \mathrm{d}x$$

$$= \frac{N_{\mathrm{pc}}}{2} \int_{x_k}^{x_{k+1}} f(x) \mathrm{d}x$$

使用 integral 函数(或者旧版 MATLAB 的 quadgk 函数)计算上述积分,不要用 ntgr8,因为积分区间不是 $[-1,1]$。使用 linspace 函数生成点 x_k,注意不要混淆点数和区间数!

(2)令 $N_{\mathrm{pc}} = 10$,使用 coef_pc 计算 $f(x) = 1$ 的系数 a_k,可以使用语句 y = ones(size(x)) 生成 $f(x) = 1$。

(3)令 $N_{\mathrm{pc}} = 10$,使用 coef_pc 计算 $f(x) = x$ 的 a_k, a_k 为

$$a_k = \frac{N_{pc}}{2} \int_{x_k}^{x_{k+1}} x \, \mathrm{d}x$$

$$= \frac{N_{pc}}{4}(x_{k+1}^2 - x_k^2)$$

$$= \frac{2k}{N_{pc}} - 1 - \frac{1}{N_{pc}}$$

(4)在第 6 章中，bracket 函数用于确定 k 值，其中 xk≤ x＜xk＋1。使用 bracket 函数编写 eval_pc.m，根据式(8.12)计算 f 的分段常数近似。

```
function yval = eval_pc(a,xval)
    % yval = eval_pc(a,xval)
    % 适当添加注释
    % 姓名和日期
    << your code >>
end
```

与 coef_pc 一样，你需要用 linspace 生成点 x_k，用 bracket 查找与 xval 对应的 k 值。

(5)令 $N_{pc}=10$，xval 的值如下所示，利用 eval_pc 计算 $f(x)=x$ 的近似系数 a。

$$xval = [-0.95, -0.65, -0.45, -0.25, -0.05, 0.15, 0.35, 0.55, 0.75, 0.95]$$

这些点分别在[－1，1]的 10 个子区间内。在继续后面的练习之前，请确保 a 值计算正确。

(6)参照 test_mon.m 和 test_legen.m 编写 test_pc.m。尽可能使用向量分量运算，否则使计算时间过长。test_pc.m 应满足：

　　(a)确认 N_{pc} 是偶数(如果不是偶数，则报错)；

　　(b)使用 coef_pc.m 计算近似函数的系数 a；

　　(c)使用 eval_pc.m 计算近似函数，然后将近似值与精确值进行比较，请至少选择 20 000 个测试点；

　　(d)使用 tic 和 toc 测量计算系数 a 的近似函数、精确值以及二者误差所需的时间。绘制近似函数的图像能帮助你调试代码并且直观显示计算过程。

(7)令 $N_{pc}=8$，近似 Runge 函数。仔细观察函数图像应该可以看出，没有其他分段常数函数可以产生比这更好的近似效果了。

(8)近似 Runge 函数并填写表 8－10。

(9)近似部分二次函数并填写表 8－11。

(10)近似 sawshape8 函数并填写表 8－12。

(11)根据上述数据，相对误差与 $(1/n)^p$ 成正比，粗略估计整数 p 的值。

(12)根据上述数据，计算时间与 n^p 成正比，粗略估计 p 的值。

表 8 - 10

Runge 测试函数		
n	相对误差	累积时间
4		—
8		—
16		—
64		—
256		—
1 024		
4 096		
16 384		

表 8 - 11

部分二次函数		
n	相对误差	累积时间
4		—
8		—
16		—
64		—
256		—
1 024		
4 096		
16 384		

表 8 - 12

sawshape8 function		
n	相对误差	累积时间
4		—
8		—
16		—
64		—
256		—
1 024		
4 096		
16 384		

计算这些近似值可能会花一些时间,但它不会随着 Npc 变大而恶化。事实上,它们是线性收敛的。对于上述三种函数中的任何一种,都可以达到高于 $10-10$ 的精度。

注 8.8:分段线性近似比分段常数近似收敛速率更快。分段线性近似有两种方法:①在每个子区间使用不同的分段线性函数,函数之间并不连续;②在整个区间内使用连续的分段线性函数。第一种方法保留了系数矩阵 H 的正交性和对角矩阵形式。第二种方法不用对角矩阵,而采用带状矩阵(banded matrix)。根据具体的实际问题,可以适当的牺牲近似函数的连续性,甚至使用更高阶的分段多项式来近似。

注 8.9:在练习 8.3、8.4 和 8.5 中,我们根据 n 的变化估计了函数运行时间的增长速率。练习 8.3 和 8.4 中,随着 n 的增加,运行时间的增加速度比线性增长更快(superlinear 超线性增长),但在练习 8.5 中,它是线性增长的。在选择近似算法时,超线性增长和线性增长的区别显得尤其重要。当运行时间增长过快时,算法可能会变得过于耗时而无法使用。

练习 8.5 表明分段常数近似是一个不错的选择,因为其时间复杂度约为 $O(n)$。在下面的练习中,你将看到分段线性近似也有类似的效果。

8.9　分段线性级数

与分段常数近似相比,分段线性近似提高了收敛速率,但增加了运算量。此外,分段线性近似通常用于微分方程的有限元近似。在本节中,你将看到如何将上述相同方法扩展到分段线性近似。

将区间拆分为等间隔的子区间,用 N_{pl} 表示区间数(与上文中的 N_{pc} 作用相同)。利用 $x = \mathrm{linspace}(-1, 1, N_{pl}+1)$,在区间 $[-1, 1]$ 上定义 $N_{pl}+1$ 个点。对于每个 $k = 1, 2, \cdots,$ $N_{pl}+1$,定义一组"帽子"函数 t_k。

$$t_k(x) = \begin{cases} (x_{k+1}-x)/(x_{k+1}-x_k), & x_k \leqslant x \leqslant x_{k+1} \text{ 和 } k \leqslant N_{pl} \\ (x-x_{k-1})/(x_k-x_{k-1}), & x_{k-1} \leqslant x \leqslant x_k \text{ 和 } k \geqslant 2 \\ 0 & , \text{ 其他} \end{cases}$$

t_k 是一个连续的分段线性函数,在 x_k 处为 1,在 $\ell \neq k$ 处为 0。在 $L^2([-1,1])$ 空间中,可以证明这些函数是线性独立的。类似式(8.11),t_k 满足下列等式。

$$\int_{-1}^{1} t_k(x) t_\ell(x) \mathrm{d}x = \begin{cases} 4/(3N_{pl}), & 2 \leqslant k = \ell \leqslant N_{pl} \\ 2/(3N_{pl}), & k = \ell = 1 \text{ 或 } k = \ell = N_{pl}+1 \\ 1/(3N_{pl}), & |k-\ell| = 1(k = \ell \pm 1) \\ 0 & , |k-\ell| > 1 \end{cases} \tag{8.13}$$

注意,有 $N_{pl}+1$ 个 $t_k(x)$.

与式(8.4)、式(8.8)、式(8.9)和式(8.12)类似,有

$$f(x) \approx f_{pl}(x) = \sum_{j=1}^{N_{pl}+1} a_j t_j(x) \tag{8.14}$$

练习 8.6

(1)编写 hat.m 来计算 t_k。

(2)为什么这些函数被称为"帽子"函数呢,请绘制 $N_{pl} = 4$ 时的 $t_3(x)$。请确保用于绘制 t_3 的点包括 x_k,否则图像将不正确。在图像周围留出一些空白会让它看起来更像一顶帽子,可以使用 axis($[-1.1, 1.1, -0.1, 1.1]$)设置图像的坐标范围。

(3)编写函数 coef_plin 来计算(8.14)中的系数 a_j。需要构造和求解的方程类似式(8.6),可以将式(8.14)中的 j 替换为 ℓ,再乘以 $t_k(x)$ 并积分。不要忘记构造一个类似于 $H_{k\ell}$ 的矩阵。最后,设计一个用于调试和测试 coef_plin 的函数。

> **提示:** $t_k(x)$ 函数不适合较大的 N_{pl}(否则会占用大量的时间和内存)。调整积分限可以节省计算时间,提高准确性。你可以使用 integral 或 quadgk 函数,不要用 ntgr8,因为 ntgr8 的积分区间为 $[-1, 1]$。

(4)编写函数 eval_plin,设计一个测试文件(令 $N_{pl} = 2$ 或 3)来测试 eval_plin。

（5）编写测试函数 test_plin 并添加上计时代码，用它来近似 Runge 函数，部分二次函数和 sawshape8 函数，令 $N_{pl} = [4, 16, 64, 256, 1024]$。在测试每个函数时，估计随着 N_{pl} 变化的收敛速率和时间增长速率。

> **注 8.10**：你应该观察到两个连续函数的收敛速率有所提高（并且没有使时间增长、速率变大），而不连续函数 sawshape8 收敛速率并无改善。如果你在拟合 sawshape8 时增加区间数量，那么运行时间会变得更长。

第 9 章 积 分

9.1 引 言

数值求积(numerical quadrature)狭义上是指在坐标平面上求曲线与坐标轴围成的曲边梯形的面积,广义上是指任何定积分与不定积分。我们可以对函数 $f(x)$ 或一组数据进行积分,积分区域可以是有界或无界,也可以是矩形或不规则形状,或者是一个多维空间。

本章的第一部分是关于给定求积规则下的"代数精度(degree of exactness/precision)",以及它与"收敛阶(order of accuracy)"的关系,然后是一些关于代数精度和收敛阶的简单计算。第二部分讨论了中点规则和梯形规则(简单版本),然后研究了牛顿-科特斯(Newton-Cotes)积分公式和高斯-勒让德(Gauss-Legendre)积分公式。最后一部分是一种调整积分细节的方法,该方法可让积分满足所需的误差估计。在后面的大多数练习中,我们还会重点关注积分误差。

注意区分三个概念。

- 代数精度:使 n 次及以下的多项式能够精确积分的 n 值(多项式的阶数是其中 x 的最高次幂)。
- 收敛阶:积分误差为 $O(h^n)$ 时的 n 值,其中 h 表示子区间大小。
- 索引:将一组规则中的一个与另一个区分开来的数字。

它们互相之间有联系,但不是同一个概念。

> **注 9.1**:使用 MATLAB 中的匿名函数可以让计算高次多项式的积分更简便,从而更易找到积分的代数精度。语句
>
> q = midpointquad(@(x) 5 * x.^4,0,1,11);1 - q
>
> 使用中点规则计算 $\int_0^1 5x^4 \mathrm{d}x$,然后输出错误的代数精度 $1-q$(正确答案是 1),只需将 5 * x.^4 改为 4 * x.^3,然后继续尝试更低阶的多项式,看看输出的代数精度是否正确即可。这样我们只用修改多项式表达式就可以计算出正确的代数精度。
>
> **注 9.2**:输出误差时应该用科学记数法(如 $1.234\mathrm{e}-3$,而不是 $0.001\,2$)。可以使用 format short e(或 format long e)命令调用科学记数法。科学记数法可以让我们直观地看出误差大小。

计算误差比值时应始终使用精确的数据,而不是读取四舍五入后输出在屏幕上的数据。如下列代码所示。

```
err20 = midpointquad(@runge, - 5,5,20) - 2 * atan(5);
err40 = midpointquad(@runge, - 5,5,40) - 2 * atan(5);
ratio = err20/err40
```

在计算错误比值时，用真实的误差值相除，而没有用四舍五入后再输出的数据，这样计算不会导致精度损失。

计算误差比值时，一般用"大数除以小数"，这样得出的比值大于 1。例如，我们很容易判断 15 接近 2^4（$=16$），但不容易看出 0.066 7 接近 2^{-4}（$=0.062\ 5$）。

本章包含较多的练习。练习 9.1 和 9.2 涉及中点规则，练习 9.4 将中点规则应用于有一个奇点的被积函数，练习 9.3 涉及梯形规则，练习 9.5～9.7 涉及封闭区间的牛顿-科特斯公式（区间端点也是积分节点），练习 9.8～9.10 涉及高斯-勒让德公式，练习 9.11 讨论无穷积分的极限，练习 9.12～9.16 提供了一种简单的自适应求积方法（基于高斯-勒让德公式，但很容易改为牛顿-科特斯公式）来选择满足精度标准的子区间。

9.2　中点规则

一般来说，数值求积包括 4 步：将区间 $[a,b]$ 分解为若干子区间，拟合每个子区间上的函数，对每个函数进行积分，将每一子区间的积分相加。

中点法是最简单的数值积分方法，详见[*Quarteroni et al.*（*2007*）][1]第 381 页，[*Atkinson*（*1978*）][2]第 269 页和[*Ralston and Rabinowitz*（*2001*）][3]第 120 页。该方法用常数 $f((a+b)/2)$ 插值被积函数 $f(x)$，并将插值函数值乘以区间宽度，从而计算 $f(x)$ 的积分。这种积分结果是黎曼和（Riemann sum）的一种形式，这个概念你可能在初等微积分中看到过。

如果区间 $[a,b]$ 被分解为 $N-1$ 个子区间，其端点为 $x_1,x_2,\cdots,x_{N-1},x_N$（端点数比子区间数多 1），那么中点规则可以写成

$$\text{Midpoint rule} = \sum_{k=1}^{N-1}(x_{k+1}-x_k)f\left(\frac{x_k+x_{k+1}}{2}\right) \tag{9.1}$$

接下来，编写一个 MATLAB 函数来实现中点规则。

练习 9.1

（1）按照下列格式编写 midpointquad. m。

```
function quad = midpointquad( func, a, b, N)
    % quad = midpointquad( func, a, b, N)
    % 适当添加注释
    % 姓名和日期
    << your code >>
end
```

其中 func 表示函数名，a 和 b 分别是积分的下限和上限，N 是端点数，不是区间数。如下

① Quarteroni, A., Sacco, R., Saleri, F. (2007). Numerical Mathematics (Springer), ISBN 978-3-540-34658-6.
② Atkinson, K. (1978). An Introduction to Numerical Analysis (Wiley, New York).
③ Ralston, A. Rabinowitz, P. (2001). A First Course in Numerical Analysis (Dover Publications, Mineola, New York), ISBN 0-486-41454-X.

代码所示。

```
xpts = linspace( ??? );
h = ??? ; % 子区间长度
xmidpts = 0.5 * ( xpts(1:N-1) + xpts(2:N) );
fmidpts = ???
quad = h * sum ( fmidpts );
```

(2)计算 $\int_0^1 2x\,\mathrm{d}x = 1$。即使只使用一个区间(即 $N=2$)也应该能得到准确的答案,因为中点规则可以精确计算线性函数的积分。

(3)使用中点规则估计 Runge 函数 $f(x) = 1/(1+x^2)$ 在区间 $[-5,5]$ 上的积分。正确答案是 $2*\mathrm{atan}(5)$。填写表 9-1,用科学记数法表示积分误差。

表 9-1

中点规则			
N	h	中点结果	误差
11	1.0		
101	0.1		
1 001	0.01		
10 001	0.001		

(4)根据上表估计收敛阶。前面的章节中,我们通过增加子区间的数量来估计收敛阶(在前几章中用的是"收敛速率"这个词,其实计算的 p 值就是收敛阶),在这里也一样。

9.3　代数精度

如果一个求积公式可以精确地计算任意 n 次多项式的积分,但不能精确计算 $n+1$ 次多项式的,则 n 就是该求积公式的代数精度。例如,一个可以精确计算任意三次多项式积分但不能精确计算四次多项式积分的求积公式,其代数精度为 3。详见[*Quarteroni et al.* (*2007*)][1]第 429 页或[*Atkinson* (*1978*)][2]第 266 页。

要确定求积公式的代数精度,可以查看积分的近似值,如下所示。

$$\int_0^1 1\mathrm{d}x = [x]_0^1 \quad = 1$$

$$\int_0^1 2x\,\mathrm{d}x = [x^2]_0^1 \quad = 1$$

$$\int_0^1 3x^2\,\mathrm{d}x = [x^3]_0^1 \quad = 1$$

$$\vdots \qquad\qquad \vdots$$

① 　Quarteroni, A. , Sacco, R. , Saleri, F. (2007). Numerical Mathematics (Springer), ISBN 978-3-540-34658-6.

② 　Atkinson, K. (1978). An Introduction to Numerical Analysis (Wiley, New York).

$$\int_0^1 (k+1)x^k \, \mathrm{d}x = \left[x^{k+1}\right]_0^1 = 1$$

练习 9.2

(1)为了研究中点规则的代数精度,在单个积分区间(即 $N=2$)$[0,1]$ 上计算下列函数的积分,并填写表 9-2,其正确答案应该始终为 1。

表 9-2

func	中点结果	误差
1		
$2x$		
$3x^2$		
$4x^3$		

(2)中点规则的代数精度是多少?

(3)练习 9.1 计算了中点规则的收敛阶,对于某些积分方法而言,它们的代数精度比收敛阶低一级,中点规则也是这样的吗?

9.4　梯形法

梯形规则将 $[a,b]$ 分解为若干子区间,将每个子区间上的积分近似为区间宽度乘以平均函数值的乘积,然后将所有子区间结果相加,就像中点规则一样。不同之处在于函数的近似方式。梯形规则可以写成

$$\text{Trapezoid rule} = \sum_{k=1}^{N-1} (x_{k+1} - x_k) \frac{f(x_k) + f(x_{k+1})}{2} \tag{9.2}$$

如果比较中点规则式(9.1)和梯形规则式(9.2),可以看到中点规则取子区间中点处的 f 值,梯形取两个端点处 f 的平均值。如果每个子区间长度为 h,则梯形规则可以写成

$$\frac{h}{2}f(x_1) + \frac{h}{2}f(x_N) + h\sum_{k=2}^{N-1} f(x_k) \tag{9.3}$$

要使用梯形规则,首先需要生成 N 个点,然后计算每个点的函数值,最后根据实际需要选择使用式(9.2)或式(9.3)。

练习 9.3

(1)按照下列格式,参考 midpointquad. m,编写 trapezoidquad. m 来实现梯形规则。

```
function quad = trapezoidquad( func, a, b, N )
    % quad = trapezoidquad( func, a, b, N )
    % 适当添加注释
    % 姓名和日期
```

```
    << your code >>
end
```

（2）只用一个积分区间（N＝2），在[0，1]上计算下列函数的积分，并填写表9-3，正确答案都是1。

表 9 - 3

func	梯形结果	误差
1		
$2x$		
$3x^2$		
$4x^3$		

（3）梯形规则的代数精度是多少？

（4）使用下列给定的 N 值，计算[−5，5]上 Runge 函数的积分，用科学记数法表示积分误差，并填写表9-4。

表 9 - 4

Runge 主例函数			
N	h	梯形结果	误差
11	1.0		
101	0.1		
1 001	0.01		
10 001	0.001		

（5）计算梯形规则的收敛阶。

（6）梯形规则的代数精度比收敛阶低一级吗？

9.5 奇异积分

中点规则和梯形规则似乎具有相同的代数精度和收敛阶，不过，它们之间有区别。对于积分区间内存在奇点的函数，中点规则和梯形规则的计算结果可能就完全不同。

考虑积分

$$I = \int_0^1 \log(x)\,\mathrm{d}x = -1, \tag{9.4}$$

其中 log 是自然对数。请注意，被积函数在积分下限处的值无穷小，因此不能使用梯形规则对其求值，中点规则就可以使用，因为中点规则不需要区间端点值。

练习9.4

用中点规则计算式（9.4），并填写表9-5。

表 9 - 5

$\int_0^1 \log(x)\mathrm{d}x$			
N	h	中点结果	误差
11	1.0		
101	0.1		
1 001	0.01		
10 001	0.001		

随着 h 趋于零,收敛阶(h 的幂)会怎样变化? 这时应该看到奇点会导致收敛阶下降。

9.6　牛顿-科特斯积分法

梯形规则的一种描述方法是:如果函数 f 在子区间$[x_k,x_{k+1}]$上大致呈线性变化,那么 f 的积分就可以近似为一个线性函数的积分,该函数在区间端点处的值与 f 一致。那么我们是否可以用更高阶的函数来近似 f 呢? 事实证明是可以的,辛普森积分法(Simpson's rule)就是选取三个点,用二次多项式插值被积函数 f,然后对二次多项式进行积分。梯形规则和辛普森积分法分别是一次和二次的牛顿-科特斯积分法。

牛顿-科特斯积分法的思想是:如果在每个子区间的等距点上用多项式插值一个函数,那么就可以用这个插值多项式的积分近似该函数的积分。这种思想并不总是适用于近似函数的导数,但通常适用于近似函数的积分。

在这种情况下,多项式插值是在一组均匀分布的点上进行的,包括区间端点。牛顿-科特斯积分法中使用的点数是一个基本参数,而它的阶次通常比点数少 1。

在某一区间上使用梯形规则的方法是将其分解为若干子区间,并在每个子区间上重复使用一个简单的求积公式。类似地,牛顿-科特斯积分法也是通过在每个子区间上重复使用一个求积公式来构造高阶积分法。但是牛顿-科特斯公式没有梯形规则的公式那么简单,所以你首先需要编写一个辅助函数,然后将该公式应用于单个子区间上的积分。

在一个区间内,所有(闭合的)牛顿-科特斯公式都可以写成

$$\int_a^b f(x)\mathrm{d}x \approx Q_N(f) = \sum_{k=1}^N w_{k,N} f(x_k)$$

其中 f 是一个函数,x_k 是 a 和 b 之间 N 个均匀分布的点。权重为 w_k,N 可以通过拉格朗日插值多项式 $\ell_{k,N}$ 来计算

$$w_{k,N} = (b-a)\int_0^1 \ell_{k,N}(\xi)\mathrm{d}\xi$$

使用拉格朗日插值法是因为我们需要利用多项式进行插值,详见[*Quarteroni et al.*

(2007)]①第 387 页,[$Atkinson(1978)$]②第 263 页,[$Ralston\ and\ Rabinowitz(2001)$]③第 118 页。权重不依赖于 f,而依赖于 a 和 b,因此它们通常按照区间制成表格以供使用。在下面的练习中,可以使用 nc_weight. m 来获取权重表格。

> **注 9.3**:开放的牛顿-科特斯公式不需要端点值,但在这一章不讨论这种情况。

练习 9.5

(1)按照下列格式编写 nc_single. m。

```
function quad = nc_single ( func, a, b, N )
% quad = nc_single ( func, a, b, N )
% 适当添加注释
% 姓名和日期
<< your code >>
end
```

本小题只有一个积分区间,可以这样写:

```
xvec = linspace ( a, b, N );
wvec = nc_weight ( N );
fvec = ???
quad = (b − a) * sum(wvec . * fvec);
```

(2)当 $N=2$ 时,计算 $\int_0^1 2x\,\mathrm{d}x =1$,检查函数的代数精度是否至少为 1。

(3)使用 nc_single. m 计算下列被积函数在[0,1]上的积分,并填写表 9-6。在这种情况下,当 N 为偶数时,代数精度为($N-1$),当 N 为奇数时,代数精度为 N(详见[$Quarteroni\ et\ al.(2007)$]定理 9.2,[$Atkinson(1978)$]第 266 页,[$Ralston\ and\ Rabinowitz(2001)$]第 119 页)。检查函数是否满足上述结论(**提示**:使用匿名函数会使编程更简单)。

表 9-6

func	误差($N=4$)	误差($N=5$)	误差($N=6$)
$4x^3$			
$5x^4$			
$6x^5$			
$7x^6$			
Degree			

① Quarteroni, A. , Sacco, R. , Saleri, F. (2007). Numerical Mathematics (Springer), ISBN 978 − 3 − 540 − 304658 − 6.
② Atkinson, K. (1978). An Introduction to Numerical Analysis (Wiley, New York).
③ Ralston, A. Rabinowitz, P. (2001). A First Course in Numerical Analysis (Dover Publications, Mineola, New York), ISBN 0 − 486 − 41454 − X.

数值求积的目标是精确地近似积分。我们已经知道,等距点上的多项式插值并不总是收敛的,因此,增加牛顿-科特斯积分的阶数可能会使积分变得不精确。

练习 9.6

计算 $[-5,5]$ 上 Runge 函数的积分,正确答案是 $2*atan(5)$,填写表 9-7。

表 9-7

N	nc_single 结果	误差
3		
7		
11		
15		

从上表的结果可以看出,增加 N 值并不能使积分误差变小。增加 N 的另一种方法是将积分区间分解为若干子区间,并在每个子区间上使用牛顿-科特斯积分法,这就是复合牛顿-科特斯积分法的概念。在下面的练习中,你将使用 nc_single 作为复合牛顿-科特斯积分法的辅助函数,还需要用第八章中的 partly_quadratic 函数,如下所示:

$$f_{\text{partly quadratic}} = \begin{cases} 0 & , \quad -1 \leqslant x < 0 \\ x(1-x), & \quad 0 \leqslant x \leqslant 1 \end{cases}$$

其对应的 MATLAB 代码如下所示:

```
function y = partly_quadratic(x)
% y = partly_quadratic(x)
% 输入参数 x 可能是向量或矩阵
% 输出参数 y 当 x<=0 时 y=0;当 x>0 时,y=x(1-x)
y = (heaviside(x) - heaviside(x-1)).*x.*(1-x);
end
```

可得 $\int_{-1}^{1} f_{\text{partly quadratic}}(x)\mathrm{d}x = \int_{0}^{1} x(1-x)\mathrm{d}x = \dfrac{1}{6}$。

练习 9.7

(1)按照下列格式编写 m 函数文件 nc_quad.m。

```
function quad = nc_quad( func, a, b, N, numSubintervals)
    % quad = nc_quad( func, a, b, N, numSubintervals)
    % 适当添加注释
    % 姓名和日期
    << your code >>
end
```

此函数将执行以下步骤：

　　(a)将区间分为多个子区间；

　　(b)使用 nc_single 对每个子区间进行积分；

　　(c)把积分加起来。

(2)编写此类函数时需要检查当 numSubintervals＝1 时得到的答案是否与 nc_single 的相同。请从练习9.6的表格中至少选择一行作为测试数据，检查二者计算的结果。

(3)至少令 N＝3 和 numSubintervals＝2，计算 $\int_{-1}^{1} f_{\text{partly quadratic}}(x)\mathrm{d}x$ 。请解释为什么计算结果没有误差？

(4)至少令 N＝3 和 numSubintervals＝3，计算 $\int_{-1}^{1} f_{\text{partly quadratic}}(x)\mathrm{d}x$ 。请解释为什么计算结果有误差？

(5)测试下列代码。

```
nc_quad(@runge, -5, 5, 4, 10) = 2.74533025
```

(6)在[−5,5]上对 Runge 函数积分，并填写表9-8，正确答案是 2 * atan(5)。在"比值"这一列用前一行的误差除以后一行的误差进行填写。

表 9 - 8

子区间	N	nc_quad 误差	比值
10	2		
20	2		
40	2		
80	2		
160	2		
320	2		—
10	3		
20	3		
40	3		
80	3		
160	3		
320	3		—
10	4		
20	4		
40	4		
80	4		
160	4		
320	4		—

（7）由于对于每个 N 值，子区间的数量每次增加一倍，所以我们在估计积分收敛阶的时候，需要计算的就是使比值最接近 2^p 的 p 值。

在练习 9.6 中，该表仅用于展示积分计算的过程。假设有一段积分代码，想要让它能良好的工作，仅仅能正确的计算积分是不够的，它还需要有合适的收敛速度。用本题中的表格很好的可以调试和验证代码。

9.7　高斯–勒让德积分法

与牛顿–科特斯积分法一样，高斯–勒让德积分法对被积函数进行多项式插值，然后对多项式进行积分。但高斯–勒让德积分法不使用均匀分布的插值点。此外，高斯–勒让德积分法会随着积分代数精度的增大而收敛，这与牛顿–科特斯积分法不同。在实际应用中，人们不通过增加代数精度，而是通过增加子区间数量（每个子区间内有固定的求积公式）来提高求积精度。

高斯–勒让德积分法的缺点是计算积分节点和积分系数比较复杂。[*Quarteroni et al.* (2007)]在第 10.2 节中介绍了计算二者的程序 zplege. m。我们也可以利用表格来辅助计算，详见[*Atkinson* (1978)]第 276 页表 5.10 或[*Ralston and Rabinowitz* (2001)]第 100 页表 4.1。[*Rutishauser* (1962)][1]给出了计算积分节点和积分系数的一种谨慎的方法，可通过 Netlib(toms/125)库中的 Fortran 程序获得。本小节所需的积分节点和积分系数表可以在文件 gl_weight. m 中获取。

通常，人们通过积分节点的数量来区分高斯–勒让德积分法，例如"三点"高斯–勒让德积分法。下列两个练习涉及的函数类似于 nc_single. m 和 nc_quad. m。

练习 9.8

（1）按照下列格式编写 gl_single. m。

```
function quad = gl_single ( func, a, b, N )
    % quad = gl_single ( func, a, b, N )
    % 适当添加注释
    % 姓名和日期
    << your code >>
end
```

与 nc_single 类似，当只有一个积分区间的时候，代码可以写成如下所示。

```
[xvec, wvec] = gl_weight ( a, b, N );
fvec = ???
quad = sum( wvec . * fvec );
```

（2）令 N=1，积分区间数为 1，计算 $\int_0^1 2x\,\mathrm{d}x = 1$，请检查积分代数精度是否至少为 1。

（3）利用 gl_single 计算下列被积函数在[0,1]上的积分，填写表 9 – 9。该方法的代数精度

---

① 　https://www.deepdyve.com/lp/association – for – computing – machinery/algorithm – 125 – weightcoeff – fyo8u9e0dB.

为 $2N-1$，详见[*Quarteroni et al.*（2007）]定理 10.2，[*Atkinson*（1978）]第 272 页，[*Ralston and Rabinowitz*（2001）]第 98－99 页(**提示**:使用匿名函数会使编程更加轻松)。

(4)计算[$-5,5$]上 Runge 函数的积分，填写表 9－10，正确答案是 $2*\mathrm{atan}(5)$。

表 9－9

func	误差($N=2$)	误差($N=3$)
$3x^2$		
$4x^3$		
$5x^4$		
$6x^5$		
$7x^6$		
Degree		

表 9－10

N	gl_single 结果	误差
3		
7		
11		
15		

可以看出，只用一个积分区间时，高斯-勒让德积分比牛顿-科特斯积分要好得多。对于复合积分也是如此，但当 N 较小时二者的效果就差不多。当在计算机程序中使用高斯-勒让德积分时，它通常以复合积分公式的形式出现，因为很难精确计算高阶高斯-勒让德积分的积分系数和积分节点。复合高斯-勒让德积分的效率是多个子区间效率的综合结果，基本上所有使用有限元法的计算机程序都使用复合高斯-勒让德积分法来计算系数矩阵。

练习9.9

(1)按照下列格式编写 m 函数文件 gl_quad.m，实现复合高斯-勒让德积分。

```
function quad = gl_quad( f, a, b, N, numSubintervals)
    % quad = gl_quad( f, a, b, N, numSubintervals)
    % 适当添加注释
    % 姓名和日期
    << your code >>
end
```

该函数包含以下三部分:

(a)将区间分为多个子区间;

(b)使用 gl_single 对每个子区间进行积分;

(c)把积分它们加起来。

(2)编写此类函数时需要检查当 numSubintervals＝1 时得到的答案是否与 gl_single 的相同。请从练习 9.8 的表格中至少选择一行测试数据，检查二者计算的结果。

(3)至少令 N＝3 和 numSubintervals＝2，计算 $\int_{-1}^{1} f_{\text{partly quadratic}}(x)\mathrm{d}x$。请解释为什么计算结果没有误差？

(4)至少令 N＝3 和 numSubintervals＝3，计算 $\int_{-1}^{1} f_{\text{partly quadratic}}(x)\mathrm{d}x$。请解释为什么计算结果有误差？

(5)测试下列代码。

gl_quad(@runge, −5, 5, 4, 10) = 2.7468113

(6)在[−5,5]上对 Runge 函数积分,并填写表 9−11,正确答案是 2 * atan(5)。

表 9−11

子区间	N	gl_quad 结果	比值	子区间	N	gl_quad 结果	比值
10	1			45	3		
20	1			90	3		—
40	1			46	3		
80	1			92	3		—
160	1			47	3		
320	1			94	3		
10	2			48	3		
20	2			96	3		—
40	2			49	3		
80	2			98	3		—
160	2						
320	2						

(7)当 $N=1$ 和 2 时,子区间的数量每次增加一倍,所以我们在估计积分收敛阶的时候,需要计算的就是使比值最接近 2^p 的 p 值。

(8)当 $k=45,\cdots,49$ 时,取五个误差比值 $r_k = e_k/e_{2k}$,计算它们的几何平均值 $r = (\prod_{k=45}^{49} r_k)^{1/5}$,估计 2^p 最接近 r 时的 p 值,从而得到 $N=3$ 的代数精度。

注 9.4:$N=3$ 与其他情况不同的原因是,此时的误差大小接近舍入误差,可以对误差取平均以减少所得代数精度的误差。之所以选择几何平均,是因为理论误差曲线是 log−log 图上的一条直线,几何平均相当于对数的算术平均。

关于高斯-勒让德积分法收敛性的证明依赖于函数的高阶导数有界。当高阶导数无界时,可能无法观察到高阶收敛。

练习 9.10

考虑式(9.4)

$$I = \int_0^1 \log(x)\mathrm{d}x = -1$$

（1）利用 gl_quad 计算上述积分，并填写表 9-12。

N＝1 时的代数精度是多少？

（2）再次利用 gl_quad 计算，并填写表 9-13。

表 9-12

$\int_0^1 \log(x)\mathrm{d}x$			
子区间	N	gl_quad 误差	误差比率
10	1		
20	1		
40	1		
80	1		—

表 9-13

$\int_0^1 \log(x)\mathrm{d}x$			
子区间	N	gl_quad 误差	误差比率
10	2		
20	2		
40	2		
80	2		—

N＝2 时的代数精度是多少？

（3）再次利用 gl_quad 计算，并填写表 9-14。

表 9-14

$\int_0^1 \log(x)\mathrm{d}x$			
子区间	N	gl_quad 误差	误差比率
10	3		
20	3		
40	3		
80	3		—

N＝3 时的代数精度是多少？

了解如何计算无穷积分可以给我们的学习带来诸多启发。通常情况下，最好的解决方法是换元法，使无穷积分变成有限积分；和可以将被积函数乘上一个加权函数，使用基于加权积分的积分方法。在下面的练习中，你将看到换元法是如何计算的。

练习 9.11

考虑积分

$$\int_0^\infty \frac{1}{1+x^2}\mathrm{d}x = \frac{\pi}{2}$$

令 $u=1/(1+x)$ 或 $x=(1-u)/u$，上述积分变为

$$\int_0^1 \frac{1}{u^2+(1-u)^2}\mathrm{d}u$$

根据已知的各种积分方法的代数精度，估计上述积分精度达到 $\pm 1.e-8$ 所需的积分节点数或子区间数。解释一下你所用的积分方法和估计方法，以及选择这种方法的原因。

> **注 9.5**：我们无法提前判断使用哪种方法来达到特定的精度，但我们可以不断尝试各种积分方法。一旦得到了一些试验数据，我们就可以用理论收敛速度来计算达到指定精度所需的子区间数。

在需要计算许多相似的积分时，上述方法一种常见的策略是：首先选取一个已知积分值的函数，确定哪种积分方法对它最有效，需要多少子区间，然后将该方法应用于其他所有积分。

在下一节中，你将看到如何在积分过程中将精度不断提高到目标精度值。

9.8　自适应求积

自适应求积将积分区间非均匀地划分为长度不等的子区间。它在被积函数变化剧烈的地方使用较小的子区间，在变化平缓的地方使用较大的子区间。这种方法的优点是它可以使计算积分所需的工作量最小化。详见[Quarteroni *et al*.（2007）]第 402 页，[Atkinson（1978）]第 300f 页，[Ralston and Rabinowitz（2001）]第 126 页。在本节中，你将学习一种自适应求积的递归算法。

数值积分通常用于复杂且需要计算很长时间的被积函数。虽然本节例题中的被积函数比较简单，但你需要假设被积函数的每次求值（函数调用）都需要很长时间。因此，你的目标是用最少的函数调用次数达到给定的精度。一个比较好策略是尝试把误差均匀分布在每个区间上。

如果一种积分方法的精度为 p，那么长度为 h 的积分区间上的局部误差满足一个表达式，该表达式涉及常数 C 和区间某处的点。假设函数的导数在一个区间内大致为常数，则可以将该区间划分为两个子区间，每个子区间的长度为 $h/2$，将区间内的积分误差表示设为两个子区间上的误差之和，然后令两个表达式相等来计算 C 的值。用 Q_h 表示长度为 h 的区间上的积分，则有

$$Q_h = Q + Ch^{p+2} f^{(p+1)}(\xi) + O(h^{p+3})$$

左右子区间上的两个积分 $Q_{h/2}^L$ 和 $Q_{h/2}^R$ 可以写成

$$Q_{h/2}^L + Q_{h/2}^R = Q + C(h/2)^{p+2}(f^{(p+1)}(\xi^L) + f^{(p+1)}(\xi^R)) + O(h^{p+3})$$

其中 C 是一个常数，ξ，ξ^L 和 ξ^R 是适当选择的参数，假设 $f(p+1)$ 大致为一个常数，$f(p+1)(\xi) = f^{(p+1)}(\xi^L) = f(p+1)(\xi^R) = f^{(p+1)}$，假设高次项可以忽略。则有

$$Q_h = Q + Ch^{p+2} f^{(p+1)} \tag{9.5}$$

$$Q_{h/2}^L + Q_{h/2}^R = Q + C(h/2)^{p+2}(2f^{(p+1)}) \tag{9.6}$$

从式（9.5）、式（9.6）中删去 $Ch^{p+2} f^{p+1}$，并将误差定义为 $|Q_{h/2}^L + Q_{h/2}^R - Q|$，得到

$$\text{error estimate} = \frac{|Q_{h/2}^L + Q_{h/2}^R - Q_h|}{2^{p+1} - 1} \tag{9.7}$$

假设误差估计值足够小，Q 值的计算应该使用式（9.5）还是式（9.6）？原则上，任何一个都可以，但很明显，式（9.6）中的误差项比式（9.5）中的误差项小（$1/2^{p+1}$），所以应该用式（9.6）计算 Q 值。

一个简单自适应积分法的基本结构取决于在每个积分子区间上使用的误差估计式（9.7）。

如果误差在每个区间内都很小，则停止递归，否则继续递归。在练习 9.12 中，你将编写一个递归函数来实现上述计算过程。

练习 9.12

（1）根据下列代码编写 m 函数文件 adaptequad. m，并补全"???"的部分。

```
function [Q,errEst,x,recursions] = ...
    adaptquad(func,x0,x1,tol,recursions)
    % [Q,errEst,x,recursions] =
    % adaptquad(func,x0,x1,tol,recursions)
    % 自适应积分法
    % 输入参数
    % func 是被积函数
    % x0 是最左端点
    % x1 是最右端点
    % tol 是所需积分精度
    % recursions 是允许的递归次数
    %
    % 输出参数
    % Q 是积分值的估计
    % errEst 是 Q 的误差估计
    % x 是中间的积分点
    % recursions 是收敛之后剩下的最小递归次数
    % 姓名和日期
    % 添加区间中点并重新计算积分的值
    xmid = (x0 + x1)/2;
    % Qleft 和 Qright 是被中点分成两半的区间上的积分
    N = 3;
    Qboth = gl_single(func,x0,x1,N);
    Qleft = gl_single(func,x0,xmid,N);
    Qright = gl_single( ??? );
    % p 是高斯-勒让德积分的代数精度
    p = 2 * N - 1;
    errEst = ??? ;
    if errEst<tol | recursions< = 0 % vertical bar means "or"
        % 递归次数用完或已收敛
        Q = ??? ;
        x = [x0 xmid x1];
    else
        % 未收敛,重新计算
```

```
[Qleft,estLeft,xleft,recursLeft] = adaptquad(func, ...
x0,xmid,tol/2,recursions - 1);
[Qright,estRight,xright,recursRight] = adaptquad(func, ...
??? );
% 递归完成,输出结果
% xleft 的最后一个值和 xright 的第 1 个值均为 xmid。为防止 xmid 在 x 中出现
```
两次,在生成 x 时不使用 xright 的第一个值
```
x = [xleft xright(2:length(xright))];
Q = ??? ;
errEst = ??? ;
recursions = min(recursLeft,recursRight);
    end
end
```

> **注 9.6**:输入和输出参数 recursions 在理论上不是必需的,但它可以防止无限递归。输出向量 *x* 也不是必需的,但它可以用于显示自适应递归的过程。

(2)当 tol=1.e-5,recursions=5 时,计算区间[0,1]上 $f_5(x)=6x^5$ 的积分。由于 3 点高斯-勒让德积分法对于这个积分是精确的,因此积分结果应等于 1(即,误差应为零或舍入误差),递归次数为 5,此时的 x 应为区间内三个等距的点。

(3)当 tol=1.e-5,recursions=5 时,计算区间[0,1]上 $f_6(x)=7x^6$ 的积分。由于 3 点高斯-勒让德积分法对于这个积分不精确,所以积分值应该接近 1,递归次数为 4,x 为区间内五个等距的点。计算估计误差和真误差,至少保留 3 位有效数字。本小题与第(2)小题的结果很接近是因为式(9.5)和(9.6)中没有"高阶项",所以式(9.7)几乎是精确的。

(4)令 recursions=50,在[-5,5]上对 Runge 函数积分,填写表 9-15。

表 9-15

为 Runge 函数进行自适应四边形拟合		
tol	预计误差	实际误差
1.e-3		
1.e-6		
1.e-9		

你会发现,估计误差和精确误差的大小非常接近,而且比 tol 小。对于后两种较小的 tol 值,估计误差略大于精确误差;而 tol=1.e-3 时,估计误差不是很好。

练习 9.13

考虑下列情况。

· 使用下列语句进行积分。

```
[Q,estErr,x,recursions] = adaptquad(@funct,0,1,tol,50);
```

- 一开始的估计误差大于 tol，因此在 $I_{\text{left}}=[0,0.5]$ 和 $I_{\text{right}}=[0.5,1]$ 的区间内，使用 tol/2 再次进行计算。
- 假设区间 I_{left} 的计算结果满足收敛标准。
- 假设区间 I_{right} 的计算结果不满足收敛标准，因此需要再计算以调整积分精度。假设这两次计算都满足收敛标准。

adaptquad 函数计算完成后，x 和 recursions 的最终值是多少，为什么？

接下来的几个练习将帮助你更详细地了解递归自适应算法，练习包含以下几点内容：

- 自适应算法：与 gl_quad 等固定子区间算法相比，自适应算法的计算量更小；
- 积分节点可以分布得非常不均匀；
- 用自适应算法计算难以积分的函数；
- 自适应算法的缺点。

在练习 9.14 中，你将研究三个更难积分的函数。第一个是 Runge 函数的缩放版本，$1/(a^2+x^2)$，其中 $a=10^{-3}$。缩放 Runge 函数在 $[-1,1]$ 上的积分为

$$\int_{-1}^{1} \frac{1}{a^2+x^2}\,\mathrm{d}x = \frac{2}{a}\tan^{-1}\frac{1}{a}$$

缩放 Runge 函数的最大值为 $1/a^2=10^6$，其函数值比普通 Runge 函数的变化幅度更剧烈。第二个是 $\sqrt{|x-0.5|}$，它在 $[-1,1]$ 上的积分为

$$\int_{-1}^{1}\sqrt{\left|x-\frac{1}{2}\right|}\,\mathrm{d}x = \frac{\sqrt{2}}{6}+\frac{\sqrt{6}}{2}$$

该函数在 $x=0.5$ 时不可导，因此该函数的积分误差估计是无效的。

第三个很难积分的函数是 $x^{-0.99}$。该函数在 $x=0$ 时存在无穷间断点，该点是可积的（瑕积分收敛），但它和 $x=0$ 处的不可积函数 $x^{(-1)}$ 非常接近（$x^{(-1)}$ 在 $x=0$ 处积分发散）。

练习 9.14

(1)编写 m 函数文件 srunge.m，表示上文提到的缩放 Runge 函数 $f(x)=1/(a^2+x^2)$ 其中 $a=10^{-3}$。

(2)使用下列语句计算区间 $[-1,1]$ 上 srunge 的积分。

[Q,estErr,x,recursions] = adaptquad(@srunge,-1,1,1.e-10,50);

估计误差和真误差是多少？recursions 是否大于零？

(3)使用 index=3 的 gl_quad 函数计算缩放 Runge 函数的积分。使用试错法（trial-and-error）找出从 gl_quad 获得真误差所需的子区间数，该误差应当与 adapterquad 函数计算出的真误差相近。gl_quad 所需的子区间数和 adapterquad 所需的子区间数 length(x)-1 相比，谁大谁小？

(4)用下列语句绘制出 adapterquad 所需的子区间的大小。

xave = (x(2:end) + x(1:end-1))/2;
dx = x(2:end) - x(1:end-1);

```
semilogy(xave,dx,'*')
```

使用半对数图像是因为子区间大小的变化范围很广。

（5）最大和最小子区间的长度是多少？用一句话简要说明，对任意函数，你希望它的最小积分区间放在哪里？

练习9.15

（1）将函数 $f(x) = \sqrt{x - 0.5}$ 在区间 $[-1,1]$ 上的积分近似为 $1.e-10$，这个积分的精确值是 $\sqrt{2}/6 + \sqrt{6}/2$，该积分估计误差和真误差分别是多少？

（2）recursions 的返回值是多少？它应该是一个正数，这表明每个子区间都达到了收敛精度。

（3）用下列语句绘制子区间的大小。

```
xave = (x(2:end) + x(1:end-1))/2;
dx = x(2:end) - x(1:end-1);
semilogy(xave,dx,'*')
```

将 x 替换为你使用的变量名，使用半对数图像因为子区间大小的变化范围很广。

在练习9.16中，你将使用 adapterquad 来计算几乎不可积的函数 $x-0.99$。你将会看到 recursions 变量的好处，recursions 变成0则表示没有收敛。

练习9.16

（1）使用 adaptquad 计算积分

$$\int_0^1 x^{-0.99} \mathrm{d}x = 100$$

令其收敛精度为 $1.e-10$，recursions＝50（请注意，积分区间为 $[0,1]$）。最终的计算结果是多少？估计误差和真误差是多少？recursions 的返回值是多少？

（2）令 recursions＝60，重复上述计算。积分的计算结果、估计误差、真误差和 recursions 的返回值分别是多少？事实上，两次计算的结果之间没有明显区别。为了让 MATLAB 允许更多的递归次数，你可能需要使用下列代码。

```
set(0,'RecursionLimit',200)
```

注9.7 如果不使用变量 recursions，这个递归函数将"永远"不会停止，因为收敛精度永远不会被满足（实际上，这个函数会计算失败，因为 MATLAB 有递归深度限制）。原因是当被积函数在存在奇点时，将积分区间减半确实会导致误差减少，但误差的减少量是上一次递归误差的一半或更少（如，练习9.10），因此函数永远不会达到收敛精度。

第10章 积分与舍入误差

10.1 引 言

本章一共有 3 个主题，第一个是讨论蒙特卡洛积分法（Monte-Carlo quadrature）。这是一个非常强大的积分方法，适用于不完全光滑的函数，也适用于高维空间，但它的缺点是收敛速率慢。蒙特卡洛积分法是一种概率方法，其对应练习 10.1 和 10.2。

第二个主题是二维自适应求积程序的一种简单实现方法，该程序使用方形网格元素和一种元素处理技术来确定哪些网格元素需要细化以满足积分精度要求，其对应练习 10.3 至 10.9。

第三个主题是演示在矩阵计算中如何产生舍入误差，其对应练习 10.10 和 10.11。

10.2 蒙特卡洛积分法

蒙特卡洛积分法的名字来源于著名的摩纳哥赌场，可以从后面的介绍中看出，这种方法和概率（运气）有密切关系。当被积函数不是光滑函数，或者是分段光滑函数时，我们可以采用蒙特卡洛积分法；当积分区域 $\Omega \in \mathbb{R}^n$ 较为复杂，或者其维数 n 很高时，也可以使用该方法。但这种广泛的应用范围是有代价的，蒙特卡洛积分法的成功很依赖运气，而且收敛速率很慢。

该方法的基本思想是：如果下列等式左侧的平均值已知，就可以计算出区域 Ω 上函数的积分

$$\langle f \rangle = \frac{1}{|\Omega|} \int_\Omega f$$

并且上面等式左侧的平均值可以通过随机选取一组点并计算这些点的平均值来近似

$$\langle f \rangle = \frac{1}{N} \left(\sum_{k=1}^{N} f(x_k) \right) \tag{10.1}$$

其中 $\{x_i \in \Omega\}_{k=1}^{N}$ 是随机选择的一组点。

在计算机上生成真正的随机数并不容易，因此人们使用了"伪随机"数。这些数字是由确定的公式生成的，但满足式（10.2）和式（10.3）的统计条件。生成伪随机数是一个复杂的主题，远远超出了本书的范围，但我们需要知道，伪随机数的生成取决于随机数种子（random seed）。当 MATLAB 启动时，会选择一个默认的种子，然后完全确定一个随机数序列。这意味着，当重新启动的 MATLAB 进行计算时，相同的蒙特卡洛计算将产生相同的结果，只有不重启 MATLAB 时，才会产生统计意义上的随机结果。你可以保存、更改种子，并使用 rng 函数选择生成随机数的算法。

[Quarteroni *et al*.（2007）][1]第 416 – 417 页简要讨论了蒙特卡洛积分法，你也可以在网上查阅资料（例如［*Fitzpatrick*（2006）］）[2]来学习该方法的更多细节。

根据［*Weisstein*（2020b）][3]中的定义，当 $\Omega \in \mathbb{R}^n$，且 $f:\mathbb{R}^n \to \mathbb{R}$ 时，有

$$\int_\Omega f(x)\mathrm{d}x_1 \cdots \mathrm{d}x_n = Q + \varepsilon$$

$$Q \approx |\Omega| \langle f \rangle \tag{10.2}$$

$$\varepsilon \approx |\Omega| \sqrt{\frac{\langle f^2 \rangle - \langle f \rangle^2}{N}} \tag{10.3}$$

其中，尖括号表示随机选择的点 $\{x_k \in \Omega\}_{k=1}^N$ 的平均值

$$\langle f \rangle = \frac{1}{N}\sum_{k=1}^N f(x_k)$$

$$\langle f^2 \rangle = \frac{1}{N}\sum_{k=1}^N (f(x_k))^2 \tag{10.4}$$

$|\Omega|$ 表示区域 Ω 的大小。

例如，考虑计算 $\mathbb{R}^2$ 空间中单位圆的面积问题。此时，f 是单位圆的特征函数

$$\phi(x_1,x_2)=\begin{cases}1, & x_1^2+x_2^2 \leqslant 1 \\ 0, & \text{其他}\end{cases}$$

圆的面积可以用 $\int_{-1}^1 \int_{-1}^1 \phi(x_1,x_2)\mathrm{d}x_1 \mathrm{d}x_2$ 计算。此时，Ω 表示正方形区域 $[-1,1] \times [-1,1]$。

下面的代码使用 x 和 y 表示 x_1 和 x_2，计算单位圆的面积。该代码可在 montecarlo.txt 中找到。

注 10.1：计算图形的面积比计算函数的积分更简单，但基本步骤都类似。

```
CHUNK=10000；% 一组（CHUNK）有 10 000 个点，点的数量会影响计算效率。

NUM_CHUNKS = 100；
VOLUME = 4；% 单位圆的外接正方形大小为 2 X 2，所以 VOLUME = 4
totalPoints = 0；
insidePoints = 0；
for k = 1:NUM_CHUNKS
    x = (2 * rand(CHUNK,1) - 1)；
    y = (2 * rand(CHUNK,1) - 1)；
    phi = ( (x.^2 + y.^2) < = 1 )；% 0 表示"假"，1 表示"真"
    % 类似于概率统计中的特征函数
```

① Quarteroni, A., Sacco, R., Saleri, F. (2007). Numerical Mathematics (Springer), ISBN 978 – 3 – 540 – 34658 – 6.
② http://farside.ph.utexas.edu/teaching/329/lectures/node109.html.
③ https://mathworld.wolfram.com/MonteCarloIntegration.html.

```
        insidePoints = insidePoints + sum(phi);
        totalPoints = totalPoints + CHUNK;
    end
    average = insidePoints/totalPoints;
    a = VOLUME * average;
    disp(strcat('approx area = ',num2str(a),...
        ' with true error = ',num2str(pi - a),...
        ' and estimated error = ',...
        num2str(VOLUME * sqrt((average - average^2)/totalPoints))));
```

注 10.2：这段代码使用了一种编程技巧。在 MATLAB 中，0 表示"假"，1 表示"真"。因此，通过使用描述单位圆内部区域的逻辑表达式，可以很容易地表示出单位圆的特征函数。

注 10.3：这里需要将所有的点按每组 10 000 个进行分组。函数每次处理的向量长度都等于该组的点数，matlab 可以高效地计算这种长向量。但如果同时计算所有 1 000 000 个点，仅仅为其分配内存就会占用较多时间。这就是为什么以上述代码将问题分成了多组，并采用循环进行处理的原因。

练习 10.1

（1）复制上述代码，将其转换为 m 脚本文件并执行多次。你应该注意到，估计的面积每次都略有变化，估计误差通常（并非每次）大于实际误差（毕竟这些都是随机数）。请解释为什么 $\langle f \rangle$ 和 $\langle f^2 \rangle$ 在计算误差时给出了相同的 average 值。

（2）在 $\mathbb{R}^3$ 空间中计算两个互相垂直的单位圆柱体相交部分的体积是微积分课程中经常做的练习，但使用初等微积分进行计算比较困难。这个相交部分被称为牟合方盖（Steinmetz Solid），更多信息可以查阅 [Weisstein（2020c）]。相交部分的体积已知为 16/3，使用蒙特卡洛积分法估计该体积，并计算绝对误差和估计误差。令积分精度达到 ±0.001 或更小，一共计算了多少次？

在练习 10.2 中，你将计算积分，而不仅仅是面积。需要将函数图形嵌入矩形框或其他简单的形状中，然后重复刚才的蒙特卡洛积分法来计算积分。在多维度空间，这种嵌入的方法可能会导致函数外部的区域过大，减慢计算速度，并可能引入舍入误差。更好的方法是利用式（10.2）和式（10.4）来估计积分。

练习 10.2

在本练习中，你将编写三个 m 文件，根据式（10.2）分别计算 $\mathbb{R}^1$、$\mathbb{R}^2$ 和 $\mathbb{R}^3$ 空间中的积分，并根据式（10.3）进行误差估计。与前文方法不同的是，随机点生成区域的大小就是积分区域 $|\Omega|$，而不是包含积分区域的简单区域大小。

（1）根据式（10.2）估计下列积分的值

$$\int_0^2 e^x dx$$

并计算绝对误差和根据式(10.3)得出的估计误差。令积分精度达到±0.001 或更小,一共计算了多少次? 该函数容易精确积分。得出的绝对误差多少? 它应该比估计误差更小,或者至少只大一点点。**提示**:VOLUME 的值为 2,区间长度为[0,2]。

(2)根据式(10.2)估计下列积分的值

$$\int_\Omega e^{(x^2+y^2)}\,dx\,dy$$

其中 Ω 是 $\mathbb{R}^2$ 空间中的单位圆。令积分精度达到±0.001 或更小,一共计算了多少次? 将坐标系变为极坐标,这个函数也很容易精确积分,其值为 $\pi(e-1)$。你得出的绝对误差多少? 它应该比估计误差更小,或者至少只大一点点。**提示**:VOLUME 的值为 π,是单位圆在 $\mathbb{R}^2$ 上的面积。

(3)计算两个相互垂直的单位圆柱体相交体积上的 e^{x+y+z} 积分及其估计误差。令积分精度达到±0.005 或更小,一共计算了多少次?

> **提示**:
> - VOLUME 的值为 16/3,即练习 10.1 中的牟合方盖体积。
> - 使用你为牟合方盖编写的 m 脚本文件来选择计算平均值的点。

注 10.4:在事先不知道积分区域大小的情况下,可以结合练习 10.1 和 10.2,使用相同的随机坐标集同时计算函数积分和积分区域。由于随机数生成本身消耗了积分所需的大部分时间,这个方法可以节省一半的生成随机数的时间。

10.3　自适应求积

在本节中,你将构造一个函数来计算给定函数在平面正方形区域上的积分。其中一种方法是将正方形视为两条一维直线的笛卡尔积,并使用一维自适应积分方法(如第 9 章中的 adaptequad 函数)进行积分。而在本章中,你将把正方形看作平面上的一个区域,并把它分成许多正方形子区域,计算给定函数在每个子区域上的积分,并把它们相加,得到给定正方形上的函数积分,所用方法的步骤如下所示。

(1)从单个正方形区域开始计算。

(2)使用高斯-勒让德积分法对链表(list)中每个子区域上的函数进行积分,并估计由此产生的积分误差。整个区域上的积分是每个子区域积分的和,同样,估计误差是每个子区域估计误差的和。

(3)如果积分的总估计误差足够小,积分就完成了。否则,找到误差最大的子区域,将其分割为四个更小的子区域,然后返回第(2)步重新计算。

"链表"是一种比数组或矩阵更通用的数据结构(下文将详细讨论)。这里讨论的自适应求积是基于单个(正方形)元素的求积和误差估计。

10.3.1　二维高斯求积

推导二维积分公式的一个简单方法是使用迭代积分法。在这种情况下,正方形的左下坐

标为 (x,y)，边长为 h，该正方形可以表示为 $[x,x+h]\times[y,y+h]$。回想一下，一维高斯-勒让德积分法可以写成

$$\int_x^{x+h} f(x)\mathrm{d}x \approx \sum_{n=1}^{N} w_n f(x_n) \tag{10.5}$$

其中 N 是高斯-勒让德积分法的积分点数。当 $N=2$ 时，点 x_n 为 $x+h/2\pm h/(2\sqrt{3})$，权重为 $w_1=w_2=h/2$。积分的代数精度为 3，误差与 $h^5 \max|f'''|$ 成正比。如果你在某个参考文献中查找此误差，你会发现该误差通常与 h_4，而不是与 h_5 成正比，在式（10.5）中多出来的 h 来自积分区域本身具有的长度 h。计算式（10.5）两次，一次在 x 方向，一次在 y 方向。

$$\int_x^{x+h}\int_y^{y+h} f(x,y)\mathrm{d}x\mathrm{d}y \approx \sum_{n=1}^{N}\sum_{m=1}^{M} w_n w_m f(x_n,y_m) \tag{10.6}$$

当 $N=M=2$ 时，式（10.6）变成

$$\int_x^{x+h}\int_y^{y+h} f(x,y)\mathrm{d}x\mathrm{d}y \approx \sum_{n=1}^{4} (h^2/4) f(x_n,y_n) \tag{10.7}$$

其中 $(x_n,y_n)=(x+h/2\pm h/(2\sqrt{3}),\ y+h/2\pm h/(2\sqrt{3}))$，根据"+"或"−"号的不同选择，一共会得到四个点，这四个点的编号取决于你自己。对于 $h\times h$ 的方形区域，误差为 $O(h^6)$，对于单项式 $x^n y^m$（$n\leqslant 3$，$m\leqslant 3$）及多个这类单项式的和，式（10.7）可以精确积分。在下面的练习中，你将编写 MATLAB 代码来实现此方法。

练习 10.3

（1）按照下列格式编写一个 MATLAB 函数，使用式（10.7）计算单个方形元素上函数的积分，其中 $(x_n,y_n)=(x+h/2\pm h/(2\sqrt{3}),\ y+h/2\pm h/(2\sqrt{3}))$，将函数命名为 q_elt。

```
function q = q_elt(f,x,y,h)
    % q = q_elt(f,x,y,h)
    % 输入参数
    % f = ???
    % x = ???
    % y = ???
    % h = ???
    % 输出参数
    % q = ???
    % 姓名和日期
    << your code >>
end
```

（2）在区域 $[0,1]\times[0,1]$ 上使用 q_elt 函数计算 1、$4xy$、$6x^2 y$、$9x^2 y^2$ 和 $16x^3 y^3$ 的积分，验证你的结果是否正确。

（3）使用 q_elt 函数计算 $25x^4 y^4$ 的积分，并不会得到正确答案，因为积分的代数精度为 3。

10.3.2 误差估计

为了进行任何类型的自适应求积,需要能够估计一个元素中的误差。记住,这只是一个估计误差,因为如果没有积分的精确值,就无法得到绝对误差。

假设你有一个边长为 h 的正方形元素。如果把它分成边长为 $h/2$ 的四个子正方形,那么可以计算两次积分:一次是在边长为 h 的单个正方形上,另一次是将边长为 $h/2$ 的四个正方形上的积分相加。考虑图 10-1。

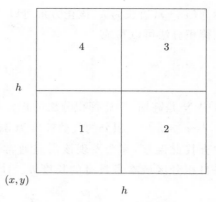

图 10-1

将该正方形上的积分精确值表示为 q,边长为 h 的正方形上的近似积分表示为 q_h,边长为 $h/2$ 的四个正方形上的近似积分分别表示为 $q_{h/2}^1$, $q_{h/2}^2$, $q_{h/2}^3$ 和 $q_{h/2}^4$。假设 f 的四阶导数在正方形上大致不变,可以写出以下表达式。

$$q_h = q + Ch^6 \tag{10.8}$$
$$q_{h/2}^1 + q_{h/2}^2 + q_{h/2}^3 + q_{h/2}^4 = q + 4C(h/2)^6 = q + (4/64)Ch^6$$

假设第二个等式比第一个等式更精确,并将它作为近似积分

$$q_{\text{approx}} = q_{h/2}^1 + q_{h/2}^2 + q_{h/2}^3 + q_{h/2}^4 \tag{10.9}$$

根据式(10.8),可将 qapprox 中的误差表示为

$$\text{error in } q_{\text{aprox}} = \frac{4}{64}Ch^6 = \frac{1}{15}\left(q_h - (q_{h/2}^1 + q_{h/2}^2 + q_{h/2}^3 + q_{h/2}^4)\right) \tag{10.10}$$

在下面的练习中,你将编写一个 MATLAB 函数来计算单个元素的积分和误差。

练习 10.4

(1)按照下列格式编写 qerr_elt.m,计算式(10.9)中的 q_{approx} 和式(10.10)中的误差,使用 q_elt.m 来计算函数积分。

```
function [q,errest] = qerr_elt(f,x,y,h)
% [q,errest] = qerr_elt(f,x,y,h)
% 适当添加注释
% 姓名和日期
<< your code >>
end
```

(2)使用 qerr_elt 计算函数 $16x^3y^3$ 在区域 $[0,1] \times [0,1]$ 上的积分和误差。由于积分的精确值为 1,且该方法的代数精度为 3,因此估计误差和绝对误差均应该为零。

(3)使用 qerr_elt 计算函数 $25x^4y^4$ 在区域 $[0,1] \times [0,1]$ 上的积分和误差,可观察到估计误差在绝对误差的 5% 以内。

10.3.3　一种通用的数据存储方法

到目前为止,你使用的所有 MATLAB 程序都涉及一些简单的数据存储方法,包括变量、向量和矩阵。除此之外还有一种有用的数据类型,叫作结构体。在许多编程语言中,如 Java、C 和 C++,它被称为"struct",在 Pascal 中被称为"record",在 Fortran 中被称为"defined type",在 MATLAB 中使用"structure"这个词。

结构体数组是使用名为字段的数据容器将相关数据组合在一起的数据类型,每个字段都可以包含任意类型的数据,并用一个点与变量名隔开。考虑空间中一个简单的正方形区域,其边平行于坐标轴,这个正方形可以用三个数字量指定:左下角点的 x 和 y 坐标,以及边的长度。在本章中,这三个量将被称为 x、y 和 h。如果用一个名为 elt 的结构体来表示$[-1, 1] \times [-1,1]$的正方形,可以写成下列语句。

elt. x = −1;

elt. y = −1;

elt. h = 2;

请注意,elt. x 的值与程序中其他地方可能出现的 x 值无关。在本章后面的计算中,该结构体还需要包括两个量:该方形区域上函数的近似积分,称为 q,以及估计误差,称为 errest。

在下面的练习中,你将使用结构体数组(向量)来实现"元素链表(list of elements)"的概念。结构体可以被索引,结构数组 elt 的第 k 个元素为 elt(k),elt(k)的字段如下所示。

elt(k). x

elt(k). y

elt(k). h

elt(k). q

elt(k). errest

练习 10.5 旨在介绍如何使用结构体进行编程。

练习 10.5

在本练习中,你需要建立一个函数,选择任意一个整数 n,将正方形区域划分为大小相同的 n^2 个较小的正方形,并估计函数在此区域上的积分及其误差。本练习的重点是向你介绍使用结构体编程的方法,之后的练习将不使用统一的正方形分割方式。

(1)参考下列代码新建 q_total. m,并用补全"???"部分。这个函数是不完整的,它忽略了 f,并且只能计算正方形区域的面积,且估计误差为零。

```
function [q,errest] = q_total(f,x,y,H,n)
    % [q,errest] = q_total(f,x,y,H,n)
    % 适当添加注释
    % n 表示正方形区域的一条边被分成了 n 等份
    % 姓名和日期
```

163

```
        h = ( ??? )/n;
        eltCount = 0;
        for k = 1:n
            for j = 1:n
                eltCount = eltCount + 1;
                elt(eltCount). x = ???
                elt(eltCount). y = ???
                elt(eltCount). h = ???
                elt(eltCount). q = elt(eltCount). h^2;  % 请将本行代码修改正确
                elt(eltCount). errest = 0;  % 请将本行代码修改正确
            end
        end
        if numel(elt) ~ = n^2
            error('q_total: wrong number of elements! ')
        end
        q = 0;
        errest = 0;
        for k = 1:numel(elt);
            q = q + elt(k). q;
            errest = errest + abs(elt(k). errest);
        end
    end
```

(2)选择任意一个函数 f(现在函数还没用到 f,所以 f 的选择无关紧要),使用 q_total 它来计算$[0,1] \times [0,1]$上 f 的积分,其中 $n=10$。因为函数实际上只计算了正方形区域的面积,所以答案应该是 1.0。如果不是,则 h 的计算可能不正确,或者是结构体向量的元素数量不正确,向量 elt 的长度应为 n^2。

(3)令 $n=13$,使用 q_total 它来计算$[-1, 1] \times [-1,1]$上 f 的积分,同样应该得到正方形的面积。

(4)确定代码有正确的索引了,使用 qerr_elt 函数根据 x、y 和 h 的值计算 q 和 errest 的值,并将它们分别放入 elt(elt count). q 和 elt(elt count). errest 中。

(5)当 $n=1$ 时,计算函数 $9x^2y^2$ 在$[0,1] \times [0,1]$上的积分和误差。如果得到的积分值不是 1.0,误差不是零,那么你的 elt(elt count). x 或 elt(elt count). y 或 elt(elt count). h 可能算错了。**注**:此时 numel(elt)正好是 1。

(6)当 $n=1$ 时,计算函数 $9x^2y^2$ 在$[-1, 1] \times [-1,1]$上的积分和误差。如果得到的积分值不是 4.0,那么 elt(elt count). x 或 elt(elt count). y 或 elt(elt count). h 可能算错了。如果误差不是 0 或舍入误差,那么你可能用错了 qerr_elt 函数。**注**:此时的 numel(elt)也是 1。

(7)当 $n=2$ 时,计算函数 $16x^3y^3$ 在$[0,1] \times [0,1]$上的积分和误差。如果积分值不是 1,请检查对 q_total. m 所做的修改是否正确。

(8)在$[0,1]\times[0,1]$上对函数 $25x^4y^4$ 进行积分,并填写表 10-1。

表 10-1

n	积分	预计误差	实际误差
2			
4			
8			
16			

(9)得到的代数精度是 $O(h^4)$ 吗?

为了进一步测试 q_total. m,需要一个更复杂的函数,如下所示。

$$f(x,y)=\frac{1}{\sqrt{1+100x^2+100(y-0.5)^2}}+\frac{1}{\sqrt{1+100(x+0.5)^2+100(y+0.5)^2}}+$$
$$\frac{1}{\sqrt{1+100(x-0.5)^2+100(y+0.5)^2}}$$

该函数在$[-1,1]\times[-1,1]$上有三个峰:两个在$(\pm0.5,-0.5)$,一个在$(0,0.5)$。它在$[-1,1]\times[-1,1]$上的积分为 1.755223755917299。表示该函数的具体代码如下所示。

```
function z = three_peaks(x,y)
    % z = three_peaks(x,y)
    % 函数的三个极值点分别位于(-.5,-.5),(+.5,-.5),(0,.5)
    % 该函数在区域[-1,1]X[-1,1]上的积分精确值约为 1.75522375591726
    %作者:M. Sussman
    z = 1./sqrt(1+ 100*(x+0.5).^2 + 100*(y+0.5).^2) + ...
        1./sqrt(1+ 100*(x-0.5).^2 + 100*(y+0.5).^2) + ...
        1./sqrt(1+ 100*(x ).^2 + 100*(y-0.5).^2);
end
```

该函数的图像如图 10-2 所示。

练习 10.6

(1)将上述代码粘贴到 three_peaks. m 中。

(2)利用 q_total 函数计算 three_peaks 在$[-1,1]\times[-1,1]$上的积分,并填写表 10-2,积分的精确值是 1.755223755917299。当 n 值较大时,花费的计算时间可能较长。

(3)绝对误差的收敛速率是 $O(h^4)$ 吗?

(4)请注意,估计误差远大于绝对误差,尤其是当 n 较大时。这是因为元素误差有时为正,有时为负,会相互抵消,但 q_total 计算的是绝对值。将 q_total. m 复制到 q_total_noabs. m 中,并从元素误差估计的求和计算中删除绝对值的部分。当 n=80 时,使用 q_total_noabs 计算 three_peaks 在$[-1,1]\times[-1,1]$上的积分。这时应该会看到绝对误差和估计误

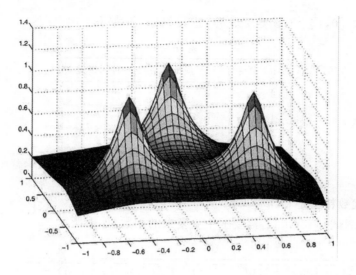

图 10－2

表 10－2

n	积分	预计误差	实际误差
10			
20			
40			
80			
160			

差相差不到 0.1%。当 n 较小时，可以使用绝对值计算误差，并且更加保险。

10.3.4　自适应积分

这种积分方法的目的是提出一种自适应的求积策略，在这种策略中，将使用与 q_total 中类似的结构体向量，但使用方式不同。q_total 中使用的方法会导致大量大小相同的正方形填充单位正方形区域。下面的自适应策略将使用不同大小的正方形，使正方形数量大大减少，较小的正方形只在需要达到一定积分精度的地方使用。

自适应积分法的步骤如下所示。

(1)创建一个名为 elt 的结构体向量，类似于 q_total，该向量只有一个下标。

elt(1). x = ???

elt(1). y = ???

elt(1). h = ???

elt(1). q = ???

elt(1). errest = ???

这些值代表整个给定的正方形区域，并在该区域上进行积分，使用 qerr_elt 计算 elt(1). q 和 elt(1). errest。

（2）将 q 的所有值和 errest 的所有绝对值分别相加，得到总积分值 q 和总估计误差 errest。如果总估计误差小于给定的积分精度，则停止计算并返回 q 和 errest 的值。

（3）如果积分的总估计误差太大，则找出 abs(elt(k). errest)最大时的 k 值，并将其分为四个更小的区域。

（4）将 elt(k)替换为四个较小正方形中，位于右上角的小正方形顶点的值，可以参考下列代码。

```
x = elt(k). x;
y = elt(k). y;
h = elt(k). h;
% 替换后新元素的顶点位置和边长等数据
elt(k). x = x + h/2;
elt(k). y = y + h/2;
elt(k). h = h/2;
[elt(k). q, elt(k). errest] = qerr_elt( ??? )
```

（5）在结构体向量中再添加三个元素，如下所示。

```
k = numel(elt) + 1;
elt(k). x =  ???
elt(k). y =  ???
elt(k). h = h/2;
[elt(k). q, elt(k). errest] = qerr_elt( ??? )
```

（6）返回第二步。

练习 10.7

（1）复制 10.3.5 节中提供的代码来显示元素的颜色。绿色元素表示估计误差较小，橙色元素表示估计误差中等，红色元素表示估计误差较大。红色元素是下一次计算中需要优化的元素。

（2）参考下列格式编写 m 函数文件 q_adaptive. m 来实现上述自适应积分算法。

```
function [q,errest,elt] = q_adaptive(f,x,y,H,tolerance)
    % [q,errest,elt] = q_adaptive(f,x,y,H,tolerance)
    % 适当添加注释
    % 姓名和日期
    MAX_PASSES = 500;
    % 初始化 elt
    elt(1). x = ???
    << more code >>
    for passes = 1:MAX_PASSES
        % 将所有元素上的积分加起来,得到总积分 q
```

   % 将每个元素的估计误差的绝对值相加得到总估计误差 errest

   % 编写循环来求和,因为 sum 函数不能用于结构体

   << more code >>

   % 如果误差小于容差,循环结束

   << more code >>

   % 用一个循环来寻找 abs(errest)最大的元素

   << more code >>

   % 将这个元素等分成四份,先将这个元素用一个大小为它的 1/4 的新元素替代

   << more code >>

   % 然后再添加另外三个与新元素同样大小的元素

   << more code >>

  end

  error('q_adaptive convergence failure. ');

 end

  (3)计算函数 $16x^3y^3$ 在$[0,1]\times[0,1]$上的积分,令积分精度为 1.e−3。函数的代数精度为 3,所以能精确计算这个积分,numel(elt)应该为 1。

  (4)计算函数 $9x^2y^2$ 在$[-1,1]\times[-1,1]$上的积分,令积分精度为 1.e−3。这个积分也能被精确计算,正确答案应该是 4,numel(elt)应该为 1。

  (5)计算函数 $25x^4y^4$ 在$[0,1]\times[0,1]$上的积分,令积分精度为 1.e−3。你会看到 q 的值接近于 1,估计误差小于积分精度,numel(elt)为 4,因为只需要一次区域分割过程。使用 plotelt 来绘制这 4 个区域。

> **提示**:如果元素数量不正确,可以在代码中临时设置 MAX_PASSES=2 进行调试,然后查看 qelt。如果 numel(qelt)不等于 4,请查看 elt 中每个元素的坐标,这些坐标不得有重复或遗漏。修改完错误后,不要忘记重置 MAX_PASSES=500。

  (6)计算函数 $25x^4y^4$ 在$[0,1]\times[0,1]$上的积分,令积分精度为 2.e−4。积分值应该接近于 1,绝对误差和估计误差应该很接近,numel(elt)为 7,因为进行了两次区域分割(首先正方形被分成了四等份,然后右上角的小正方形又被分成了四等份)。使用 plotelt 来绘制这 7 个区域。

  (7)计算函数 $25x^4y^4$ 在$[0,1]\times[0,1]$上的积分,令积分精度为 1.e−8。积分值应该很接近 1,绝对误差和估计误差也应该很接近。

  在下面的练习中,你将看到自适应积分法的应用。

练习 10.8

  (1)使用 q_adaptive 计算函数 $25x^4y^4$ 在$[0,1]\times[0,1]$上的积分,令积分精度为 1.e−6。积分值、估计误差和绝对误差分别是多少?使用了多少个元素?你应该注意到,绝对误差和估计误差很相近。使用 plotelt 绘制最终的网格图像。

  (2)再次计算函数 $25x^4y^4$ 在$[0,1]\times[0,1]$上的积分,但令积分精度为 9.e−7。靠近原点但不和原点接触的两个大红色方块已经被分割成更小的方块了,使用 plotelt 绘制最终的网格图像。

（3）再次计算函数 $25x^4y^4$ 在$[0,1] \times [0,1]$上的积分，但令积分精度为 5.e－7。可以看到红色方块已经被细分，绿色方块没有被细分，误差最大的方块已经分散在不同地方了，使用 plotelt 绘制最终的网格图像。

练习 10.9

使用 q_adaptive 计算函数 three_peaks 在$[0,1] \times [0,1]$上的积分和误差，令积分精度为 1.e－5。你应该可以从图中看到，三个峰附近的元素已经被细化，但峰与峰之间的元素也被细化了。

10.3.5　工具函数 plotelt.m 的代码

工具函数 plotelt.m 的代码如下所示。

```
function plotelt(elt)
    % plotelt(elt)
    % 绘制结构体 elt 中的每个元素
    % 根据每个元素 errest 的值来绘制它们的颜色
    % 作者:M. Sussman
    if numel(elt)<1
        error('plotelt: elt is empty')
    end
    % 利用 colormap 函数,根据每个元素积分误差的大小给它们添加颜色
    % colormap 通过调配(红,绿,蓝)三原色的比例来生成不同颜色
    NUM_COLORS = 64;
    VALUE_YELLOW = 20;
    % 给元素添加颜色
red = [1 0 0]; % 误差较大的元素(红)
green = [0 1 0]; % 误差较小的元素(绿)
yellow = [1 1 0]; % 误差中等的元素(黄)
r = [linspace(green(1),yellow(1),VALUE_YELLOW)'
        linspace(yellow(1),red(1),NUM_COLORS - VALUE_YELLOW)'];
    g = [linspace(green(2),yellow(2),VALUE_YELLOW)'
        linspace(yellow(2),red(2),NUM_COLORS - VALUE_YELLOW)'];
    b = [linspace(green(3),yellow(3),VALUE_YELLOW)'
        linspace(yellow(3),red(3),NUM_COLORS - VALUE_YELLOW)'];
    colormap([r g b]);
    % 现在检查每个元素中的估计误差,并使用 patch 函数绘制图像
    % 计算最大误差
        maxErr = abs(elt(1).errest);
    for k = 2:length(elt)
maxErr = max(maxErr,abs(elt(k).errest));
    end
```

```
color = round(abs(elt(1).errest)/maxErr * NUM_COLORS);
patch([elt(1).x,elt(1).x + elt(1).h,elt(1).x + elt(1).h,elt(1).x],...
     [elt(1).y,elt(1).y,elt(1).y + elt(1).h,elt(1).y + elt(1).h],...
     color);
hold on
for k = 2:length(elt)
color = round(abs(elt(k).errest)/maxErr * NUM_COLORS);
patch([elt(k).x,elt(k).x + elt(k).h,elt(k).x + elt(k).h,elt(k).x],...
     [elt(k).y,elt(k).y,elt(k).y + elt(k).h,elt(k).y + elt(k).h],...
     color);
end
hold off
end
```

10.4 舍入误差

在上面的练习中你已经看到了舍入误差的一些影响,本小节将详细介绍舍入误差。首先需要研究舍入误差是如何产生的。

在下面的练习中,你将使用一个叫作 Frank 矩阵的特殊矩阵。$n \times n$ 的 Frank 矩阵的第 k 行为

$$A_{k,j} = \begin{cases} 0 & , \quad j < k-2 \\ n+1-k & , \quad j = k-1 \\ n+1-j & , \quad j \geqslant k \end{cases}$$

$n = 5$ 时的 Frank 矩阵为

$$\begin{bmatrix} 5 & 4 & 3 & 2 & 1 \\ 4 & 4 & 3 & 2 & 1 \\ 0 & 3 & 3 & 2 & 1 \\ 0 & 0 & 2 & 2 & 1 \\ 0 & 0 & 0 & 1 & 1 \end{bmatrix}$$

Frank 矩阵的行列式为 1,但很难用数值方法计算。这个矩阵有一种特殊的形式,叫作 Hessenberg 形式,其中次对角线(subdiagonal)以下的所有元素都为零。MATLAB 在其矩阵库中提供了 Frank 矩阵 allery('Frank',n'),但你将使用名为 frank.m 的 m 文件,该文件在第 10.4.1 节中。在该节后面还有计算 Frank 矩阵的逆矩阵的 m 文件 frank_inv.m 可供下载。你可以在[*Frank（1958）*][1],[*Golub and Wilkinson（1976）*][2]的第 13 节,[*Golub and Wilkin-*

---

[1] Frank, W. L. (1958). Computing eigenvalues of complex matrices by determinant evaluation and by methods of danilewski and wielandt, SIAM Journal 6, pp. 378 – 392.

[2] Golub, G. H. Wilkinson, J. H. (1976). Ill – conditioned eigensystems and the computation of the jordan canonical form, SIAM Review 18, pp. 578 – 619.

son（1975）][1]第 13 节中找到关于 Frank 矩阵的信息。

练习 10.10

仔细观察 Frank 矩阵及其逆矩阵。为了方便起见,定义 A 为 6 阶 Frank 矩阵,定义 Ainv 为其逆矩阵,分别使用 frank 和 frank_inv 进行计算。同样,设 B 和 Binv 为 24 阶 Frank 矩阵及其逆矩阵。注意,不要使用 MATLAB 中的 inv 函数,因为这样的话 A＊Ainv 和 B＊Binv 会变成 6 阶和 24 阶的单位矩阵。

（1）A＊Ainv 的值是多少?

（2）C＝B＊Binv 左上角的 5×5 矩阵是多少? 可以看到 C 不是单位矩阵的一部分。看似错误的结果实际上是舍入误差造成的。

（3）计算 A(1,:)＊Ainv(:,1)和 B(1,:)＊Binv(:,1),这两个计算的正确答案都是 1,但你应该可以看到只有第一个的值算对了。

（4）研究 A(1,:)＊Ainv(:,1)为什么能得到正确答案,请填写表 10－3。

表 10－3

项	值
A(1,6)＊Ainv(6,1)	
A(1,5)＊Ainv(5,1)	
A(1,4)＊Ainv(4,1)	
A(1,3)＊Ainv(3,1)	
A(1,2)＊Ainv(2,1)	
A(1,1)＊Ainv(1,1)	
Sum	

请注意,上表中每行数据的符号是交替的,所以当你把它们加起来时,后一行的值往往会抵消前一行的值。

（5）研究 B(1,:)＊Binv(:,1)为什么不能得到正确答案,请填写表 10－4。

表 10－4

项	值
B(1,24)＊Binv(24,1)	
B(1,23)＊Binv(23,1)	
B(1,22)＊Binv(22,1)	
B(1,21)＊Binv(21,1)	
B(1,20)＊Binv(20,1)	
B(1,16)＊Binv(16,1)	
B(1,11)＊Binv(11,1)	
B(1,6)＊Binv(6,1)	
B(1,1)＊Binv(1,1)	

[1]　http://i.stanford.edu/pub/cstr/reports/cs/tr/75/478/CS－TR－75－478.pdf.

可以看到,与正确值 A＊Ainv 相比,上表中的前几项非常大。MATLAB 使用 64 位浮点数,因此小数点前面只有 13 位或 14 位有效数字,超出有效位数的部分将会四舍五入,如 B(1,24)＊Binv(24,1)。所以这会使计算中使用的数字位数不够多,得不到正确答案。

例:假设某个软件只有 4 位有效数字,那么 4－3＝1 就可以正确计算;但 12345 和 12344 的位数比 4 位多,将被保存为 12350 和 12340(四舍五入),二者之差为 12345－12344＝10,就是一个错误的答案。

注 10.5:没必要对每个 k 都计算一次 B(1,k)＊Binv(k,1),这样很没效率,因此只选择了最大的五个,对其余的值进行抽样选取,抽取均匀间隔的项。每隔几项进行抽样会掩盖符号的交替变化。但是当你对误差或残差进行抽样时,千万不要每隔几项抽样一次!

可以看到,将符号相反的数字相加,会生成舍入误差。大数和小数相加也会生成舍入误差,但大数和小数相减引起的舍入误差更明显。在练习 10.11 中,你将看到大数和小数相加是如何生成舍入误差的,以及如何通过将较小的数字组合在一起来减少舍入误差。

在练习 10.11 中,使用单精度(32 位)数字比双精度(64 位)数字更方便,单精度数字会使舍入误差更明显,并节约计算数字之和的时间。单精度数字大约只有 8 位有效数字,而双精度数字有 15 位左右的有效数字。

MATLAB 函数 single(x)返回参数 x 的单精度形式。生成两个单精度数 s1 和 s2 之后,就可以用普通的方式(s3＝s1＋s2)让它们相加,变量 s3 将自动变成单精度变量。即使另一个变量是双精度数,将其与单精度数相加或相乘之后也会产生单精度数。

警告:在 Fortran 或 C 语言中将一个双精度数和一个单精度数相加会产生一个双精度数。因此在算术语句中混合精度时要小心。

练习 10.11

几何级数的表达式为

$$\sum_{n=0}^{N} x^n = \frac{1-x^{N+1}}{1-x} \tag{10.11}$$

假设 $x=0.999\,9$,$N=100\,000(10^5)$。

(1)定义一个单精度变量 x＝single(0.9999)。

(2)使用式(10.11)右边的公式计算级数之和 S。

(3)写一个循环,将式(10.11)左边的项相加来得到级数的和 a。

(4)写一个循环,按相反的顺序(for n＝N:－1:0)将式(10.11)左边的项相加来得到级数的和 b。

(5)使用 format long 表示变量,a 有几位数与 S 一致?b 有几位数与 S 一致?你应该会发现 b 比 a 更接近 S。

(6)计算相对误差 abs((a－S)/S)和 abs((b－S)/S)。你会发现 a 的误差是 b 的误差的 100 倍以上。

(7)计算 $N=1\,000$ 时级数的总和 a_{1000}。a_{1000} 的值是多少?级数的下一项 x^{1001} 的值是多

少？当你把 x^{1001} 加到 a^{1000} 上时，只有 8 位精度可用，因此在执行求和运算时，x^{1001} 大约丢失了四位数！这些微小的精度损失累积了上千次，这就是舍入误差的来源。

（8）请解释为什么 b 的舍入误差比 a 小得多。

10.4.1　Frank 矩阵的代码

Frank 矩阵的代码如下所示。

```
function A = frank ( n )
    % function A = frank ( n )
    % 生成 Frank 矩阵
    %
    % 参数：
    % 输入参数:整数 N,指定矩阵的大小
    % 输出参数:Frank 矩阵 A(N,N)
    % 作者:John Burkardt
    % 由 M. Sussman 修改,经许可后使用
    % 编写时间:2021/03/21
    A = zeros ( n, n );
    for i = 1 : n
        for j = 1 : n
            if ( j < i - 1 )
            elseif ( j == i - 1 )
                A(i,j) = n + 1 - i;
            elseif ( j > i - 1 )
                A(i,j) = n + 1 - j;
            end
        end
    end
end

function A = frank_inv ( n )
    % function A = frank_inv ( n )
    % 生成 Frank 矩阵的逆矩阵
    %
    % 参数：
    % 输入参数:整数 N,指定矩阵的大小
    % 输出参数:Frank 矩阵 A(N,N)
    % 作者:John Burkardt
    % 由 M. Sussman 修改,经许可后使用
    % 编写时间:2021/03/21
```

```
A = zeros ( n, n );
for i = 1 : n
    for j = 1 : n
        if ( i == j-1 )
            A(i,j) = - 1.0;
        elseif ( i == j )
            if ( i == 1 )
                A(i,j) = 1.0;
            else
                A(i,j) = n + 2 - i;
            end
        elseif ( i > j )
            A(i,j) = - ( n + 1 - i ) * A(i-1,j);
        else
            A(i,j) = 0.0;
        end
    end
end
```

微分方程与线性代数

第 11 章　常微分方程的显式求解方法

11.1　引　言

本章介绍常微分方程（ordinary differential equation，ODE）的三种求解方法。本章首先介绍显式欧拉法（explicit Euler's method）。欧拉法是计算初值问题 IVP，对给定初值的常微分方程求解）数值解的最简单方法，但是，它的精确度几乎是所有方法中最低的。如果计算方程的解析解，或者在很长一段时间内的解析解，那么欧拉法需要大量的计算步骤。由于在实际问题中，我们通常只需要求得常微分方程在某一时刻的解，所以我们可能不会意识到欧拉法的运算速度带来的问题。

常微分方程的应用分为两类：以空间为自变量的应用和以时间为自变量的应用。在本章中，我们将讨论以时间 t 作为自变量的常微分方程。在第 13 章中，我们将空间 x 作为自变量，因为边值问题（boundary value problems）是在空间区域上定义的。

为了更准确、更简便、更稳定地求解微分方程，人们已经研究出了许多方法。将这些方法按照精度递增的顺序从下往上排列起来，欧拉法（或与其相关的方法）通常在最底层。

本章介绍的显示求解法根据方程当前的状态 u_k 来计算下一时刻的状态 u_{k+1} 的近似解，其中 u_{k+1} 由显式公式定义。在第 12 章中，将介绍隐式求解法，它需要解关于 u_k 和 u_{k+1} 的方程才能求得 u_{k+1}，例如龙格-库塔法（Runge-Kutta methods）和亚当斯-巴什福斯法（Adams-Bashforth）及其高阶版本。此外，本章还将介绍如何比较同一问题的不同解法的准确性，以及使用的步骤数。

龙格-库塔法是单步方法，而亚当斯-巴什福斯法是多步方法。为了求得 u_{k+1}，多步方法需要前面几个步骤中的信息，使用起来有点困难。尽管如此，单步和多步方法都非常有用，并且在 MATLAB（和其他语言的库）中有相应的函数。

练习 11.1 介绍了显式欧拉法（或向前欧拉法），该练习较为基础，是对整章内容的引入，该练习还介绍了一种通过增加子区间数（减少步长）来构建误差表的估计精度的方法。练习 11.2 介绍了"欧拉半步法"，这是一种二阶龙格-库塔法。练习 11.3 介绍了三阶龙格-库塔法。

练习 11.4 说明了上述方法对标量常微分方程也有很好的效果。练习 11.5 说明了由钟摆运动产生的一阶常微分方程组，即二阶常微分方程。练习 11.6 讲解了任何方法在接近其稳定性边界时，无论理论准确度是多少，其收敛性都会变差。练习 11.7 介绍了二阶亚当斯-巴什福斯法。练习 11.8 说明了如何在各种方法中进行选择。练习 11.9 展示了如何为向前欧拉法和二阶亚当斯-巴什福斯法构建稳定区域图（stability region plots）。

11.2　MATLAB 编程提示

MATLAB 的向量可以是行向量或列向量，需要注意的是，矩阵只能右乘列向量，或左乘行向量。向量实际上是一种特殊的矩阵，它的其中一个维度是"1"。长度为 n 的行向量是一

个 $1 \times n$ 矩阵,长度为 n 的列向量是一个 $n \times 1$ 矩阵。

回顾一下,在使用方括号构造行向量时,行向量的元素用逗号分隔,列向量的元素用分号或回车号分隔,如下所示。

```
rv = [0, 1, 2, 3];
cv = [0; 1; 2; 3; 4];
cv1 = [0
       1
       2
       3
       4];
```

向量 rv 是一个行向量,向量 cv 和 cv1 是列向量。

MATLAB 默认生成行向量。例如,linspace 函数的输出是一个行向量。类似地,下列代码会生成一个行向量 rv。

```
for j = 1:10
rv(j) = j^2;
end
```

如果你希望使用循环生成列向量,可以先用零填充。

```
cv = zeros(10,1);
for j = 1:10
cv(j) = j^2;
end
```

或者使用二维矩阵表示法

```
for j = 1:10
cv(j,1) = j^2;
end
```

11.3 欧拉法

显式的一阶标量常微分方程的初值问题是比较简单的常微分方程问题。

$$\frac{\mathrm{d}u}{\mathrm{d}t} = f_{\mathrm{ode}}(t,u)$$
$$u(t_0) = u_0$$

因为 $\mathrm{d}u/\mathrm{d}t$ 可以显式地写为 t 和 u 的函数,所以这个方程是显式的;又因为出现的最高导数是一阶导数 $\mathrm{d}u/\mathrm{d}t$,所以它是一阶方程。而初值问题(IVP)是指已知方程在某个时段或时刻 t_0 的解,需要求这段时间(或这个时刻)之后方程的解。

常微分方程的解析解是 u 关于 t 的公式 $u(t)$,只有一小类常微分方程能求出解析解,这里使用的术语"解析"与数学分析中的解析函数不同。

常微分方程的数值解会得到一个表格,这个表格包含 t_k 和对应 u_k 的近似解,近似于解析解的值,通常这个表格还会附有它所使用的插值规则。除极少数情况外,数值解和解析解之间总会存在一些差异,我们需要考虑的是这个差异是多少,我们可以将数值解写成(t_k, u_k),将解析解写成$(t_k, u(t_k))$。

生成常微分方程数值解的最简单方法是显式欧拉法,也称向前欧拉法(forward Euler method)。给定一个解(t_k, u_k)的值,可以通过下列公式计算(t_{k+1}, u_{k+1})的值。

$$u_{k+1} = u_k + hu'(t_k, u_k)$$

(此处的 h 表示时间步长,有时也写成 dt)使用此方法,可以执行任意多次计算,每步计算的结果都作为下一步计算的起点。

通常,欧拉法都用于求解常微分方程组,而不是单个常微分方程,因为任何高阶常微分方程都可以写成一阶常微分方程组,如练习 11.5 中的二阶常微分方程。下列函数实现了用向前欧拉法求解常微分方程方程组。

```
function [ t, u ] = forward_euler ( f_ode, tRange, uInitial, numSteps )
  % [ t, u ] = forward_euler ( f_ode, tRange, uInitial, numSteps ) uses
  % [ t, u ] = forward_euler ( f_ode, tRange, uInitial, numSteps )使用显式欧拉法
求解一阶常微分方程组 du/dt = f_ode(t,u)
  % f 是签名为 fValue = f_ode(t,u)的函数的句柄
  % fValue = f_ode(t,u)
  % fValue 是列向量
  % tRange = [t1,t2],表示在 t1< = t< = t2 的时间范围内求解常微分方程组
  % uInitial 是 u 在 t1 时的初始值,是一个列向量
  % numSteps 是求解方程组所用的时间步数
  % t 是列向量
  % u 是一个矩阵,其第 k 列是 t(k)处的近似解
if size(uInitial,2) > 1
    error('forward_euler: uInitial must be scalar or a column vector. ')
end
t(1) = tRange(1);
h = ( tRange(2) - tRange(1) ) / numSteps;
u(:,1) = uInitial;
for k = 1 : numSteps
    t(1,k+1) = t(1,k) + h;
    u(:,k+1) = u(:,k) + h * f_ode( t(k), u(:,k) );
end
end
```

在上面的代码中,初始值(uInitial)是一个列向量,由 f 表示的函数返回一个列向量,这些值储存在矩阵 u 中,t 的每个值对应 u 的每一列,t 是一个行向量。

在练习 11.1 中,你将利用 forward_euler.m 求下列初值问题的解。

$$\frac{\mathrm{d}u}{\mathrm{d}t}=-u-3t$$

$$u(0)=1$$

(11.1)

其解析解为 $u=-2e^{-t}-3t+3$。

练习 11.1

(1)新建文件 forward_euler.m,将上述代码复制到文件中。

(2)新建文件 expm_ode.m,将下列代码复制到文件中。

```
function fValue = expm_ode ( t, u )
    % fValue = expm_ode ( t, u )是常微分方程 du/dt = -u+3*t 等号右侧的函数
    % t 是自变量
    % u 是因变量
    % fValue 表示 du/dt
    fValue = -u-3*t;
end
```

(3)从 t=0,u=uInit 时开始计算每个 numSteps 值。

```
uInit = 1.0;
[t, u] = forward_euler( @expm_ode,[ 0.0, 2.0 ], uInit, numSteps);
```

结果至少保留四位有效数字(可能需要使用 format short e),可以使用第一行的数据检查代码的正确性。当 t=2, u=-2*exp(-2)-3 时,计算近似值和精确值之间的误差,并计算前一个误差除以后一个误差的比值,填写表 11-1。随着步数的增加,误差应该会变小,而误差的比值会趋于一个极限。

表 11-1

欧拉显式法				
步数	步长(h)	欧拉	误差	比例
10	0.2	-3.21474836	5.5922e-02	
20	0.1			
40	0.05			
80	0.025			
160	0.012 5			
320	0.006 25			

提示:MATLAB 有一个特殊的索引 end,它特指最后一个索引。因此,当 u 是行向量或列向量时,可以用 u(end)代替 u(numel(u))。

(4)基于表中的最后一列,估计向前欧拉法的代数精度,即计算误差估计 Ch^p 中的指数

p，其中 h 是步长，p 是一个整数，C 是一个常数。

> **注 11.1**：可以通过连续减半 h 来估计 p 的值。如果误差可以表示为 Ch^p，那么将步长为 h 时的误差除以步长为 $h/2$ 时的误差，可以得到
>
> $$\frac{\text{error}(h)}{\text{error}(h/2)} = \frac{Ch^p}{C(h/2)^p} = 2^p$$
>
> 由于误差为 $O(h^p)$，因此比值大约为 2^p。

11.4　欧拉半步法

欧拉半步法（RK2）是欧拉法的变体，也是龙格-库塔法的二阶形式。该方法的每一步都会根据欧拉法计算一个辅助解，如下所示：

$$t_a = t_k + h/2$$
$$u_a = u_k + 0.5 h f_{\text{ode}}(t_k, u_k) \tag{11.2}$$

导数函数在这个点处被求值，并用于从原始点迈出一个完整的步伐。

$$t_{k+1} = t_k + h$$
$$u_{k+1} = u_k + h f_{\text{ode}}(t_a, u_a) \tag{11.3}$$

虽然这种方法使用的是欧拉法，但它比欧拉法的收敛阶更高。简单地说，这是因为辅助解提供了一个时间步中间的导数近似值，用这个近似值比直接用时间步起点的导数值更好。每步的误差为 $O(h^3)$，并且由于总共要计算 $O(1/h)$ 步，因此总体误差为 $O(h^2)$。请记住，辅助解只是中间结果，用后即弃，并不对它们的准确性提出任何要求，我们所需要的只有完整步长 h 的结果。

在练习 11.2 中，你将比较 RK2 和欧拉法的异同。

练习 11.2

（1）编写 m 函数文件 rk2.m，实现式（11.2）和式（11.3）中所述的欧拉半步法。为了更方便地和欧拉法进行比较，其调用的参数和结果与 forward_euler.m 保持一致。可以参考下列代码，变量 t_a 和 u_a 表示式（11.2）中的辅助变量 ta 和 ua，适当的添加注释，并补全"???"部分。

```
function [ t, u ] = rk2 ( f_ode, tRange, uInitial, numSteps )
  % [ t, u ] = rk2 ( f_ode, tRange, uInitial, numSteps )
  % 适当添加注释，包括签名、变量含义、数学方法等
  % 姓名和日期
  if size(uInitial,2) > 1
    error( ??? )
  end
  t(1,1) = tRange(1);
  h = ( tRange(2) - tRange(1) ) / numSteps;
```

```
u( : ,1) = uInitial;
for k = 1 : numSteps
  ta = ??? ;
  ua = ??? ;
  t(1,k + 1) = t(1,k) + h;
  u( : ,k + 1) = u( : ,k) + h * f_ode( ??? );
end
end
```

(2)令初始值与练习 11.1 中的相同,使用表 11 − 2 中的步长,在 t＝0.0 到 t＝2.0 时计算 expm_ode. m 的数值解。记录每一行在 t＝2.0 时的数值解和误差(和 t＝2.0 时的真值相比),并计算前一个误差除以后一个误差的比值,填写表 11 − 2,填表时至少保留四位有效数字。

表 11 − 2

步数	步长(h)	RK2	RK2 误差	比例
10	0.2	−3.274896063	4.2255e − 3	
20	0.1			
40	0.05			
80	0.025			
160	0.012 5			
320	0.006 25			

(3)根据表中的最后一列,估计欧拉半步法的代数精度,即计算误差估计 Ch^p 中的指数 p,其中 p 是一个整数。

(4)比较练习 11.1 中欧拉法和欧拉半步法的误差,填写表 11 − 3。可以看到,欧拉半步法比欧拉法收敛得快得多。

表 11 − 3

步数	步长(h)	欧拉误差	RK2 误差
10	0.2		
20	0.1		
40	0.05		
80	0.025		
160	0.012 5		
320	0.006 25		

(5)基于表 11 − 3,欧拉法大约需要多少步才能达到欧拉半步法在 numSteps＝10 时的精度?

(6)你已经发现欧拉法的误差大约为 $C_E h^{PE}$,欧拉半步法的误差大约为 $C_{RK2} h^{pRK2}$。基于这些结论,欧拉法大约需要多少步才能达到欧拉半步法在 numSteps＝320 时的精度? 为什么?

(7)欧拉法经过第(6)小题中的步数之后的精度是多少?

11.5　龙格-库塔法

欧拉法和欧拉半步法(RK2)都属于龙格-库塔法,它们是龙格-库塔法的低阶版本。高阶龙格-库塔法就是在一个步长内取更多"辅助点"对导数 f 进行计算,这些辅助点不属于微分方程的解,只是中间结果。

三阶龙格-库塔方法可以用下列方式描述。给定 t,u 和步长 h,计算两个辅助点。

$$
\begin{aligned}
t_a &= t_k + 0.5h \\
u_a &= u_k + 0.5h f_{ode}(t_k, u_k) \\
t_b &= t_k + h \\
u_b &= u_k + h(2f_{ode}(t_a, u_a) - f_{ode}(t_k, u_k))
\end{aligned}
\tag{11.4}
$$

则常微分方程的解可以表示为

$$
\begin{aligned}
t_{k+1} &= t_k + h \\
u_{k+1} &= u_k + h(f_{ode}(t_k, u_k) + 4f_{ode}(t_a, u_a) + f_{ode}(t_b, u_b))/6
\end{aligned}
\tag{11.5}
$$

这种方法的全局精度是 $O(h^3)$,也可以说这种方法的精度是"3 阶",通常 4 阶和 5 阶精度龙格-库塔法最受欢迎。

练习 11.3

(1)按照下列格式编写 rk3. m,实现三阶龙格-库塔法,可以参考 rk2. m 的代码。

```
function [ t, u ] = rk3 ( f_ode, tRange, uInitial, numSteps )
    % 适当添加注释,包括签名、变量含义、数学方法等
    % 姓名和日期
    << more code >>
end
```

(2)重复练习 11.2 中的数值实验(计算 expm_ode 的解)并填写表 11 - 4,根据表格第一行的数据检查代码是否正确。

表 11 - 4

步数	步长(h)	RK3	RK3 误差	比值
10	0.2	− 3.27045877	2.1179e − 04	
20	0.1			
40	0.05			
80	0.025			
160	0.012 5			
320	0.006 25			

(3)基于表中的最后一列,估计三阶龙格-库塔法的代数精度,即误差估计 Ch^p 中的指数 p,其中 p 是一个整数。

(4)比较练习 11.2 中的 RK2 和 RK3 的误差,填写表 11-5,可以看到 RK3 的收敛速度比 RK2 快得多。

表 11-5

步数	步长(h)	RK2 误差	RK3 误差
10	0.2		
20	0.1		
40	0.05		
80	0.025		
160	0.012 5		
320	0.006 25		

(5)基于上表,RK2 需要大约多少步才能达到 RK3 在 numSteps=10 时的精度?

(6)你已经发现 RK2 的误差大约是 $C_{RK2}h^{pRK2}$,RK3 的误差大约是 CRK3hpRK3。基于这些结论,RK2 大约需要多少步才能达到 RK3 在 numSteps=320 时的精度? 为什么?

(7)RK2 经过(6)小题中的步数之后的精度是多少?

练习 11.4

在本练习中,你将尝试求解常微分方程组

$$\frac{\mathrm{d}u_1}{\mathrm{d}t} = -u_1 - 3t$$

$$\frac{\mathrm{d}u_2}{\mathrm{d}t} = -u_2 - 3t \tag{11.6}$$

可以发现,这个方程组就是两个式(11.1),所以可以用之前计算的结果来检查本练习的数据。

(1)如果给 u 赋予一个向量,那么 expm_ode.m 将返回一个向量,请执行下列命令:

fValue = expm_ode(1.0,[5;6])

检查一下,fValue 是不是长度为 2 的列向量,如果不是,请修改代码(提示:首先确保向量 [5;6]中有分号并且是一个列向量)。

(2)从初始向量[5;6]开始,步数为 40,在区间[0,2]上使用 rk3 和 expm_ode 求解方程组 (11.6)的解 usystem。请问 usystem(:,end)是多少?

(3)求解方程组(11.6)相当于求解两次式(11.1),一次初始值 u(0)=5,一次初始值 u(0)= 6。使用 rk3 和 expm_ode 在区间[0,2]上用 40 步求解公式(11.1)两次,一次初始值为 5,一次初始值为 6。输出答案 u1 和 u2,u1(end)和 u2(end)分别是多少? 如果这些值与 usystem(:,end)的值不同,请修改你的代码。

> **提示**:检查 u1(1)和 usystem(1,1),u2(1)和 usystem(2,1)是否相同。使用 format long,这样你可以看到小数点后的所有数字。使用调试器,查看 ta,ua,tb,ub,t(2)和 u(:, 2)的值,并将它们与 expm_ode 相应的结果进行比较,从而找到一开始出错的地方在哪里。

(4)使用下列代码比较每个 t 值对应的 u 和 usystem 的值。

```
norm(usystem(1,:) - u1)/norm(u1) % should be roundoff or zero
norm(usystem(2,:) - u2)/norm(u2) % should be roundoff or zero
```

练习 11.5

描述单摆的运动可以用摆锤与竖直方向的夹角 θ 来描述。方程的系数取决于摆长,摆锤的质量和重力加速度。假设系数为 3,则方程为

$$\frac{\mathrm{d}^2\theta}{\mathrm{d}t^2} + 3\sin\theta = 0$$

指定单摆的初始状态为

$$\theta(t_0) = 1$$

$$\frac{\mathrm{d}\theta}{\mathrm{d}t}(t_0) = 0$$

定义 $u_1 = \theta$ 和 $u_2 = \mathrm{d}\theta/\mathrm{d}t$,则这个二阶常微分方程可以写成方程组

$$\frac{\mathrm{d}u}{\mathrm{d}t} = \begin{pmatrix} u_2 \\ -3\sin u_1 \end{pmatrix}.$$

$$u(0) = \begin{pmatrix} 1 \\ 0 \end{pmatrix}$$

(1)根据下列格式编写 m 函数文件 pendulum_ode. m。

```
function fValue = pendulum_ode(t,u)
   % fValue = pendulum_ode(t,u)
   % 适当添加注释,包括签名、变量含义、数学方法等
   % 姓名和日期
   << more code >>
end
```

注意,函数需要返回一个列向量。

(2)比较一阶向前欧拉法和三阶龙格-库塔法求出的解,每种方法在 0 到 25 的区间内都计算 1 000 步,初始条件 u=[1;0]。填写表 11-6,其中 n 是满足 t(n)=6.25,t(n)=12.50 等的下标的值(四舍五入为整数)。

表 11-6

t	n	欧拉		RK3	
0.00	1	1.00	0.00	1.00	0.00
6.25					
12.50					
18.75					
25.00					

提示：可能需要使用 MATLAB 的 find 函数，详细信息请查阅帮助文档。

（3）能量守恒定律使得 θ 始终在 -1 和 1 之间，分别绘制向前欧拉法和 RK3 的 $\theta - t$ 图。除了根据能量守恒定律判断外，你还能根据图上的哪些内容看出向前欧拉法的图像是错误的？

（4）再次使用向前欧拉法求解这个方程组，但步数变成 10 000 步。将此时的 $\theta - t$ 图和 RK3 的 $\theta - t$ 图画在一起。从图像上可以看出，增加步数可以让向前欧拉法更准确，但仍然不如 RK3 准确。

向前欧拉法不是很准确，我们用它得到的曲线看起来很平滑，但它从根本上是有缺陷的！我们不能仅仅因为所选用的方法看起来"公式正确，图像美观"就觉得这是个好方法。

注 11.2：RK3 虽然计算量较大，但误差很小，小到难以在图像上看出误差。如果感兴趣，可以将 t 的范围扩大到 $t \in [0, 250]$，然后再次使用 RK3 来计算，同样是 1 000 步。我们在解决实际问题时，除了选用合适的常微分方程解决方法，还可以考虑其他约束条件，比如上面提到的能量守恒定律。

11.6　稳定性

常微分方程的显式求解法通常是条件稳定，当步长小于某个临界值（稳定性极限）时就会收敛。而我们感兴趣的是当步长接近并大于稳定性极限时会发生什么呢？在接下来的练习中，你将使用之前的 expm_ode 函数发现欧拉法和 RK3 法的不稳定性，你会观察到这两个方法有一个很相似的现象，事实上，大多数条件稳定的求解方法都有这种现象。

练习 11.6

（1）从 u＝20 开始，使用 forward_euler 函数在区间[0,20]上求解常微分方程 expm_ode，令 numSteps＝40，将计算结果绘制成图像，其步长是多少？

（2）令 numSteps＝30,20,15,12,10，再次计算。减少步数会导致步长增加，将这几种情况的解绘制在同一张图上，可以看到，随着步数减少，图像在正负值之间的振荡变多。每种情况对应的步长分别是多少？

（3）令 numSteps＝8，再次计算并绘图，可以看到图像的振荡爆炸式增长，此时的步长是多少？

（4）从 u＝20 开始，使用 rk3 在区间[0,20]内求解常微分方程 expm_ode，分别令 numSteps＝20,10,9,8，将它们的解绘制在同一张图上。可以看到，第一条曲线（numSteps＝20）是稳定的，这四种情况对应的步长分别是多少？

（5）令 numSteps＝7，再次计算并绘图，可以看到图像的振荡爆炸式增长，此时的步长是多少？

上述结果表明，当接近任何方法的稳定性极限时，无论理论准确度是多少，其收敛性都会变差。这种收敛性变差的行为通常表现为数值解的振荡现象，振荡幅度可能会变小、变大或保持恒定（可能性很小）。当振荡幅度很小的时候，我们可能会接受这个结果，但这样做其实很危险，特别是在求解非线性微分方程时，振荡可能会使方程的解移动到另一条与原始曲线具有完全不同的初始条件的曲线上去。

11.7 亚当斯-巴什福思法

像龙格-库塔法一样,亚当斯-巴什福思(Adams－Bashforth)法求解常微分方程也需要近似目标曲线的行为,但亚当斯-巴什福思法不是取一个步长中间的点来计算导数值,而是利用插值的方法来计算。这样节省了计算辅助解的时间,提高了效率。但该方法的缺点是第一步必须单独处理,并且最开始的几步结果需要计算额外的值。

这样看来,前向欧拉法其实是一阶的亚当斯-巴什福思法,它只使用了(t_k, u_k)这一点的信息,而不使用它之前的点。二阶亚当斯-巴什福思法(AB2)则同时使用了(t_k, u_k)和(t_{k-1}, u_{k-1}),如下所示:

$$u_{k+1} = u_k + h(3f_{\text{ode}}(t_k, u_k) - f_{\text{ode}}(t_{k-1}, u_{k-1}))/2$$

AB2 需要在前两个点上求导数,但在开始时只有一个。如果只是使用欧拉法计算第一步的解,会出现较大的误差,这会影响后续所有结果。为了得到一个合理的起始值,应该使用 RK2 方法,其每步误差为 $O(h^3)$,与 AB2 方法相同。

以下是二阶亚当斯-巴什福思法的完整 MATLAB 代码。

```
function [ t, u ] = ab2 ( f_ode, tRange, uInitial, numSteps )
    % [t,u] = ab2(f\u ode,tRange,uInitial,numSteps)使用二阶 Adams－Bashforth 法求
解一阶常微分方程组 du/dt = f\u ode(t,u)
    % f 是签名为 fValue = f_ode(t,u)的函数的句柄
    % fValue = f_ode(t,u)
    % 计算常微分方程等式右侧的列向量
    %
    % tRange = [t1,t2],表示在 t1 <= t <= t2 的时间范围内求解常微分方程组
    % uInitial 是 u 在 t1 时的初始值,是一个列向量
    % numSteps 是求解方程组所用的时间步数
    % t 是列向量
    % u 是一个矩阵,其第 k 行是 t(k)处的近似解
    % 作者:M. Sussman
if size(uInitial,2) > 1
    error('ab2：uInitial must be scalar or a column vector.')
end
t(1) = tRange(1);
h = ( tRange(2) - tRange(1) ) / numSteps;
u(:,1) = uInitial;
k = 1;
    fValue = f_ode( t(k), u(:,k) );
    thalf = t(k) + 0.5 * h;
    uhalf = u(:,k) + 0.5 * h * fValue;
```

```
    fValuehalf = f_ode( thalf, uhalf );
    t(1,k + 1) = t(1,k) + h;
    u(:,k + 1) = u(:,k) + h * fValuehalf;
  for k = 2 : numSteps
    fValueold = fValue;
    fValue = f_ode( t(k), u(:,k) );
    t(1,k + 1) = t(1,k) + h;
    u(:,k + 1) = u(:,k) + h * ( 3 * fValue - fValueold ) / 2;
  end
end
```

练习 11.7

(1)将上述代码复制到 ab2.m 中。

(2)仔细阅读代码,在代码的正确位置插入下列注释。

% Adams - Bashforth 法从这里开始

% Runge - Kutta 法从这里开始

(3)这里新增了临时变量 fValue 和 fValueold,但在欧拉法、RK2 或 RK3 中不需要。请解释这两个临时变量的作用。

(4)如果 numSteps=100,程序会调用多少次 f_ode?

(5)利用 ab2 求解 expm_ode 并填写表 11-7,从 u=1 开始,t0.0 到 t=2.0,步长分别为 0.2,0.1,0.05,0.025,0.012 5 和 0.006 25。t=2 时的精确解是 u=-2*exp(-2)-3。对于每个 h 值,记录 $t=2.0$ 时的数值解、误差和误差比值,填写表 11-7,可以用第一行的数据验证你的代码是否正确。

表 11-7

步数	步长(h)	AB2(t=2)	AB2 误差	比值
10	0.2	-3.28013993	9.4694e-03	
20	0.1			
40	0.05			
80	0.025			
160	0.012 5			
320	0.006 25			

(6)根据表中的最后一列,估计 AB2 的代数精度,即误差估计 Ch^p 中的指数 p,其中 p 是一个整数。

亚当斯-巴什福思法相对于之前的几种方法提取了常微分方程更多的信息。如果需要求解的常微分方程是平滑的,根据求导的次数来看,该方法会非常精确和高效。要计算 num-Steps 的新值(即下一个求解点),你只需大致计算函数在 numSteps 的导数值,程序的计算顺序并不重要,但一定要保存旧点的导数值。相比之下,三阶龙格-库塔法大约需要 3 倍的 num-Steps 来计算导数值。然而,与龙格-库塔法相比,亚当斯-巴什福思法旧点与新点的距离明显更远,因此数据可能不太可靠。因此,亚当斯-巴什福思法通常无法处理函数值变化剧烈或其导数不连续的问题。因此,我们在选择常微分方程的解法时,需要在效率和可靠性之间进行权衡。

11.8　几种求解方法的比较

[*Quarteroni et al.*（2007）][1]在第 483 页介绍了一种名为 Heun 法的常微分方程解法,如下所示:

$$f_k = f_{\text{ode}}(t_k, u_k)$$
$$u_{k+1} = u_k + \frac{h}{2}(f_k + f_{\text{ode}}(t_{k+1}, u_k + hf_k)) \tag{11.7}$$

从式(11.7)中可以看出,该方法需要对函数 f 进行两次求值来进行一步计算,即从 t_k、t_{k+1} 和 u_k 计算 u_{k+1}。回顾一下 RK2 和 AB2 的表达式,你会发现 RK2 也需要两次求值,而 AB2 不需要。

在评估常微分方程解法时,通常会根据每个步长对应的精度对其进行描述。有时,也会根据它们的计算时间来描述(假设求解常微分方程所需的时间比任何代数运算所需的时间要长得多)。

练习 11.8

在本练习中,你将比较 RK2、AB2 和 Heun 法这三种方法,需要求解的常微分方程如下所示:

$$\frac{\mathrm{d}u}{\mathrm{d}t} = -u + \sin t \tag{11.8}$$
$$u(0) = 0$$

其解析解为

$$u_{\text{exact}} = \frac{1}{2}(\mathrm{e}^{-t} + \sin t - \cos t) \tag{11.9}$$

求解的区间为[0,3]。

(1)编写 m 函数文件 heun. m,可以参考 rk2. m 和 ab2. m,根据式(11.7)执行 Heun 法求解过程。

(2)在区间[0,5]使用 Heun 法求解式(11.8),并填写表 11-8 的第一列,计算前一行误差与后一行误差的比值。其中,numSteps 表示步数,Error 表示误差 $|u_{\text{numSteps}+1} - u_{\text{exact}}(5)|$,其中 u_{exact} 由式(11.9)求得。

---

① Quarteroni, A., Sacco, R., Saleri, F. (2007). Numerical Mathematics (Springer), ISBN 978-3-540-34658-6.

表 11 - 8

步数	Heun		AB2		RK2	
	错误	调用	错误	调用	错误	调用
10						
20						
40						
80						
160						
320						

Heun 法的精度至少为 $O(h^2)$，如果不是，请修改代码。

（3）使用 rk2. m 和 ab2. m 进行计算并填写表格的其余部分。"调用总次数"指的是执行代码所需的函数调用总次数。

（4）上述三种方法的代数精度分别是多少？

（5）将 Heun 法与 AB2 进行比较，哪种方法在给定步长下具有更高的精度？假设每次函数调用都需要较长的时间，哪种方法在更短的时间内产生更高的精度？

（6）将 Heun 法，AB2 与 RK2 进行比较，哪种方法在给定步长下具有更高的精度？哪种方法在更短的时间内产生更高的精度？

11.9　稳定区域的图像

我们已经看到，一些步长 h 的选择会导致常微分方程的解变得不稳定（数值解的爆炸式振荡现象）。所以，我们需要知道哪些步长 h 会导致解变得不稳定。其中一种方法是在复平面上绘制稳定区域的图像。关于稳定区域的详细信息，可以参考[LeVeque (2007)][①]第 7 章。

当求解形如 $du/dt = \lambda u$ 的常微分方程时，所有常见的求解方法都有如下递归关系。

$$u_{k+n} + a_{n-1}u_{k+n-1} + \cdots + a_1 u_{k+1} + a_0 u_k = 0 \tag{11.10}$$

其中 n 是一个较小的整数，$k = 0, 1, \cdots$，aj 是常数，取决于 $h\lambda$。例如，显式欧拉法的递归关系如下所示：

$$u_{k+1} - (1 + h\lambda))u_k = 0$$

已知，形如公式（11.10）的线性递归关系都有唯一的解

$$u_k = \sum_{j=1}^{n} c_j \zeta_j^k$$

其中 $\zeta j (j = 1, \cdots, n)$ 是下列多项式的互不相同的根。

$$\zeta^n + a_{n-1}\zeta^{n-1} + \cdots + a_1\zeta^1 + a_0 = 0 \tag{11.11}$$

---

① http://www.siam.org/books/ot98/sample/OT98Chapter7.pdf.

系数 c_j 由初始条件确定,方程的根 ζ 通常都是复数。例如,显式欧拉法的递归关系中,$n=1$,$a_0 = -(1+h\lambda)$。

要研究式(11.10)和式(11.11)之间的关系,首先需要假设当 k 很大时,有 $u_{k+1}/u_k = \zeta$。

显然,当且仅当 $|u_{k+1}/u_k| \leqslant 1$ 时,数列 $\{u_k\}$ 是稳定的(有界的)。因此,当且仅当式(11.11)中的所有根满足 $|\zeta| \leqslant 1$ 时,与之相关的常微分方程解法是稳定的。

式(11.11)可以通过 ζ 来求解 $\mu = h\lambda$(如有必要,也可通过数值方法计算)。然后,我们就可以通过绘制 $|\zeta| = 1$ 时 μ 值的曲线来表示常微分方程解法的稳定区域,也就是复平面中的集合 $\{\mu : |\zeta| \leqslant 1\}$。这个想法可以转化为下列步骤。

(1)将 $f_{\text{ode}} = \lambda u$ 代入到你需要研究的递推公式(类似式 11.4、式 11.5、式 11.7 中),得到式(11.11)。

(2)根据 $\mu = h\lambda$ 和 $\zeta = u_{k+1}/u_k$,写出式(11.11)。

(3)当 $|\zeta| = 1$ 时,计算 μ 的值。这可能会有多个解,比如对平方开根号的时候就会得到两个根。

(4)当 $0 \leqslant \theta \leqslant 2\pi$ 时,令 $\zeta = e^{i\theta}$ 并绘制一条或多条 $\mu(\theta)$ 曲线。由于 $|e^{i\theta}| = 1$,这些曲线就是稳定区域的边界。

(5)为了确定稳定区的内部在边界的哪一边,令 $\zeta = 0.95 e^{i\theta}$,并绘制 $\mu(\theta)$ 曲线。

在练习 11.9 中,用代码实现上述步骤。

练习 11.9

(1)按照下列步骤编写脚本文件,生成显式欧拉法的稳定区域图像。

(a)稳定区域图像通常看起来像是若干个圆的组合,所以我们首先练习在复平面上绘制圆。对于实数 θ,指数 $\zeta = e^{i\theta}$ 总是满足 $|\zeta| = 1$,其中 i 表示虚单位。使用 0 到 2π 之间的 1 000 个 θ 值,在复平面的单位圆上构造 1 000 个点。编写一个 m 脚本文件来绘制这些点,并确认它们位于单位圆上(可以使用 axis equal 命令使横纵坐标的单位长度相等)。

(b)如上所述,显式欧拉法求解 $\mathrm{d}u/\mathrm{d}t = \lambda u$ 时会满足递归关系 $u_{k+1} - (1+h\lambda))u_k = 0$。因为递归关系式中出现了 $(h\lambda)$,可作变量替换 $\mu = h\lambda$。也可用 ζ 表示比值 $\zeta = u_{k+1}/u_k$。请根据 ζ 手动计算求出 μ 的表达式。用单位圆 $|\zeta| = 1$ 上的 1 000 个点绘制出的曲线 $\mu(\zeta)$ 图替换刚才的单位圆图像。

(c)将曲线 $\mu(0.95\zeta)$ 添加到图像中,以确定复平面上的稳定区域的具体位置。可以使用 hold on 命令在同一图像上绘制两条曲线,可以使用 'c' 表示青色或 'r' 表示红色等命令来改变曲线的颜色。

(d)最后,在图中加上表示 t 轴和 u 轴的线。

(2)对刚编写的 m 文件进行修改,绘制出显式欧拉法和二阶亚当斯-巴什福思法的递归表达式,如下所示:

$$u_{k+1} = u_k + h(3f_{\text{ode}}(t_k, u_k) - f_{\text{ode}}(t_{k-1}, u_{k-1}))/2$$

(3)根据下列条件举例说明满足条件所对应的常微分方程和 h 值:

(a)对显式欧拉法和 AB2 都稳定;

　　(b)只对 AB2 稳定；

　　(c)只对显式欧拉法稳定。

　　请参考本练习(2)小题绘制稳定区域图像的过程,解释所举例子。

　　通过比较显式欧拉法和 AB2 的稳定区域,可以看出,AB2 可以比显式欧拉法使用更大的时间步长来稳定地计算具有振荡数值解的常微分方程(其 λ 值接近虚轴)。而显式欧拉法可以比 AB2 使用更大的时间步长来稳定地计算解完全不振荡的常微分方程(λ 是实数)。

第 12 章　常微分方程的隐式求解方法

12.1　引　言

第 11 章中讨论的显式求解方法非常适合处理一大类常微分方程。然而,在实际应用中还有一类刚性问题(stiff problems),用这些显式的求解方法效果并不好。在本章中,你将看到适用于刚性问题的隐式求解法。与显式求解法相比,隐式求解法更加复杂,因为它需要额外求解一个(可能是非线性的)方程。

"刚性"一词并没有准确的定义。粗略而言,刚性问题是指常微分方程的解的变化最快和最慢的两个部分差异极大。一个判断刚性问题的经验法则是,如果用龙格-库塔法、亚当斯-巴什福斯法或其他类似方法需要的计算步骤比你预期的小得多,那么这个常微分方程就可能是刚性的。"刚性"一词原本是在求解以适当频率驱动的、刚性较大弹簧的运动模式时下产生的,刚性弹簧的固有频率较快,而驱动的频率往往较慢,所以求解其常微分方程时必须足够精确才能将弹簧的固有频率解析出来。

练习 12.1 利用方向场的图像来说明刚性问题的特点。练习 12.2 用数值解来说明刚性问题的特点。练习 12.3 介绍了线性常微分方程中的向后欧拉法(隐式欧拉法)。练习 12.4 说明如果步长足够小,向后欧拉法和向前欧拉具有相同的精度。练习 12.5 介绍了结合牛顿法的向后欧拉法来计算非线性常微分方程,这里对于牛顿法的讨论是独立于第 4 章的。练习 12.6 研究了范德波尔方程(van der Pol equation),这是一个经典的非线性常微分方程,该方程可能是刚性的,或不依赖于参数的。练习 12.7 介绍了梯形法,该方法和向后欧拉法类似。练习 12.8 利用向后欧拉法和梯形法求解范德波尔方程。练习 12.9 展示了初始条件对梯形法的影响。练习 12.10 介绍了一种二阶向后差分法,并用它来求解范德波尔方程。最后,练习 12.11 介绍了 MATLAB 的常微分方程求解器,并用它来求解范德波尔方程。目前,练习 12.11 还不能用 octave 软件来完成。

12.2　刚性常微分方程

在上文中我们知道,对于有些常微分方程问题,使用龙格-库塔法和亚当斯-巴什福斯法的效果很差,而且高阶方法的效果甚至比低阶方法更差,这些方程被称为刚性常微分方程。

考虑常微分方程

$$u' = \lambda(-u + \sin t) \tag{12.1}$$
$$u(0) = 0$$

该方程的解析解为

$$u(t) = Ce^{-\lambda t} + \frac{\lambda^2}{1+\lambda^2}\sin t - \frac{\lambda}{1+\lambda^2}\cos t$$

其中 C 是一个常数,若 $t=0$ 时有初始条件 $u=0$,则常数 C 为

$$C = \frac{\lambda}{1+\lambda^2}$$

当 λ 变大时(至少大于 10),常微分方程变得刚性,但实际问题中的 λ 可能很大。仔细观察上述方程,可以看出:

· 当 λ 很大时,除了 t 非常接近 0 的点之外,方程的解近似于 $u(t) = \sin t$,此时的解导数比较小;

· $u(t)$ 与 $\sin t$ 的微小偏差(由于初始条件不同或数值误差)会导致解的导数变得非常大,并且导数值和 λ 有关。

换言之,在刚性常微分方程中,我们需要关注的解有大小适中的导数,很容易用数值方法近似,但它附近的解导数较大(和 λ 有关),而且很难近似。

在练习 12.1 中,求解这个刚性方程。

12.3　方向场图像

研究微分方程的一种方法是绘制它的"方向场(direction field)"。在 (t, u) 平面上的任意一点,可以绘制一个小箭头 $\mathbf{p}$,该箭头 $\mathbf{p}$ 等于 (t, u) 处解的斜率,类似于"风向"。如何才能计算 $\mathbf{p}$? 如果微分方程为 $u' = f_{\text{ode}}(t, u)$,$\mathbf{p}$ 代表 u',那么 $\mathbf{p} = (\mathrm{d}t, \mathrm{d}u)$ 或 $\mathbf{p} = h(1, f_{\text{ode}}(t, u))$,$h$ 是一个合理选择的值。MATLAB 有一些内置的函数来生成这种图像。

练习 12.1

在本练习中,你将用方向场图像说明为什么式(12.1)是刚性的。

(1)新建文件 stiff4_ode. m,将下列代码复制到文件中。

```
function fValue = stiff4_ode ( t, u )
  % fValue = stiff4_ode ( t, u )
  % 计算常微分方程等式右侧
  % du/dt = f_ode(t,u) = lambda * ( -u + sin(t) ),其中 lambda = 4
  % t 是自变量
  % u 是因变量
  % fValue 是 f_ode(t,u)的值
  LAMBDA = 4;
  fValue = LAMBDA * ( -u + sin(t) );
end
```

(2)新建文件 stiff4_solution. m,将下列代码复制到文件中。

```
function u = stiff4_solution ( t )
  % u = stiff4_solution ( t )
  % 计算常微分方程的解
  % du/dt = f_ode(t,u) = lambda * ( -u + sin(t) ),其中 lambda = 4
  % 初始条件是 u = 0 和 t = 0
```

```
% t是自变量
% u是因变量
LAMBDA = 4;
u = (LAMBDA^2/(1 + LAMBDA^2)) * sin(t) + ...
(LAMBDA /(1 + LAMBDA^2)) * (exp( − LAMBDA * t) − cos(t));
end
```

(3)取 LAMBDA＝55,分别将上述两段代码复制到 stiff55_ode. m 和 stiff55_solution. m 中;取 LAMBDA＝10000,分别将上述两段代码复制到 stiff10000_ode. m 和 stiff10000_solution. m 中。

(4)刚性常微分方程的解约为 sin t,我们感兴趣的部分是 0 到 2π 之间的 t 值和－1 到 1 之间的 u 值。MATLAB 的 meshgrid 函数就是为获得函数在矩形区域上的值而设计的(它有点像二维的 linspace 函数,后者在一维空间中生成自变量若干取值,而前者可以生成两个自变量各自的若干取值,并返回其全部组合方案,从而获得矩形区域上自变量的多种取值)。最后,使用 quiver 函数(quiver 在英文中是箭筒的意思)来显示矢量图。使用下列代码绘制区间 $[0, 2\pi] \times [-1, 1]$ 上的 (t, u) 值的方向场。

```
h = 0.1; % 指定箭头之间的距离
scale = 2.0; % 让箭头变得长一些,看得更清楚
[t,u] = meshgrid ( 0:h:2 * pi, − 1:h:1 );
pt = ones ( size ( t ) );
pu = stiff4_ode ( t, u );
quiver ( t, u, pt, pu, scale )
axis equal % 使 t 和 u 对应坐标轴的比例相等
```

(5)为了了解方向场与近似解的关系,在方向场的图像上再绘制函数 $\sin t$,将函数曲线设置为红色。

```
hold on
t1 = (0:h:2 * pi);
u1 = stiff4_solution(t1);
plot(t1,u1,'r') % 方程最终的解是一条红色的曲线
hold off
```

仔细查看方向场图像,可以看到所有箭头都指向红线(微分方程的解)。通常情况下,无论你从图像上的哪个地方开始计算,解都会先非常迅速地靠近 $\sin t$(长箭头),然后速度逐渐变慢(短箭头)。一些数值方法在接近正确的曲线后又越过了它,正如你将在练习 12.2 中看到的,避免这种"过度求解"现象的发生是求解刚性常微分方程需要特别注意的地方。

练习 12.2

在本练习中,用数值的方法解释一个常微分方程为什么是刚性的。

(1)用 LAMBDA＝10 000 时的方程表示一个刚性方程,在$[0,2\pi]$内需要多少个点才能绘

制出令人满意的 stiff10000_solution(t)图像？

```
t = linspace(0,2 * pi,10); % 再分别尝试一下 20,40... 个点
plot(t,stiff10000_solution(t))
```

大约需要 40 个均匀分布的点才能形成一条合理的曲线。

（2）stiff10000_ode.m，从 t＝0,u＝0 开始，步数为 40。你会看到的方程的解非常不稳定（如果要绘制解的图像，请注意图像比例）。将步数不断乘以 10（即 40、400、4 000 步等），直到得到合理的解。要得到一个合理的解，至少需要多少步？其所需的步数远远多于预期，这种现象是刚性问题的特点之一。

12.4 向后欧拉法

向后欧拉法是欧拉法的一个非常重要的分支。

$$t_{k+1} = t_k + h$$
$$u_{k+1} = u_k + h f_{\text{ode}}(t_{k+1}, u_{k+1}) \tag{12.2}$$

你可能会认为这个方法和欧拉法没有区别。但仔细看式（12.2）的第二个等式会发现，由于 u_{k+1} 同时出现在等式两边，必须解方程才能求出 u_{k+1}，即定义 u_{k+1} 的方程是隐式的。事实证明，隐式方法比显式方法更适合刚性常微分方程。

为了用向后欧拉法求解刚性常微分方程，需要先求解隐式方程。在考虑一般解法之前，先看特殊情况

$$t_{k+1} = t_k + h$$
$$u_{k+1} = u_k + h\lambda(-u_{k+1} + \sin t_{k+1}) \tag{12.3}$$

上述等式可以化简为

$$t_{k+1} = t_k + h$$
$$u_{k+1} = (u_k + h\lambda \sin t_{k+1})/(1 + h\lambda)$$

在练习 12.3 中，你将编写代码实现上述解法，之后，你将看到更一般的解法。

练习 12.3

（1）根据下列格式编写 m 函数文件 back_euler_lam. m 来实现上述算法。

```
function [t,u] = back_euler_lam(lambda,tRange,uInitial,numSteps)
   % [t,u] = back_euler_lam(lambda,tRange,uInitial,numSteps)
   % 适当添加注释
   % 姓名和日期.
   << your code >>
end
```

可以参考 11 章的 forward_euler.m，但是要记得把函数的第一个输入参数 f_ode 改成

lambda。因为 back_euler_lam 只单独计算式(12.3)。

(2)当 $\lambda = 10\ 000$ 时,在$[0,2\pi]$内求解式(12.1),从 $t=0,u=0$ 开始,步数为 40 步。正常情况下解不应该出现剧烈变化。

(3)在同一张图上绘制 back_euler_lam 解的图像,以及练习 12.2 中使用 forward_euler 或 rk3 计算的解的图像,两个图像应该非常接近。

(4)检查答案,u 的前几个值为 $u = [0.0;0.156334939127;0.308919855800;$ $0.453898203657;\cdots]$,你算对了吗?

在练习 12.4 中,你将比较向后欧拉法和向前欧拉法的精度。当步长较大时,欧拉法往往会失去作用,但向后欧拉法不会。由于 $\lambda = 10\ 000$ 所需的计算步骤太多,所以在练习 12.4 中将其改为 $\lambda = 55$,这是一个适度刚性的取值。

练习 12.4

(1)令 lambda$=55$,同样在$[0,2\pi]$内用 back_euler_lam 求解式(12.1),从 $t=0,u=0$ 开始,并填写表 12-1,误差计算方法如下所示,表中的"比值"表示前一项误差除以后一项误差。

abs(u(end) – stiff55_solution(t(end)))

表 12-1

lambda$=55$		
步数	back_euler_lam 误差	比值
40		
80		
160		
320		
640		
1 280		
2 560		

(2)根据最后一列估计该方法的代数精度,即估计误差估计 Ch^p 中的指数 p,其中 p 是一个整数。

(3)使用 forward_euler 重复上述计算,并填写表 12-2(至少保留四位有效数字,可以使用 format long 或 format short e 命令)。

表 12-2

正向欧拉法误差比较		
步数	forward_euler_error	比值
40		
80		
160		
320		
640		
1 280		
2 560		

（4）比较向前欧拉法和向后欧拉法的代数精度。

12.5　牛顿法

通过上述计算,可以确定隐式求解法能很好地解决刚性问题。那么,如何计算其中的隐式方程(通常是非线性的)呢? 牛顿法是一个很好的选择(我们在第 3、4 章介绍了牛顿法)。你也可以参考[*Quarteroni ei al.*（2007）][1]第 7.1 章、[*Atkinson*（1978）][2]第 2.2 节或维基百科文章[*Newton's method*][3]。简而言之,牛顿法通过连续迭代的方式求解隐式方程。它需要一个合理的迭代起点,而且方程必须可微。牛顿法可能会迭代失败,此时我们不能使用迭代失败的结果。当牛顿法迭代失败时,通常是因为隐式方程的雅可比矩阵不正确。

假设你想求解下列非线性(向量)方程

$$\mathbf{F}(\mathbf{U}) = \mathbf{0} \tag{12.4}$$

迭代起点为 $\mathbf{U}^{(0)}$[4],用牛顿法求解可以表示为

$$\mathbf{U}^{(n+1)} - \mathbf{U}^{(n)} = \Delta \mathbf{U}^{(n)} = -(\mathbf{J}^{(n)})^{-1}(\mathbf{F}(\mathbf{U}^{(n)})) \tag{12.5}$$

其中 $\mathbf{J}^{(n)}$ 表示 $\mathbf{F}$ 在 $\mathbf{U}^{(n)}$ 处的偏导数。如果 $\mathbf{F}$ 是标量函数,则 $\mathbf{J} = \partial \mathbf{F}/\partial \mathbf{U}$,如果 $\mathbf{U}$ 是向量,则偏导数是一个雅可比矩阵,矩阵的分量为

$$\mathbf{J}_{ij} = \frac{\partial \mathbf{F}_i}{\partial \mathbf{U}_j}$$

牛顿法(通常)收敛得很快,只需要几次迭代即可。

牛顿法还可以写成关于有限差分公式的形式。

$$\frac{\mathbf{F}(\mathbf{U}^{(n+1)}) - \mathbf{F}(\mathbf{U}^{(n)})}{\mathbf{U}^{(n+1)} - \mathbf{U}^{(n)}} = \frac{\partial \mathbf{F}}{\partial \mathbf{U}}(\mathbf{U}^{(n)})$$

或

$$\mathbf{F}(\mathbf{U}^{(n+1)}) - \mathbf{F}(\mathbf{U}^{(n)}) = \left(\frac{\partial \mathbf{F}}{\partial \mathbf{U}}(\mathbf{U}^{(n)})\right)(\mathbf{U}^{(n+1)} - \mathbf{U}^{(n)})$$

令 $\mathbf{F}(\mathbf{U}^{(n+1)}) = 0$,即可求出 $\mathbf{U}^{(n+1)}$。

向后欧拉法的每一步都需要求下列方程的解

$$u_{k+1} = u_k + h f_{\text{ode}}(t_{k+1}, u_{k+1})$$

我们可以把 uk+1 看作是方程 $\mathbf{F}(\mathbf{U}) = 0$ 的解 $\mathbf{U}$,此时的 $\mathbf{F}(\mathbf{U})$ 为

$$\mathbf{F}(\mathbf{U}) = u_k + h f_{\text{ode}}(t_{k+1}, \mathbf{U}) - \mathbf{U} \tag{12.6}$$

---

① Quarteroni, A., Sacco, R., Saleri, F. (2007). Numerical Mathematics (Springer), ISBN 978-3-540-34658-6.

② Atkinson, K. (1978). An Introduction to Numerical Analysis (Wiley, New York).

③ http://en.wikipedia.org/wiki/Newton's_method.

④ 括号中的上标用于表示迭代次数,避免迭代次数、幂运算和向量分量之间的混淆。

求出 $\mathbf{U}^{(n)}$ 的近似解后，取 $u_{k+1} = \mathbf{U}^{(n)}$，然后重复上述过程，进行下一步向后欧拉法。将每一个值 $\mathbf{U}^{(n)}$ 看作是对 u_{k+1} 的逐步修正。

对于欧拉法、Adams-Bashforth 法和 Runge-Kutta 法而言，只需要计算微分方程右侧的函数即可。然而，为了进行牛顿迭代，函数还需要计算微分方程右侧相对于 u 的偏导数。在第 4 章中，函数的导数是代码的第二个返回变量，这里也一样。

总之，在每个时间步内，先使用显示求解法开始迭代（此时可以使用向前欧拉法），然后使用牛顿法进行逐步校正。在练习 12.5 中，你将实现此方法，它是预测—校正法（predictor-corrector method）的一个例子。

练习 12.5

(1)修改 stiff10000_ode.m，使其增加一个返回变量 fPartial，并给这个变量添加相应的注释。

```
function [fValue, fPartial] = stiff10000_ode(t,u)
    % [fValue, fPartial] = stiff10000_ode(t,u)
    % 适当添加注释
    % 姓名和日期
    << your code >>
end
```

计算 stiff10000_ode 对 u，fPartial 的偏导数。先手动算出 stiff10000_ode 的导数，然后再编程，不要一开始就用符号工具箱。

(2)用同样的方法修改 stiff55_ode 的代码。

(3)新建文件 back_euler.m 并将下列代码复制到文件中。

```
function [t,u] = back_euler(f_ode,tRange,uInitial,numSteps)
    % [t,u] = back_euler(f_ode,tRange,uInitial,numSteps)通过向后欧拉法计算常微分方程的解
    %
    % tRange 表示 t 的初始值和最终值,是二维向量
    % uInitial 是 u 的初始值,是列向量
    % numSteps 是时间步的数量,每个时间步是等长的
    % t 是自变量,是一个行向量
    % u 是一个矩阵,u 的第 k 列是 t(k)处的近似解
    % 姓名和日期
    % 强制指定 t 为行向量
    t(1,1) = tRange(1);
    h = ( tRange(2) - tRange(1) ) / numSteps;
    u(:,1) = uInitial;
    for k = 1 : numSteps
        t(1,k+1) = t(1,k) + h;
```

```
U = (u(:,k)) + h * f_ode( t(1,k), u(:,k));
[U,isConverged] = newton4euler(f_ode,t(k+1),u(:,k),U,h);
if ～ isConverged
  error(['back_euler failed to converge at step ', ...
  num2str(k)])
end
u(:,k+1) = U;
  end
end
```

(4)新建文件 newton4euler.m 并将下列代码复制到文件中。

```
function [U,isConverged] = newton4euler(f_ode,tkp1,uk,U,h)
  % [U,isConverged] = newton4euler(f_ode,tkp1,uk,U,h)
  % 牛顿法结合向后欧拉法
  % 姓名和日期
  TOL = 1.e-6;
  MAXITS = 500;
  isConverged = false;
  for n = 1:MAXITS
    [fValue fPartial] = f_ode( tkp1, U);
    F = uk + h * fValue - U;
    J = h * fPartial - eye(numel(U));
    increment = J\F;
    % r1 表示 increment(也即等式(12.5)中的迭代增量 ΔU)的变化速率,当 r1 很小时,
代表 U 的值变化缓慢,接近收敛
    if n>1
      r1 = norm(increment,inf)/oldIncrement;
    else
      r1 = 2; % 在第 1 次迭代中强制判定收敛失败
    end
    oldIncrement = norm(increment,inf);
    U = U - increment;
    if norm(increment,inf) < TOL * norm(U,inf) * (1-r1) % 乘以系数(1-r1)的目
的是,避免当 increment 的值很小,但 increment 变化速率没有减小时,出现收敛性的误判
      isConverged = true; % 收敛时,isConverged 的值变为 TRUE
      return
    end
  end
end
```

（5）添加适当的注释。

（a）将下列注释添加到 back_euler.m 或 newton4euler.m 的适当位置中,有些注释在两个文件中都会用到。

% f_ode 是签名为??? 的函数的句柄

% TOL = ??? （用文字说明 TOL 的用途）

% MAXITS = ??? （用文字说明 MAXITS 的用途）

% 当 F 是列向量,J 是矩阵时,表达式 J\F 表示???

% matlab 函数"eye"的作用是???

% 下面的循环对 t 进行推进求解(即对自变量 t 逐步向前求解)

% 下列语句计算牛顿法的起始点

（b）找出哪行代码表示式(12.5),并在该处添加注释来说明代码的含义。

（c）找出哪行代码表示式(12.6),并在该处添加注释来说明代码的含义(**提示**:这行代码只适用于隐式欧拉法,当选用其他常微分方程解法时,必须作相应修改)。

（6）如果函数 $\mathbf{F}(\mathbf{U})$ 由 $F_1(U_1,U_2)=4U_1+2(U_2)2$ 和 $F_2(U_1,U_2)=(U_1)3+5U_2$ 给出,并且 $U_1=-2,U_2=1$,写出 $\mathbf{J}(\mathbf{U})=\partial\mathbf{F}/\partial\mathbf{U}$ 和 $\mathbf{F}(\mathbf{U})$ 的值,注意区分行向量和列向量。

（7）公式(12.5)包含变量 $\mathbf{J}^{(n)}$、$\Delta\mathbf{U}$ 和 $\mathbf{F}(\mathbf{U}^{(n)})$,这些变量在上述代码中对应的名称分别是什么?

（8）当 numel(U)>1 时,U 是行向量还是列向量。

（9）如果 f_ode=@stiff10000_ode,tkp1=2.0,uk=1.0,h=0.1,初始值 U=1,写出 newton4euler 所要求解的(线性)方程。可以从式(12.6)的 $\mathbf{F}(\mathbf{U})=0$ 开始。输入 f_{ode} 的公式,并根据其他条件求解 U。这个线性方程的解 U 是多少? 请至少保留八位有效数字。

（10）将代码计算的结果和手动计算的结果相比较,验证 newton4euler 是否正确(如果你发现牛顿法无法收敛,那么你很可能把 stiff10000 中的导数算错了)。是否只需要 2 次迭代就可以求出 U?

（11）在 $[0,2\pi]$ 内使用 back_euler 求解方程 stiff10000_ode,初始值为 0,步数为 40,和练习 12.3 类似。将结果和 lambda=10 000 时 back_euler_lam.m 的结果进行比较,计算二者之差的范数。两个结果应该至少在前 10 位有效数字上是一样的(通过与老代码进行比较来测试新代码的方法叫作"回归测试")。

12.5.1　范德波尔方程

范德波尔方程是荷兰一位著名的电子工程师 Balthazar van der Pol 为描述电子电路中三极管的振荡效应而研究出的常微分方程,它的表达式如下所示:

$$z''+a(z^2-1)z'+z=e^{-t}$$

其中 e^{-t} 表示三极管的驱动信号,当 t 变得很大时,驱动信号消失。当 $z>1$ 时,该方程表现为负反馈振荡器(也称"阻尼振荡器"或"稳定振荡器"),当 z 较小时,它表现为正反馈振荡器(也称"负阻尼/正反馈振荡器"或"不稳定振荡器")。一些物理系统,比如带有半导体器件(如隧道二极管)的电路和一些生物系统(如心脏跳动和神经元放电)的运行规律都很类似范德波尔方程所描述的那样。范德波尔方程最初发表在论文[*van der Pol and van der Mark* (*1928*)][1]上，论文用该方程描述了心脏跳动的模型。若想要更进一步了解范德波尔方程，还可查阅[*Kanamaru*（*2007*）][2]。

范德波尔方程可以写成一阶常微分方程组

$$u'_1 = f_1(t,u_1,u_2) = u_2$$
$$u'_2 = f_2(t,u_1,u_2) = -a(u_1^2-1)u_2 - u_1 + e^{-t}$$

(12.7)

其中 $z = u_1, z' = u_2$。

在牛顿法中，函数的偏导数被推广成了雅克比矩阵

$$J = \begin{bmatrix} \dfrac{\partial f_1}{\partial u_1} & \dfrac{\partial f_1}{\partial u_2} \\ \dfrac{\partial f_2}{\partial u_1} & \dfrac{\partial f_2}{\partial u_2} \end{bmatrix}$$

(12.8)

练习 12.6

在本练习中使用 $a=11$ 的向后欧拉法来求解范德波尔方程。

(1)根据下列代码编写 vanderpol_ode.m，计算方程组(12.7)及其雅克比矩阵式(12.8)。

```
function [fValue, J] = vanderpol_ode(t,u)
  % [fValue, J] = vanderpol_ode(t,u)
  % 适当添加注释
  % 姓名和日期
  if size(u,1) ~= 2 | size(u,2) ~= 1
    error('vanderpol_ode: u must be a column vector of length 2! ')
    end
    a = 11;
    fValue = ???
    df1du1 = 0;
    df1du2 = ???
    df2du1 = ???
    df2du2 = -a * (u(1)^2 - 1);
    J = [df1du1 df1du2
        df2du1 df2du2];
  end
```

注意，fValue 是列向量，a 的值为 11。

(2)分别使用 forward_euler 和 back_euler 来求解范德波尔方程，在 t=0 到 t=2 之间，从

---

[1]　van der Pol，B．van der Mark，J．(1928)．The heartbeat considered as a relaxation oscillation，and an electrical model of the heart，Phil．Mag．Suppl．6，pp．763—775．

[2]　http://www.scholarpedia.org/article/Van_der_Pol_oscillator.

u=[0;0]开始,步数为 40。将两种方法得到的解绘制在一张图中,可以看到,向前欧拉法的效果不太好(曲线有一些上下振荡),而向后欧拉法的效果很好(**注意**:如果收敛失败,你可能在计算雅可比矩阵 J 时出错了)。

(3)再次用上述两种方法进行计算,步数为 640,将两种解绘制在一张图中。可以看到,这两种方法的解都很稳定,且答案很接近。

12.6 梯形法

向前欧拉法和向后欧拉法很简单,但也比较初级,只涉及一个时间步开始和结束时的函数值或雅可比矩阵值。本节要介绍的梯形法也只涉及时间步开始和结束时的值,但它的代数精度是二阶的,比两种欧拉法要精确。梯形法在求解偏微分方程时也被称为"Crank-Nicolson 法"。但在后文中我们将看到,梯形法只适用于轻度刚性的系统。

梯形法可以从积分的梯形规则中推导出来,

$$
\begin{aligned}
t_{k+1} &= t_k + h \\
u_{k+1} &= u_k + \frac{h}{2}(f_{ode}(t_k, u_k) + f_{ode}(t_{k+1}, u_{k+1}))
\end{aligned}
\tag{12.9}
$$

可以看出,这个公式是隐式的。向后欧拉法和梯形法都属于隐式常微分方程求解法。

在练习 12.7 中,将编写代码实现梯形法,使用牛顿法来求解每个时间步的隐式方程。在练习中你会看到,当方程变得非常刚性时,梯形法就不那么合适了,而当系统非刚性时,使用牛顿法也不合适。梯形法还可以通过使用近似雅可比矩阵或间歇性的计算雅可比矩阵来实现,从而提高计算效率。本章不再进一步讨论这些改进方案。

练习 12.7

(1)按照下列步骤编写 trapezoid. m。

    (a)将 back_euler. m 复制到 trapezoid. m 中,并添加下列注释。

    function [t, u] = trapezoid (f_ode, tRange, uInitial, numSteps)

    (b)在函数签名下面添加适当注释。

    (c)将

    [U,isConverged] = newton4euler(f_ode,t(k + 1),u(:,k),U,h);

    改为

    [U,isConverged] = newton4trapezoid(f_ode,t(1,k),t(1,k + 1), ...u(:,k),U,h);

(2)按照下列步骤编写 newton4trapezoid. m。

    (a)将 newton4euler. m 复制到 newton4trapezoid. m 中。

    (b)将函数签名改为

    function [U,isConverged] = newton4trapezoid(f_ode,tk,tkp1,uk,U,h)

    (c)为了实现梯形法,需要改写一下式(12.5)和式(12.6)中出现的函数 **F(U)**,在

newton4euler 的代码中, $\mathbf{F}(\mathbf{U})$ 是适用于向后欧拉法的公式, 这里必须按照梯形法的公式进行修改。回顾梯形法的式(12.9), 如下所示。

$$u_{k+1}=u_k+\frac{h}{2}(f_{\text{ode}}(t_k,u_k)+f_{\text{ode}}(t_{k+1},u_{k+1}))$$

将 u_{k+1} 改为 U, 然后将所有项移到等式右边, 变成

$$\mathbf{F}(\mathbf{U})=0=\text{right sid}$$

newton4trapezoid. m 所要求解的就是这个函数。不要忘记修改雅可比矩阵 $\mathbf{J}_{ij}=\dfrac{\partial \mathbf{F}_i}{\partial \mathbf{U}_j}$, 如果雅可比矩阵计算错误, 牛顿法可能会失败。

(3)用 newton4trapezoid. m 计算 f_ode＝@stiff55_ode, 令 tk＝1.9, tkp1＝2.0, uk＝1.0, h＝0.1, 初始值 U＝1。是否只需 2 次迭代即可完成计算?

(4)在条件(3)中的参数下, 写出 newton4trapezoid. m 需要求解的(线性)方程。请确保手动计算的解和 newton4trapezoid 的解在小数点后至少 10 位是一致的, 如果没有, 请修改代码。

(5)计算 stiff55_ode. m 的数值解, 区间为 $t\in[0,2\pi]$, 从 $u=0$ 开始, 填写表 12-3。表中的误差表示 $t=2\pi$ 时数值解与精确解之差,"比值"表示前一行误差除以后一行误差。

表 12 - 3

stiff55		
步数	梯形误差	比例
10		
20		
40		
80		
160		
320		

(6)上述结果的收敛速度是否和梯形法的理论收敛速度 $O(h^2)$ 一致, 如果没有, 请修改代码。

在练习 12.8 中, 你将看到梯形法和向后欧拉法求解范德波尔方程的精度差异。

练习 12.8

(1)用 trapezoid. m 从列向量[0,0]开始, 分别使用 100、200、400 和 800 步, 在区间[0,10]上求解范德波尔方程($a=11$), 将四次计算结果的两个分量都绘制在同一张图上。可以看到, 400 步的解与 800 步的解几乎相同, 而其他步数的解则不同, 尤其是第二个分量(导数)。这里假设最后两个步数的近似解代表正确解。提示: 可以使用下列命令来绘图。

```
hold off
[t,u] = trapezoid(@vanderpol_ode,[0,10],[0;0],100);plot(t,u)
hold on
[t,u] = trapezoid(@vanderpol_ode,[0,10],[0;0],200);plot(t,u)
```

```
[t,u] = trapezoid(@vanderpol_ode,[0,10],[0;0],400);plot(t,u)
[t,u] = trapezoid(@vanderpol_ode,[0,10],[0;0],800);plot(t,u)
hold off
```

（2）用 back_euler.m 从[0;0]开始，分别用 400、800、3 200 和 12 800 步在区间[0,10]上求解范德波尔方程，将四个解绘制在同一张图上。步数较多时，运行时间可能需要一分钟左右。

（3）将向后欧拉法 12 800 步和梯形法 800 步的结果绘制在同一张图上，这两个结果应该很相近。

梯形法在任何条件下都是稳定的，但这并不意味着它适用于非常刚性的系统。在练习 12.9 中，你将用梯形法解决一个非常刚性的系统，你会看到，由于初始值快速变化引起的数值误差会始终存在，而向后欧拉法不会有这种误差。

练习 12.9

（1）分别使用向后欧拉法和梯形法在区间[0,10]上求解 stiff10000_ode，从 uInitial＝0.1 开始，步数为 100 步，将两个方法的解绘制在同一张图上，请注意，初始条件不是零。

（2）使用梯形法，分别用 200、400、800 和 1 600 步来求解 stiff10000_ode，每个步数单独绘制一张图。你将看到，初始条件的影响并不容易消除。

12.7　向后差分法

在第 11 章中我们介绍了（显式）亚当斯-巴什福思法。二阶亚当斯-巴什福思方法（AB2）不使用时间步中间的点，而是同时使用 u_k 和 u_{k-1}，从而实现了更高的代数精度。而向后差分法（backwards difference methods）这种隐式方法也通过使用 u_k 及其之前的点来达到更高的精度。事实证明，对于刚性问题，向后差分方法是很好的选择。

二阶向后差分法

$$u_{k+1} = \frac{4}{3}u_k - \frac{1}{3}u_{k-1} + \frac{2}{3}hf_{\text{ode}}(t_{k+1}, u_{k+1}) \tag{12.10}$$

可以用泰勒级数证明，上式每一步的截断误差为 $O(h^3)$，在区间[0,T]上的误差为 $O(h^2)$。

练习 12.10

在本练习中，需要利用代码实现式（12.10）二阶向后差分法。

（1）按照下列格式编写 bdm2.m。

```
function [ t, u ] = bdm2 ( f_ode, tRange, uInitial, numSteps )
    % [ t, u ] = bdm2 ( f_ode, tRange, uInitial, numSteps )
    % 适当添加注释
    % 姓名和日期
    << your code >>
end
```

虽然在第一步计算时,最好用一个二阶求解法开始,但为了简单起见,这里我们使用一步向后欧拉法作为第一步计算。可以参考 back_euler. m 和 newton4euler. m 来编写代码。

(2)在$[0,2\pi]$内求解式(12.1),从 0 开始,$\lambda=55$。令步数分别为 40、80、160 和 320 步,证明二阶向后差分法的收敛阶为 $O(h^2)$。

(3)令 $a=11$,从$[0;0]$开始,在$[0,10]$上求解 vanderpol_ode,步数为 200。将计算结果和上文中梯形法的计算结果(200 步)绘制在同一张图中进行比较,二者应该很接近。

(4)令 $a=55$,从$[1.1;0]$开始,在$[0,10]$上求解 vanderpol_ode,步数为 200。将计算结果和上文中梯形法的计算结果(200 步)绘制在同一张图中进行比较,可以看到,bdm2 没有出现 trapezoid 中看到的振荡现象,尤其是在第二个分量(导数)中。

12.8　MATLAB 常微分方程求解器

MATLAB 有许多内置的常微分方程求解器,如表 12-4 所示。

表 12-4

MATLAB 常微分方程 solvers	
ode23	non - stiff,low - order
ode113	non - stiff, variable - ofder
ode15s	stiff,variable - order,includes DAE
ode23s	stiff,low - order
ode23t	trapezoid rule
ode23tb	stiff,low - order
ode45	non - stiff, medium - order (Runge Kutta)

所有这些函数都针对其适用的问题使用了最优的求解方法,可靠性很高,其步长的选择采用了自适应步长控制法,并且还可以对误差和其他参数进行控制。除此之外,这些函数还可以精确定位用户需要关注的特殊情况,比如函数值符号改变(穿过坐标轴),甚至可以在某些类型的特殊情况发生时调用用户编写的函数。一般来说没必要自己编写常微分方程求解器,除非你正在研究新的常微分方程求解方法。在下面的练习中,你将看到如何在简单的问题中使用这些求解器。

如果你自己编写常微分方程求解器,需要四个参数:函数名、时间步长、初始值和步数。MATLAB 求解器使用了自适应步长算法,因此不需要第四个参数。

MATLAB 常微分方程求解器需要被求解的函数(例如 vanderpol_ode. m)返回列向量,而不需要雅可比矩阵。因此,在上文中用向后欧拉法求解的 vanderpol_ode. m 也同样可以用 MATLAB 求解器求解。注意,MATLAB 常微分方程求解器输出的矩阵和我们之前输出的矩阵互为转置! 因此,k 步向后欧拉法算出的(列向量)结果为 u(k,:),而用 MATLAB 常微分方程求解器计算的结果是 u(k,:)。

注 12.1:练习 12.11 涉及 MATLAB 常微分方程求解器 ode15s。作者在撰写本文时,这个求解器在 octave 中还无法使用。但在 octave 中可以用 lsode 函数来实现这个求解器的功能,但其语法和 MATLAB 的不同。

练习 12.11

在本练习中,令 vanderpol_ode.m 中的 a＝55,表示较为适中的刚性程度。

(1)如果调用求解器时没有输出任何变量,你可以观察解的变化过程。使用下列命令,用 ode45 在[0,70]上求解范德波尔方程,从[0;0]开始,a＝55,将解的变化图像绘制出来。

```
ode45(@vanderpol_ode,[0,70],[0;0])
```

(2)分别利用 ode45 和 ode15s 来求解 stiff10000_ode,由此可以分别看出非刚性求解器和刚性求解器在计算刚性问题之间的差异。使用下列命令分别绘制 ode45 和 ode15s 解的图像。

```
figure(2)
ode45(@stiff10000,[0,8],1);
title('ode45')
figure(3)
ode15s(@stiff10000,[0,8],1);
title('ode15s')
```

可以看到,ode15s 的时间步密度(用曲线上的小圆表示)较小。这种密度差异在曲线的平滑部分(导数很小时)最为明显。

(3)如果你希望更详细地查看 vanderpol_ode 的解,你需要输出解的值,而不是图像。可以使用下列命令来获取解的值:

```
[t,u] = ode15s(@vanderpol_ode,[0,70],[0;0]);
```

你可以根据这些值绘制图像,计算其误差等。对于上述命令,在 x＝70 时 u_1 的值是多少(至少保留六位有效数字)?一共计算了多少步(t 的长度应该比步数多一)?

(4)在 MATLAB 中,默认容差为 .001 倍相对误差。但如果你希望改变相对误差的大小(例如改成 1.e−8),MATLAB 求解器有一个额外的变量来修改相对误差的大小,如下所示:

```
myoptions = odeset('RelTol',1.e-8);
[t,u] = ode15s(@vanderpol_ode,[0,70],[0;0],myoptions);
```

你可以使用 help odeset 来获得有关 odeset 的更多信息,也可以单独使用命令 odeset 来查看其默认选项的值。使用上述代码后,t＝70 时 u_1 的值是多少(至少保留六位有效数字)?一共计算了多少步?

> **注 12.2:**在 Fortran、C、C＋＋或 Java 程序中,可以通过调用外部库来实现 MATLAB 常微分方程求解器的功能。其中最好的是 *Lawrence Livermore*[*Hindmarsh et al.* (2005)][1]或其前身 odepack[*Hindmarsh* (2006)][2]提供的 Sundials 库。

---

① https://github.com/LLNL/sundials.
② https://computing.llnl.gov/casc/odepack/.

第 13 章　边值问题与偏微分方程

13.1　引　言

第 11、12 章讨论的常微分方程初值问题只是常微分方程的两种主要问题之一,另一种问题叫作边值问题(boundary value problem,BVP)。这类问题的一个简单例子是描述悬挂在两根柱子之间绳子的形状,简称为"晾衣绳问题"。

本章先介绍了求解 BVP 的两种最常用的方法,然后介绍了 IVP - BVP 相结合的偏微分方程问题。本章的最后一个练习则介绍了第三种求解 BVP 的方法:打靶法(shooting method)。本章的讨论仅限于在一维空间中相对简单地应用,旨在展示这些方法的原理和特点(每种方法如果展开来讲的话,都可以讲一整个学期)。除了打靶法,其他的 BVP 求解方法都很容易扩展到二维和三维空间。

本章练习的内容包括:
- 有限差分法(FDM),练习 13.1 和 13.2;
- 有限元法(FEM),练习 13.3 至 13.7,其中 13.8 涉及纽曼边界条件;
- 直线法(method of lines),练习 13.9;
- 打靶法,练习 13.10。

直线法的讨论涉及空间变量的有限差分法和第 12 章中的向后欧拉法。MATLAB 常微分方程函数可以替代 12 章中的 back_euler 函数。打靶法需要使用 MATLAB 中的 ode45 函数和 fzero 函数。

13.2　边值问题

一维边值问题(BVP)与初值问题类似,只是给出的数据不一定都在起点,而是有些在时间步的左端点,有些在右端点。在这类问题中,自变量代表空间,而不是时间,因此前两章中的常微分方程求解法在这里会使用 x 作为自变量。

现在来介绍一下开头提到的"晾衣绳问题",这个问题描述的是一根绳子两端分别连接在两个可能高度不同的木杆顶部。如果绳子处于失重状态,或者绳子是刚性的,它会呈一条直线;然而在通常情况下,绳子既有重量也有弹性,所以它会下垂。我们希望用一条曲线描述绳子的形状,我们用变量 x 表示水平距离,$u(x)$ 表示点 x 处绳子的高度。

如图 13 - 1 所示,设绳子的张力为 T(因为绳子处于平衡状态,所以张力大小是一个常数),单位长度的质量为 ρ,考虑长度为 dx 的一小段绳子,则这一小段绳子的质量为 ρdx,所受重力为 $\rho g \, dx$,方向竖直向下。绳子所受外力在两个端点处,外力大小等于张力 T,方向和绳子两个端点处的斜率一致。

由胡克定律可知,绳子的张力与绳子的应变量成正比,$T = -K \, du/dx$,其中 K 是比例系数(杨氏模量)。因此,由上述条件可以写出方程

$$-K\frac{\mathrm{d}u}{\mathrm{d}x}\bigg]_{\text{right}}+K\frac{\mathrm{d}u}{\mathrm{d}x}\bigg]_{\text{left}}=-\rho g\,\mathrm{d}x$$

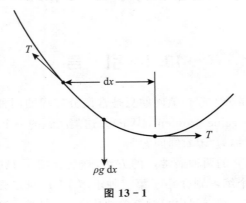

图 13 - 1

在等式两边同时除以 $\mathrm{d}x$，并让 $\mathrm{d}x \to 0$，可得

$$-\frac{\mathrm{d}}{\mathrm{d}x}\Big(K\,\frac{\mathrm{d}u}{\mathrm{d}x}\Big)=-\rho g$$

比例系数 K 并不一定是恒定的，在这里我们假设 K 按照 $K(x)=1+cx$ 变化（c 是一个常数），表示刚度从一端到另一端变化的绳索（或弹簧）。所以上式又可以写成

$$(1+cx)u''+cu'=\rho g$$

当 $c=0$ 时，这个方程被称为"泊松方程"，它可以描述固体棒中的热量分布，以及其他常见的物理问题。

令 $\rho g=0.4$，$c=0.05$，在起点 $x=0$ 处绳子的高度为 1，在末端 $x=5$ 处绳子的高度为 1.5，代入数值后，方程变为

$$\begin{aligned}
(1+cx)u''+cu'&=\rho g\\
c&=0.05\\
\rho g&=0.4\\
u(0)&=1\\
u(5)&=1.5
\end{aligned}\tag{13.1}$$

这个常微分方程是线性的，这意味着该方程的解存在且唯一。

13.3　有限差分法

上面的推导过程暗示了一种求解绳子形状的方法，称为"有限差分法"。假设我们把区间分为 N 段等长的子区间 Δx，共有 $N+1$ 个端点，用 x_n（$n=0,1,\cdots,N+1$）表示。并且，我们用 u_n 近似 $u(x_n)$ 的值，将描述绳子弹性的杨氏模量函数近似为 $Kn=K(x_n)=(1+cx_n)$。

现在考虑第 n 个子区间，类似于上文中提到的绳子微段。根据导数的标准有限差分近似

法（在均匀子区间进行的有限差分法），第 n 个区间左侧的绳子斜率可以近似为 $(u_n-u_{n-1})/\Delta x$，第 n 个区间右侧的绳索斜率可以近似为 $(u_{n+1}-u_n)/\Delta x$。它们之间的区别是二阶导数的近似值。

$$u''_n \approx \frac{u_{n+1}-2u_n+u_{n-1}}{\Delta x^2}$$

第 n 个区间的一阶导数近似值为

$$u'_n \approx \frac{u_{n+1}-u_{n-1}}{2\Delta x}$$

上述两个近似值（u' 和 u''）的截断误差均为 $O(\Delta x^2)$。

将 u' 和 u'' 代入式（13.1）可得

$$(1+cx_n)\frac{u_{n+1}-2u_n+u_{n-1}}{\Delta x^2}+c\,\frac{u_{n+1}-u_{n-1}}{2\Delta x}=\rho g$$

同样，$c=0.05$，$\rho g=0.4$。我们可以把上述方程的解作为 u_n 的解，除了 $n=0$ 和 $n=n+1$，在 $n=0$ 和 $n=n+1$ 处我们还需要指定边界条件。

例如，我们要用 6 个点近似计算绳子的曲线，那么我们需要在点 $n=1$、2、3、4 处建立，所以常微分方程，在点 $n=0$ 和 $n=5$ 处设置边界条件。注意，$x_n=n\Delta x$，因为子区间是等长的，所以可以在等式两边同时乘以 Δx^2，使等式看起来更简洁。

$$u_0=1$$
$$(1+c\Delta x-c\Delta x/2)u_0-2(1+c\Delta x)u_1+(1+c\Delta x+c\Delta x/2)u_2=0.4\Delta x^2$$
$$(1+2c\Delta x-c\Delta x/2)u_1-2(1+2c\Delta x)u_2+(1+2c\Delta x+c\Delta x/2)u_3=0.4\Delta x^2 \qquad (13.2)$$
$$(1+3c\Delta x-c\Delta x/2)u_2-2(1+3c\Delta x)u_3+(1+3c\Delta x+c\Delta x/2)u_4=0.4\Delta x^2$$
$$(1+4c\Delta x-c\Delta x/2)u_3-2(1+4c\Delta x)u_4+(1+4c\Delta x+c\Delta x/2)u_5=0.4\Delta x^2$$
$$u_5=1.5$$

在式（13.2）中，u_0 和 u_5 不是变量，是固定的边界条件。因此，唯一的变量是 u_1、u_2、u_3 和 u_4，因此方程组可变为

$$-2(1+c\Delta x)u_1\quad+(1+1.5c\Delta x)u_2\qquad\qquad+0\qquad\qquad+0=0.4\Delta x^2$$
$$-(1+0.5c\Delta x)u_0$$
$$(1+1.5c\Delta x)u_1\quad-2(1+2c\Delta x)u_2\quad(1+2.5c\Delta x)u_3\qquad+0=0.4\Delta x^2$$
$$0\quad+(1+2.5c\Delta x)u_2\quad-2(1+3c\Delta x)u_3+(1+3.5c\Delta x)u_4=0.4\Delta x^2$$
$$0\qquad\qquad+0+(1+3.5c\Delta x)u_3\quad-2(1+4c\Delta x)u_4=0.4\Delta x^2$$
$$-(1+4.5c\Delta x)u_5$$

写成矩阵的形式：

$$\begin{bmatrix} -2(1+c\Delta x) & (1+1.5c\Delta x) & 0 & 0 \\ (1+1.5c\Delta x) & -2(1+2c\Delta x) & (1+2.5c\Delta x) & 0 \\ 0 & (1+2.5c\Delta x) & -2(1+3c\Delta x) & (1+3.5c\Delta x) \\ 0 & 0 & (1+3.5c\Delta x) & -2(1+4c\Delta x) \end{bmatrix} \begin{bmatrix} u_1 \\ u_2 \\ u_3 \\ u_4 \end{bmatrix}$$

$$= \begin{bmatrix} 0.4\Delta x^2 - (1+0.5c\Delta x)u_0 \\ 0.4\Delta x^2 \\ 0.4\Delta x^2 \\ 0.4\Delta x^2 - (1+4.5c\Delta x)u_5 \end{bmatrix} \tag{13.3}$$

由上述过程可以看出,微分方程经过离散化处理后,产生了一组线性代数方程,其符号形式为 $AU=b$。下列代码可以用来构造和求解式(13.3)。

```
N = 4;
C = 0.05;
RHOG = 0.4;
% 把区间分为 N+1 个等长的子区间,除去左右两个端点还有 N 个内部的端点
dx = 5.0 / (N + 1);
x = dx * (0:N+1);
A = [-2 * (1 + C * dx) + (1 + 1.5 * C * dx)        0                       0;
    +(1 + 1.5 * C * dx) -2 * (1 + 2 * C * dx) + (1 + 2.5 * C * dx)        0;
        0               +(1 + 2.5 * C * dx) -2 * (1 + 3 * C * dx) (1 + 3.5 * C * dx);
        0                      0              +(1 + 3.5 * C * dx) -2 * (1 + 4 * C * dx)];
ULeft = 1;
URight = 1.5;
b = [RHOG * dx^2 - (1 + 0.5 * C * dx) * ULeft
    RHOG * dx^2
    RHOG * dx^2
    RHOG * dx^2 - (1 + 4.5 * C * dx) * URight];
U = A \ b;
U = [ULeft; U; URight]
```

在上述代码中,带有反斜杠符号的等式 U = A \ b 虽然在数学上等价于 U=inv(A) * b,但 MATLAB 实际上是解方程 A * U=b,而不是直接计算 A 的逆。

注 13.1:x 是行向量,U 是列向量,这是本书中 *_ode.m 这一类文件遵循的惯例。

练习 13.1

编写代码求解上述边值问题。

(1)复制上述代码,并将其粘贴到 m 脚本文件 exer1a.m 中。运行 exer1a,求方程(13.3)的解。

(2)验证 U 和 b 的值是否至少满足式(13.2)四个等式中的一个,可以编写 m 脚本文件

exer1b. m 并将 c、Δx、u_k、$k=0,\cdots,5$ 代入式(13.2)的等式中,如果结果为零,则满足该等式。

> **注意**:公式里的小写字母 c 是代码里的大写字母 C,Δx 是代码里的 dx 和 u_k,而 $k=0,1,\cdots,5$ 则是代码里的列向量 U(1:6)。

(3)令 $\rho g=0$,$u(5)=1$,然后代入式(13.3),可以发现 $u(x)=1$ 是一个解。将 exer1a. m 复制到 exer1c. m 中,令 rhog$=0$,URight$=1$,验证所求的 u 值是否满足 $u(x)=1$。

(4)令 $\rho g=c$,$u(0)=0$,$u(5)=5$,然后带代入式(13.3),可以发现 $u(x)=x$ 也是一个解。将 exer1a. m 复制到 exer1d. m 中,令 rhog$=$C,ULeft$=0$,URight$=5$,验证所求的 u 值是否满足 $u(x)=x$。

(5)令 $\rho g=2+4cx$,$u(0)=0$,$u(5)=25$,然后带代入式(13.3),可以发现 $u(x)=x^2$ 也是一个解。将 exer1a. m 复制到 exer1e. m 中,令 rhog 为 2+4 * c * x(2:5),ULeft$=0$,URight$=25$,验证所求的 u 值是否满足 $u(x)=x^2$。

(6)现在,可以确定你的代码基本正确了,请使用 exer1a. m 求解式(13.3)。绘制 U 与 x 的图像,它应该大致呈抛物线状,就像一根绳子从两端垂下,并且绳子的两端分别位于(0,1)和(5,1.5)。

> **注13.2**:只有当一阶和二阶导数的近似表达式足够精确时,代入精确解 $u=1$、$u=x$ 和 $u=x^2$ 进行检验才是有效的。由于差分近似的区间是均匀的,因此,只要 u 的解是二次(或更低)多项式,那么用近似表达式计算的导数值就等于 u 的导数值,不存在截断误差,算出的解是精确的。

练习 13.1 的目的是让你熟悉有限差分法的代码和验证流程。在验证代码时,我们一般用一个简单的,容易手动算出答案的问题来进行验证。如果可以的话,还应将结果与理论结果以及其他不同方法算出的结果进行比较。在练习 13.2 中,你需要修改上述代码来处理 N 较大的情况,并解决一个更加实际的问题。

练习 13.2

(1)将 exer1a. m 变成 m 函数文件。

(a)按照下列格式,把 exer1a. m 的内容复制到 m 函数文件 rope_bvp. m 中。

```
function [x,U] = rope_bvp(N)
    % [x,U] = rope_bvp(N)
    % 适当添加注释
    % 姓名和日期
<< your code >>
    end
```

(b)在函数签名后面适当添加注释,并修改生成矩阵(A)和向量(b)的语句,使其对任意 N 的值都有效,确保 U 是列向量(别忘了删除 N$=4$)。

> **提示**:可以使用 zeros(N,N)语句将 A 变成一个 N×N 的零矩阵,然后填充非零值。可以使用命令 ones(N,1)构造长度为 N 的列向量,向量的所有元素都为 1。

（2）令 rope_bvp 中 N＝4 并运行,检查其结果是否与 exer1a. m 的结果相同。也可以先运行 exer1a,然后使用命令[x1,U1]＝rope_bvp(4),检查 U－U1 是否为零向量。

> **Debug 小提示**:如果结果不正确,请输出 rope_bvp 中的矩阵 A,并对照 exer1a 中的矩阵 A 进行检查,对向量 b 也进行相同的检查。

（3）继续检查代码,请重新复制一份 rope_bvp. m,令 $N＝4$,然后将其他参数改为练习 13.1(3)中的参数,检查结果是否为 $u(x)＝1$,并修改相应错误。如果代码中难以找到错误,请利用代码逐行计算练习(13.2),其中 $n＝6$,看看错误出在哪里。

（4）继续检查代码,请重新复制一份 rope_bvp. m,令 $N＝4$,然后将其他参数改为练习 13.1(4)中的参数,检查结果是否为 $u(x)＝x$,并修改相应错误。如果代码中难以找到错误,请利用代码逐行计算练习(13.2),其中 $n＝6$,看看错误出在哪里。

（5）继续检查代码,请重新复制一份 rope_bvp. m,令 $N＝4$,然后将其他参数改为练习 13.1(4)中的参数,检查结果是否为 $u(x)＝x^2$,并修改相应错误。如果代码中难以找到错误,请利用代码逐行计算练习(13.2),其中 $n＝6$,看看错误出在哪里。

（6）现在,可以确定代码基本正确了,那么请试着解决 N 较大的 BVP 问题吧。令 $N＝119$,运行 rope_bvp,令新的解为[x2,U2],并绘制 U2 － x2 的图像。重新运行 exer1a,计算 U 和 x 的值,并用圆圈在刚才的图上绘制 U － x 的图像(使用命令 plot(x,U,'o'))。为了更好地检查数据准确性,请在图中输出 format long 格式的 U(50) 的值。

> **注 13.3**:观察图像之后,你可能会好奇为什么 $N＝4$ 和 $N＝199$ 的两个图像在 4 个公共点上的数据如此一致。其实这种情况极为少见,只是因为这个微分方程的解的次数小于或等于二次,而差分公式可以精确地描述二次函数。c 较大时,微分方程的解就不是二次曲线了,$N＝4$ 的解与 $N＝119$ 的解就不会如此相似,你可以尝试用代码计算一下。

13.4　有限元法

在 13.3 节中,你看到了将边值问题离散化的有限差分法,该方法将方程中出现的导数用有限差分表达式进行近似。有限差分法会生成一系列解,这些解的值在网格点处近似于真实解。网格点之间的近似值可以使用插值的思想来计算,但有限差分法本身并不依赖于任何插值。在前面的练习中,我们选择 $N＝119$ 与 $N＝4$ 进行比较的原因是 $N＝119$ 时所要计算的 119 个点中包括了 $N＝4$ 时的 4 个点。

另一种求解边值问题的方法是“有限元法(FEM)”,它将未知函数近似为网格区间上的形函数(shape function)之和。由于有限元法的解是一个函数,该函数的定义域和精确解的定义域在同一个空间内,利用函数分析的相关方法,可以证明有限元法的正确性。因此,有相当一部分的数学文献讨论了有限元法,例如[*Quarteroni et al.*（2007）][1]的第 12.4 节和第 12.5 节。

本节将讨论有限元法求解一个特定的边值问题,这个问题比上文中的绳子问题要简单些,但二者包含相同的基本特征。考虑等式

---

[1]　Quarteroni, A. , Sacco, R. , Saleri, F. (2007). Numerical Mathematics (Springer), ISBN 978 - 3 - 540 - 34658 - 6.

$$u''+u'+u=f(x) \tag{13.4}$$

其中 $x \in [0,1]$，$f(x)$ 是给定的一个函数，其边界条件为

$$u(0)=u(1)=0 \tag{13.5}$$

有限差分法会直接求解公式(13.4)，而有限元法会从公式(13.4)的"弱形式"开始计算。将公式(13.4)两边同时乘以函数 $v(x)$，$v(x)$ 也满足边界条件公式(13.5)，将等式两边同时积分，并将某些项分步积分。这样得到的弱形式为

$$-\int_0^1 u'(x)v'(x)\mathrm{d}x + [u'(x)v(x)]_0^1 + \int_0^1 u'(x)v(x)\mathrm{d}x + \int_0^1 u(x)v(x)\mathrm{d}x = \int_0^1 f(x)v(x)\mathrm{d}x$$

由于 $v(x)$ 满足边界条件公式(13.5)，中括号里的项等于零，上式变为

$$-\int_0^1 u'(x)v'(x)\mathrm{d}x + \int_0^1 u'(x)v(x)\mathrm{d}x + \int_0^1 u(x)v(x)\mathrm{d}x = \int_0^1 f(x)v(x)\mathrm{d}x \tag{13.6}$$

注 13.4：为了消除二阶导数，这里将等式左边第一项进行分步积分，这一步非常重要。一些书中可能会将等式左边第二项也进行分部积分，这样做也是可以的，不会对后面的讨论有太大影响。

要近似函数 u，首先选择一个整数 N 和一组函数 $\phi_n(x)$，其中 $n=1,2,\cdots,N$，其定义域为 $[0,1]$，这些函数共同构成了一个函数空间。对于大多数有限元法，这些函数满足下列特征：

(1)它们是连续的分段多项式；

(2)每个函数在单个网格节点处的值为 1，在所有其他的网格节点处的值为 0。

在本练习中，这些函数是分段二次多项式，网格节点将 $[0,1]$ 划分为 $N+1$ 个子区间，每个子区间的长度为 $h=1/(N+1)$，因此网格节点可以表示为 $x_n=nh$，其中 $n=0,1,\cdots,N$，$N+1(x_0=0,x_{N+1}=1)$。二次拉格朗日函数的定义如下所示(见 [*Quarteroni et al.* (2007)] 第 562 页或 [*Atkinson* (1978)][①] 第 131-134 页)。

$$(n\text{ even})\phi_n(x)=\begin{cases} \dfrac{(x-x_{n-1})(x-x_{n-2})}{(x_n-x_{n-1})(x_n-x_{n-2})} & ,x_{n-2}<x \leqslant x_n \\ \dfrac{(x_{n+1}-x)(x_{n+2}-x)}{(x_{n+1}-x_n)(x_{n+2}-x_n)} & ,x_n<x \leqslant x_{n+2} \\ 0 & ,\text{其他} \end{cases} \tag{13.7}$$

$$(n\text{ odd})\phi_n(x)=\begin{cases} \dfrac{(x_{n+1}-x)(x-x_{n-1})}{(x_{n+1}-x_n)(x_n-x_{n-1})} & ,x_{n-1}<x \leqslant x_{n+1} \\ 0 & ,\text{其他} \end{cases} \tag{13.8}$$

已知该函数集合构成一组函数空间的基，该函数空间包含 $[0,1]$ 上的所有常数、线性函数和二次函数，并且具有良好的近似特性。并且每个函数 $\phi_n(x)(n=1,\cdots,N)$ 都满足边界条件(13.5)。

注 13.5：在许多有限元法的介绍中，使用了一组更简单的分段线性形状函数，这简化了编程过程。在这里，我们使用分段二次函数作为形函数，并用一种能够得到精确的积分结果（只有含入误差）的算法进行积分，该方法可以保证得到精确的积分结果（只有含入误差）。这种方法得到的结果可以用理论计算的结果进行检验，非常有助于调试代码。

---

① Atkinson, K. (1978). An Introduction to Numerical Analysis (Wiley, New York).

假设式(13.6)的近似解可以写成

$$u(x) = \sum_{n=1}^{N} u_n \phi_n(x) \tag{13.9}$$

其中 u_n 是一个常数,将式(13.9)代入式(13.6),令 $v(x) = \phi_m(x)$,可以得到下列等式

$$\sum_{n=1}^{N} \overbrace{\left(-\int_0^1 \phi_n'(x)\phi_m'(x)\mathrm{d}x + \int_0^1 \phi_n'(x)\phi_m(x)\mathrm{d}x + \int_0^1 \phi_n(x)\phi_m(x)\mathrm{d}x \right)}^{a_{mn}} u_n$$

$$= \underbrace{\int_0^1 f(x)\phi_m(x)\mathrm{d}x}_{f_m} \tag{13.10}$$

将 u_n 看作(列)向量 $\boldsymbol{U}$ 的分量,将 a_{mn} 看作矩阵 $\boldsymbol{A}$ 的分量,将 f_m 看作(列)向量 $\boldsymbol{F}$ 的分量,则公式(13.10)可以写成矩阵方程

$$\boldsymbol{AU} = \boldsymbol{F} \tag{13.11}$$

求出矩阵方程(13.11)的解就相当于求出了式(13.9)的近似解。

在练习 13.3 中,你将编写 MATLAB 函数来构造式(13.7)和式(13.8)中的基函数 $\phi_n(x)$,计算式(13.10)中的矩阵元素 a_{mn} 和向量分量 f_n,并求解矩阵方程(13.11)。

> **注 13.6**:当编写有限元法代码时,公式(13.11)中的积分通常是逐元素计算的,这在多维问题下尤为重要。但在这里,你将使用一个更加简单的方法来计算积分。

练习 13.3

在本练习中,你将构造二次拉格朗日基函数。令式(13.7)和式(13.8)中的 x_k 为 $x_k = kh$,其中 $h = 1/(N+1)$。虽然 MATLAB 不允许下标为零,但 kh 在 $k = 0$ 也是有定义的。

在下列 MATLAB 函数中,变量 x 为标量,x 如果是向量的话会使问题变得更加复杂。

(1)根据下列代码编写 m 函数文件 phi.m,构造 $\phi_n(x)$。

```
function z = phi(n,h,x)
  % z = phi(n,h,x)
  % 构造二次拉格朗日基函数
  % 姓名和日期
  if numel(x) > 1
    error('x is a scalar, not a vector, in phi.m');
  end
  if mod(n,2) = = 0 % n是偶数
    if (n-2)*h < x & x <= n*h
      z = ??? code implementing first part of (13.7) ???
    elseif n*h < x & x <= (n+2)*h
      z = ??? code implementing second part of (13.7) ???
```

```
        else
            z = 0;
        end
    else  % n 是奇数
        ??? code implementing (13.8) ???
    end
end
```

（2）使用下列代码绘制二次拉格朗日函数的图像。

```
N = 7;
h = 1/(N + 1);
x = linspace(0,1,97);
mesh = linspace(0,1,N + 2);
for k = 1:numel(x)
    u3(k) = phi(3,h,x(k));
    u4(k) = phi(4,h,x(k));
end
plot(x,u3,'b')
hold on
plot(x,u4,'r')
plot(mesh,zeros(size(mesh)),'*')
hold off
```

你应该注意到，每个 ϕ 只在一个网格节点处为 1（x(k)，用星号表示），在其他网格节点处都为 0，ϕ 是连续的，并且在任意两个网格节点之间为一条抛物线或为常数零。

（3）根据公式（13.7）和公式（13.8）的表达式，检查当 n 为偶数时，$\phi_n(x)$ 是否在 x_n-2，x_n 和 x_n+2 处相连；当 n 为奇数时，$\phi_n(x)$ 是否在 x_{n-1} 和 x_{n+1} 处相连，并由此证明 $\phi_n(x)$ 是一个连续函数。同样，证明

$$\phi_n(x_m) = \begin{cases} 1 & m = n \\ 0 & \text{其他} \end{cases}$$

（4）按照下列格式编写计算导数 $\phi'_n(x)$ 的 m 函数文件 phip.m，根据公式（13.7）和公式（13.8）手动求出导数的公式。

```
function z = phip(n,h,x)
% z = phip(n,h,x)
% 计算二次拉格朗日基函数的导数
% 姓名和日期
<< your code >>
end
```

（5）当 N＝7 时，在同一个图上绘制 $\phi_3(x)$ 和 $h\phi_3'(x)$（乘以 h 是让图像的大小更加合适）的图像。仔细检查图像，证明 ϕ_3' 的确是 ϕ_3 的导数。

（6）同样，绘制 ϕ_4 和 ϕ_4' 的图像，针对公式（13.7）中的两种表达式（$x_{n-2}<x\leqslant x_n$ 和 $x_n<x\leqslant x_{n+2}$），证明 ϕ_4' 的确是 ϕ_4 的导数。

（7）当 N＝7，$x=0.4$ 时，使用下列有限差分表达式估算 $\phi_3'(x)$。

$$\frac{\phi_3(x+\Delta x)-\phi_3(x-\Delta x)}{2\Delta x}$$

其中 $\Delta x=0.01$。它与 phip 计算的结果是否一致？对 ϕ_4 也进行类似检查。

在下面三个练习中，你将编写 m 文件来构造和验证式（13.10）中矩阵 A 的三个积分项。然后组合成完整矩阵 A 并求解练习（13.4）。

练习 13.4

在本练习中，你将构造矩阵 A 的第一个积分项，如下所示：

$$a_{mn}^{(1)}=-\int_0^1 \phi_m'(x)\phi_n'(x)\mathrm{d}x \tag{13.12}$$

使用书中提供的代码进行积分，该代码提供了一种统一的方法来进行所需的积分。同时，该代码获取两个函数（如@phi 或@phip）的句柄及其相应的下标和网格间距 h 的值，并在区间 [a,b] 上对其进行积分。其函数签名为

```
function q = gaussquad(f1,k1,f2,k2,h,a,b)
```

这个 gaussquad 函数可以计算出本章中使用的分段低阶多项式的精确积分值，而不是近似值。

（1）编写一个 m 脚本文件 exer4.m 来计算式（13.12）中的 $a_{mn}^{(1)}$，其中 N＝7，h＝1/(N+1)，将计算结果命名为 A1。注意，式（13.12）中出现的是基函数的导数，而不是基函数本身，因为积分前面有个负号。

> **注 13.7**：下面两条注释涉及代码的效率，用于解决大规模实际问题的程序应该关注运行效率，但对于初学者来说，应该力求代码简洁明，这样有助于我们更直观地掌握代码原理。
>
> **注 13.8**：$\phi_n(x)$ 的支集（support，由函数值非零的自变量构成的集合）包含在区间 $[(n-2)h,(n+2)h]$，你可以利用这一点来缩小积分区间并提高积分效率。
>
> **注 13.9**：因为 $\phi_n(x)$ 和 $\phi_m(x)$ 的支集在 $|n-m|>4$ 时不相交，可以利用这一点来避免计算等于零的 $a_{mn}^{(1)}$。

（2）可以从公式（13.12）看出矩阵 A1 是对称矩阵，使用下列命令，如果其值为 0，则 A1 是对称的。

```
norm(A1 - A1','fro')
```

将此命令添加到 exer4.m 中。

（3）当 $N=7$，h＝1/(N+1)时，在 exer4.m 中添加代码计算 x＝linspace(0,1,97)时的函数 $\psi(x)=\sum_{n=1}^N \phi_n(x)$，并绘制它的图像。可以看到，除了区间端点附近，函数值始终为 1。

所以,除了在区间端点附近,该函数的导数始终为 0。

(4)因为 A1 * ones(N,1) $= \sum_{n=1}^{N} \int_0^1 \phi_n'(x)\phi_m'(x)\mathrm{d}x = \int_0^1 \psi'(x)\phi_m'(x)\mathrm{d}x$,并且除了 $x_0 \leqslant x \leqslant x_2$ 和 $x_6 \leqslant x \leqslant x_8$ 以外 ψ_0 均为零。请添加代码,输出 $m=3$、4、5 处的零。

(5)注意, $a_{mn}^{(1)} = \int_0^1 \phi_m(x)\phi_n''(x)\mathrm{d}x$,所以下列代码除了 $m=6,7$ 以外,会生成一个零向量。将此代码添加到 exer4.m 并输出结果。

```
N = 7;
h = 1/(N + 1);
v = (1:N)' * h; % v = x
A1 * v
```

(6)回顾一个简单的边值问题 $-u''=2$,其边界条件为 $u(0)=u(1)=0$,它的解为 $x(1-x)$。你可以用有限元法求解这个边值问题。按照下列格式编写 m 函数文件来求解该问题。

```
function z = rhs4(n,h,x)
  % z = rhs4(n,h,x)
  % 姓名和日期
  << your code >>
end
```

这个练习非常简单,只是为了让你熟悉 gaussquad.m 的使用方法。将代码添加到 exer4.m 中,使用 gaussquad.m 计算向量的分量 $(f4)_m = \int_0^1 f_4(x)\phi_m(x)\mathrm{d}x$,并将结果命名为 RHS4,其中 f_4 对应代码中的 rhs4。因为二次函数 $x(1-x)$ 满足边界条件,所以它可以精确地写成 ϕ_n 的组合!因此,下面的代码会生成一个零向量。

```
N = 7;
h = 1/(N + 1);
xx = (1:N)' * h; % 变量 x 在之前的代码中已经被使用过了
v = xx.*(1 - xx);
norm(v - A1\RHS4) % 应该为零
```

将此代码添加到 exer4.m 中。请问 RHS4 的值是多少?

上述练习构造并测试了矩阵 A1,在后面两个练习中,你将分别计算 A3 和 A2,最后组合成矩阵 A。

练习 13.5

(1)参考 exer4.m 编写 exer5.m,计算 $a_{mn}^{(3)}$。

$$a_{mn}^{(3)} = \int_0^1 \phi_m(x)\phi_n(x)\mathrm{d}x$$

将结果为命名 A3。

提醒:如果你把 exer4. m 的代码复制到 exer5. m 中,请不要忘记计算 A1 时有一个减号,它是分部积分得到的,但 A3 前面没有减号。

(2)添加代码,检查 A3 是否为对称矩阵。

(3)考虑下列边值问题。

$$u'' + u = -2 + x(1-x) \qquad (13.13)$$

当 $u(0) = u(1) = 0$ 时,其精确解为 $u = x(1-x)$,并且这个二次函数可以精确地表示为 ϕ_n 的和。按照下列格式编写 m 函数文件 rhs2. m,计算 $f_5(x) = -2 + x(1-x)$。

```
function z = rhs5(k,h,x)
% z = rhs5(k,h,x)
% 姓名和日期
<< your code >>
end
```

将代码添加到 exer5. m 中,并利用 gaussquad. m 来计算(列)向量 $\int_0^1 f_5(x)\phi_m(x)\mathrm{d}x$,将结果命名为 RHS5。RHS5 的值是多少?

(4)用 exer4. m 计算矩阵 A1,用 exer5. m 计算 A2 和 RHS5。在 exer5. m 中添加代码,求解矩阵方程 (A1+A3) * U = RHS5。你刚刚已经求出公式(13.13)的解,它应该在每个节点 $x_n = nh$ 上都等于 $x_n(1-x_n)$。在 exer5. m 添加代码来检查每个节点的值是否为 $x_n(1-x_n)$。如果不是,请修改错误。

练习 13.6

(1)编写 exer6. m 计算 $a_{mn}^{(2)}$。

$$a_{mn}^{(2)} = \int_0^1 \phi_m(x)\phi_n'(x)\mathrm{d}x \qquad (13.14)$$

将结果命名为 A2。

(2)在 exer6. m 添加相应代码,对公式(13.14)进行分部积分并代入边界条件,证明 A2 是反对称矩阵(skew-symmetric),即 A2'=-A2。

(3)将项 A1、A2 和 A3 相加得到矩阵 A,下列边值问题的边界条件为 $u(0) = u(1) = 0$。

$$u'' + u' + u = -2 + (1-2x) + x(1-x) \qquad (13.15)$$

其精确解为 $u = x(1-x)$。按照下列格式编写 m 函数文件 rhs6. m,计算函数 $f_6(x) = -2 + (1-2x) + x(1-x)$。

```
function z = rhs6(k,h,x)
   % z = rhs6(k,h,x)
   % 姓名和日期
   << your code >>
end
```

在 exer6.m 中添加代码计算(列)向量 $\int_0^1 f_6(x)\phi_m(x)dx$,将结果命名为 RHS6。

(1)求解矩阵方程 A * U=RHS6。你刚刚已经求出公式(13.15)的解,它应该精确地等于 $x(1-x)$。

注 13.10:编写类似于 exer4.m,exer5.m 和 exer6.m 的测试脚本,以便可以随时测试你的代码,这种编程策略有助于保证代码的正确性。

练习 13.7

考虑下列边值问题。

$$u'' + u' + u = x + 1$$

其边界条件为 $u(0)=u(1)=0$,精确解为 $u=x-\mathrm{e}^{-0.5(x-1)}\sin\omega x/\sin\omega$,其中 $\omega=\sqrt{3}/2$。

(1)编写 m 函数文件 exer7.m 来计算上述边值问题的精确解。

(2)编写 m 函数文件 rhs7.m 来计算等式右侧的函数 $z=x+1$。

(3)按照下列格式编写 m 函数文件 solve7.m。

```
function [x,U] = solve7(N)
   % [x,U] = solve7(N)
   % 适当添加注释
   % 姓名和日期
   << your code >>
end
```

函数需要进行下列计算:

  (a)计算有限元矩阵 $\boldsymbol{A}$;

  (b)计算右侧向量 RHS7;

  (c)求解 $\boldsymbol{A} * \boldsymbol{U}$=RHS7 中的 $\boldsymbol{U}$;

  (d)计算空间坐标向量(1:N)' * h。

(4)填写表 13-1,估计函数的收敛速率。误差为节点 $x_n=nh$ 处计算出的解与精确解之差的最大绝对值,表中的"比值"是 error(h)除以 error(h/2)。

表 13-1

N	h	error	比值
7	1.2500e-1		
15	6.2500e-2		
31	3.1250e-2		
61	1.6129e-2		
121	8.1967e-3		

注 13.11:当 N 较大时可能需要计算很长时间,可以参考注 13.8 和注 13.9 对代码进行优化。

13.5 有限元法的诺伊曼边界条件

式（13.4）中考虑的边界条件 $u(0)=u(1)=0$ 是 Dirichlet 边界条件，有限元法的边界条件还有另一种，叫诺伊曼边界条件，如下所示。

$$u(0)=0$$
$$u'(1)=0$$

微分方程的弱形式（13.6）的推导涉及分部积分，形成了积分项

$$[u'(x)v(x)]_0^1$$

在 Dirichlet 边界条件中，需要假设 $v(0)=v(1)=0$ 才能使该项消失。在 Neumann 边界条件中，已经有了 $u'(1)=0$，因此不需要 $v(1)$ 上的边界条件了。不考虑 $v(1)=0$ 的边界条件会比考虑该边界条件时多出一个形函数来描述方程的解，因此在 Neumann 边界条件中，向量 b 的长度为 $N+1$，矩阵 A 的大小为 $(N+1)\times(N+1)$。

练习 13.8

（1）将 solve7. m 复制到 solve8. m 中并作相应修改，使用 Dirichlet - Neumann 边界条件 $u(0)=u'(1)=0$ 来求解方程 $u''+u'+u=x+1$。注意，积分范围不要超过 $x=1$。

（2）当 $N=21$ 时，绘制解的图像，解是否满足 $u'(1)=0$？

（3）假如 $u(x)=\sum_{n=1}^{N+1}U_n\phi_n(x)$，那么必定有 $u'(x)=\sum_{n=1}^{N+1}U_n\phi'_n(x)$。当 $N=21$ 时，$u'(1)$ 的值是多少？

（4）当 $N=21$ 时，所求出的解与下列节点处的精确解之间的差的最大绝对值是多少？

$$u(x_n)=x_n+Ce^{-.5x_n}\sin\omega x_n$$

其中 $\omega=\sqrt{3}/2,C=-e^{.5}/(\omega\cos\omega-.5\sin\omega)$。

13.6 伯格斯方程

偏微分方程（PDE）包含未知函数的偏导数（或偏微分）。一个经典的偏微分方程是一维伯格斯（Burgers）方程，它是非线性的偏微分方程，其非线性项类似于描述流体流动的 Navier - Stokes 方程中的非线性项。在研究偏微分方程中，变量被称为 u，它是空间（x）和时间（t）的函数，$u(x,t)$。变量 u 在 Navier-Stokes 方程中被称为"速度"。在空间 $[0,1]$ 上的 Burgers 方程可以写成

$$\frac{\partial u}{\partial t}+u\,\frac{\partial u}{\partial x}=\nu\,\frac{\partial^2 u}{\partial x^2} \tag{13.16}$$

其中 v 是一个常数。边界条件可以取 $u(0,t)=1$ 和 $u(1,t)=0$。因为方程在空间中的阶数为二阶,所以需要两个空间边界条件;方程在时间上是一阶的,所以只需要一个初始条件。

要求解 Burgers 方程,首先需要假设 $v=0$,并且系数 $u=v$ 是一个常数,这样方程就变成了波动方程

$$\frac{\partial u}{\partial t}+v\,\frac{\partial u}{\partial x}=0$$

如果 $v>0$,该方程表示一个向右传递的波,该波不改变形状[①]。如果 v 是一个较小的正数,那么波的传播方向不变,但会慢慢衰减为零。由于系数 v 不是常数,波在 u 较大的地方传播得更快,在 u 较小的地方传播得更慢。因此,波的左侧较大(平缓),右侧较小(陡峭),在向右传播时会逐渐变陡。

13.7　直线法

假如式(13.16)中的时间 t 变成常数,那么这个方程看起来就像式(13.1)边值问题了。这种观察方法是"直线法"的基础,其中对空间的离散化与对时间的离散化是分开进行的。考虑函数 $u(t,x)$,先将其视为 x 的函数,则公式(13.16)就变成了边值问题。

$$vu''-uu'=\frac{\partial u}{\partial t}$$

此时,我们需要关注的是等式的左侧,以及空间边界条件 $u(0,t)=1$ 和 $u(1,t)=0$。

在练习 13.1 和 13.2 中,我们使用了有限差分法求解了类似于上面这个等式的边值问题。我们将区间$[0,1]$划分为 $N+1$ 个子区间,将$(N+2)$个网格点记为 $x_n,N=0,1,2,\cdots,(N+1)$。然后我们将 u_n 定义为 x_n 处的近似解。注意,u_n 实际上仍然是关于 t 的函数 $u_n(t)$。用向量 U 表示 u_n 的一系列值,没有下标的 U 表示方程连续的解。注意,$U=U(t)$ 是时间的函数。用有限差分法对 u'' 进行离散化处理,得到

$$u''\approx\frac{u_{n+1}-2u_n+u_{n-1}}{\Delta x^2} \tag{13.17}$$

对 uu' 进行离散化处理,得到

$$uu'\approx u_n\,\frac{u_{n+1}-u_{n-1}}{2\Delta x} \tag{13.18}$$

二者的截断误差均为 $O(\Delta x^2)$,由此产生的离散方程为

$$\frac{\partial u}{\partial t}=\nu\,\frac{u_{n+1}-2u_n+u_{n-1}}{\Delta x^2}-u_n\,\frac{u_{n+1}-u_{n-1}}{2\Delta x} \tag{13.19}$$

---

① 　如果 f 是单变量的任意可微函数,则波动方程的解为 u(x,t)=f(tv−x)。

可以看出,公式(13.19)是一个初值问题,我们已经知道了几种求解初值问题的方法。而且,该方程是中等刚性的,当 N 越来越大时,系统的刚性会变得越来越大,因此可以用向后欧拉法来求解此方程。回顾一下,向后欧拉法需要一个 m 文件来计算函数 $\mathbf{F}$ 及其偏导数(雅可比矩阵)。

$$\mathbf{J}_{mn} = \frac{\partial \mathbf{F}_m}{\partial \mathbf{U}_n} \tag{13.20}$$

在 MATLAB 表示法中,变量 U 是一个矩阵,矩阵的元素 U_{kn} 近似于 $u_n(t_k)$。在第 k 个时间步中,U(:,k)表示位置 x(:)处的 U 值(列向量)。U 的初始条件是一个列向量,其值在 x(:)处指定。

> **注 13.14**:练习 13.9 可以使用 MATLAB 常微分方程求解器来完成,如 ode45 或 ode15s。如果你使用了 MATLAB 常微分方程求解器,记得修改练习 13.9 提供的代码中的输出语句。

练习 13.9

在本练习中,将求解 Burgers 方程(13.19),其中 $\nu=0.001, N=500$。

(1)编写 m 函数文件 burgers_ode.m,按照下列步骤对 Burgers 方程及其梯度进行空间离散化处理。函数 $\mathbf{F}$ 表示等式(13.19)右侧的项。

(a)根据下列代码编写 burgers_ode.m。

```
function [F,J] = burgers_ode(t,U)
    % [F,J] = burgers_ode(t,U)
    % 计算(13.19)的等式右侧
    % 边界条件在端点 x = 0 和 x = 1 处固定为 0
    % 使用固定数量(N 个)的空间点
    % 这里虽然不用变量 t 了,但是 t 这个变量名也不给其他变量使用,防止混淆
    % U 表示常微分方程的近似解,是一个向量
    % 输出参数 F 是 U(列向量)关于时间的导数
    % 输出参数 J 是 F 相对于 U 的偏导数的雅可比矩阵
    % 姓名和日期
    N = 500;
    NU = 0.001;
    dx = 1/(N + 1);
    ULeft = 1; % 左边界条件
    URight = 0; % 右边界条件
    F = zeros(N,1); % 强制令 F 为列向量
    J = zeros(N,N); % J 是偏导数矩阵
    % 使用循环构建 F 和 J 的值
    for n = 1:N
```

```
  if n = =1 % 在区间左边界时
    F(n) = ??? Function, left endpoint ???
    J(?,?) = ??? Derivative, left endpoint ???
  elseif n<N % 在区间中间时
    F(n) = ??? Function, interior points ???
    J(?,?) = ??? Derivative, interior points ???
  else % 在区间右边界时
    F(n) = ??? Function, right endpoint???
    J(?,?) = ??? Derivative, right endpoint???
  end
 end
end
```

（b）区间内部的点(n<N 时)比较容易处理。用等式(13.19)右侧的 **F(n)** 表达式替换下列语句。

```
F(n) = ??? Function, interior points ???
```

（c）根据式(13.20)，将语句

```
J(?,?) = ??? Derivative, interior points ???
```

替换为 J(n,n)，J(n,n+1)和 J(n,n-1)的表达式。此时变量 m 取 n、n+1 和 n-1。例如，要计算 J(n,n+1)，可以先写出 F(n)的表达式，然后对 U(n+1)求导。从公式中很容易看出，当 $m<n-1$ 或 $m>n+1$ 时，$Jnm=0$。

（d）当 $n=1$ 时，$n-1$ 对应的变量为左边界条件 ULeft。将语句

```
F(n) = ??? Function, right endpoint???
J(?,?) = ??? Derivative, right endpoint???
```

分别替换为 F(n)、J(n,n)和 J(n,n+1)的表达式。

（2）空间变量 x 被划分为了均匀的网格。

```
N = 500; % N 必须与 burgers_ode.m 内使用的值一致
x = linspace(0,1,N+2);
x = x(2:N+1);
```

假设初始速度的分布看起来像一个略微倾斜的波。

```
UInit = ((1-x).^3)';
```

（3）将 UInit 代入 burgers_ode.m 中(t 的值无关紧要)，然后计算表 13-2 中 n 值对应的 F(n)、J(n-1,n)、J(n,n)和 J(n+1,n)，并和表中的值进行比较，检查 burgers_ode.m 的正确性。

（4）使用之前编写的 back_euler.m 和 newton4euler.m，使用向后欧拉法从 UInit 开始求解 Burgers 方程（也可以使用 ode45 或 ode15s 求解器，但调用顺序和矩阵 U 将有所不同）。时间范围为 t=0 到 t=1，步数为 100 步。

表 13 - 2

results from burgers_ode(o,UInit)				
n	F(n)	J(n−1,n)	J(n,n)	J(n+1,n)
1	2.9761711475		−499.01396011	498.51296011
2	2.9465759259	1.99800798	−499.02590030	497.02789232
250	0.0976958603	219.12262501	−501.24899902	282.12637400
499	2.395210e−05	251.00094622	−502.00194821	251.00100199
500	1.197605e−05	251.00098406	−502.00198406	

[t,U] = back_euler(@burgers_ode,[0,1],UInit,100);

解应该在每一步都收敛。如果得到"未能收敛"的提示,那么你可能把导数(J)算错了。U(200,50)的值是多少。

(5)回顾一下,U 的一列表示在同一时间不同地点的速度,U 的一行表示在同一地点不同时间的速度。要查看第 k 个时间步的解,可以使用下列命令:

plot(x, U(:,k))

其中 x 是第(2)小题中指定的值。当 k=50 时,至少绘制一个解的图像。

(6)你可以通过下列命令查看方程的解在每一步的变化过程,绘制解的图像。

```
plot(x,U(:,1))
axis([0,1,0,1.5])
for k = 2:100
  pause(0.1);
  plot(x,U(:,k));
  axis([0,1,0,1.5])
end
```

可以看到,当"波"向右移动时,它的形状变陡了。

注 13.15:这里的边界条件不适用于描述"波"到达右边界的情况,如果时间间隔太长,使波到达 $x=1$,则求解将会失败。

13.8　打靶法

打靶法通过将边值问题转化为初值问题进行求解。在本练习中,你将用打靶法求解上文中提到的晾衣绳问题。

我们知道,初值问题在左侧起始点有两个边界条件,在右侧终点没有边界条件。因此,以练习(13.1)为例,我们猜测 $x=0$ 对应的两个边界条件如下所示。

$$(1+cx)u''+cu'=\rho g, \quad c=0.05, \quad \rho g=0.4$$
$$u(0)=1$$
$$u'(0)=\alpha$$

(13.21)

打靶法的求解思路如下所示。

• 对于每个 α，都可以求出右端点的数值解。

• 由于每个 α 都能对应一个确定的 $u(5)$，令数值解与精确解之间的差为 $F(\alpha)=u(5)-1.5$（式中的 1.5 是练习(13.1)里的数据。准确地说，$u(5)$ 应该写成 $u_\alpha(5)$ 以强调解的值取决于参数的值）。

• 如果所求的右端点数值解正确，应该有 $F(\alpha)=0$，因此可以使用 MATLAB 的 fzero 函数来查找合适的 α。

我们知道，练习(13.1)可以写成一阶常微分方程组，令 $y_1=u$ 和 $y_2=u'$ 即可，如下所示。

$$y_1'=y_2$$
$$y_2'=(\rho g-cy_2)/(1+cx)$$

在练习 13.10 中，你将使用 MATLAB 常微分方程求解器来解决由边值问题转化而来的初值问题，然后使用 fzero 函数来找到合适的初始条件。

练习 13.10

(1)按照下列格式编写 m 函数文件 rope_ode.m。

```
function fValue = rope_ode(x,y)
    % fValue = rope_ode(x,y)计算(13.1)写成一阶常微分方程组后的导数
    % 姓名和日期
    << your code >>
end
```

注意，由于这里使用的是 ode45 求解器，因此无须将雅可比矩阵添加到 rope_ode.m 中，这非常方便。但在许多情况下，必须提供一个函数来计算雅可比矩阵，否则 ode45（或 ode15s 等）可能会计算失败。

(2)令 $\alpha=0$，使用 ode45 在区间 $[0,5]$ 上求解公式(13.22)。$u(5)-1.5$ 的值是多少？它是正数还是负数(**注意**：y 的哪个分量对应于 u)？

(3)通过反复试验，找到第二个 α 值，使得 $u(5)-1.5$ 的符号与 $\alpha=0$ 时的符号相反。

(4)按照下列格式编写 rope_shoot.m，该文件接受 alpha 的值并计算 F(alpha)。

```
function F = rope_shoot ( alpha )
    % F = rope_shoot ( alpha )
    % 适当添加注释
    % 姓名和日期
    << your code >>
end
```

此代码执行下列步骤：
• 使用 α 的输入值作为 y0(0)的初始条件；
• 当 $x\in[0,5]$ 时，使用 ode45 计算给定初始条件的初值问题(13.22)的解[x,y]；
• 将 $u(5)-1.5$ 作为函数 F 的值。

对于给定的 α 值,你的函数将返回 $y(5)-1.5$。当 α 刚好正确时,它将返回 0。

(5)当 alpha＝0 时,rope_shoot 得到的结果是否与第(2)题中的相同。

(6)使用 fzero 函数来查找满足 $F(\alpha)=y(5)-1.5=0$ 的 α 值。fzero 函数需要两个参数,一个是函数句柄(@),另一个是刚刚找到的两个 α 值的向量[alpha1,alpha2],两个 α 对应的 F 值符号相反。你找到的 alpha 值是多少?

(7)绘制解的图像。曲线在 $x=0$ 时的高度是否为 1,在 $x=5$ 时的高度是否为 1.5?

(8)返回练习 13.2,查看 N＝119 时的解。使用导数的有限差分表达式来估计 U2 在左端点的导数。它与你刚才计算的值 α 相比有何区别?

第 14 章 向量、矩阵、范数和误差

14.1 引 言

线性方程组及其解可以用向量和矩阵表示,本章将介绍关于向量和矩阵的几个初步概念和对应的 MATLAB 函数,以供后续章节使用。

范数的作用是描述向量和矩阵的"大小",本章将介绍范数及其在误差分析中的应用,在线性方程组的误差分析中,通常需要确定矩阵和向量乘积的上界,进而判断误差是否超过预期。本章还将介绍前向误差和后向误差的概念。从范数和误差的定义中,我们可以推导出矩阵的条件数,条件数可以衡量矩阵的"好坏"和线性方程的稳定性。

本章的练习比较基础。练习 14.1 涉及向量范数,练习 14.2 涉及矩阵范数以及矩阵范数和向量范数的相容性,练习 14.3 说明了矩阵 L^2 范数的计算方法。练习 14.4 涉及谱半径,练习 14.5 解释了谱半径为什么不属于范数。练习 14.6 说明了绝对误差和残差的大小可能并不密切相关。练习 14.7 解释了为什么在估计收敛速率时应使用相对误差范数。练习 14.8 说明了条件数和舍入误差之间的关系。练习 14.9 涉及一个简单的三对角矩阵,练习 14.10 深入介绍了对矩阵元素的操作方法。练习 14.11 涉及使用拉普拉斯展开法算行列式。

14.2 向量范数

向量范数表示了向量的大小,n 维向量有四种常见的范数。

L^1 范数(L^1 vector norm)

$$\| x \|_1 = \sum_{i=1}^{n} | x_i |$$

L^2 范数/欧几里得范数(L^2 vector norm)

$$\| x \|_2 = \sqrt{\sum_{i=1}^{n} | x_i |^2}$$

L^p 范数(L^p vector norm)

$$\| x \|_p = \left(\sum_{i=1}^{n} | x_i |^p \right)^{1/p}$$

无穷范数(L^∞ vector norm)

$$\| x \|_\infty = \max_{i=1,\cdots,n} | x_i |$$

它们在 MATLAB 中对应的命令分别为:

- $\| x \|_1 = \mathrm{norm}(\mathrm{x},1)$;
- $\| x \|_2 = \mathrm{norm}(\mathrm{x},2) = \mathrm{norm}(\mathrm{x})$;
- $\| x \|_p = \mathrm{norm}(\mathrm{x},\mathrm{p})$;
- $\| x \|_\infty = \mathrm{norm}(\mathrm{x},\mathrm{inf})$。

inf 在 MATLAB 中表示无穷的意思。

练习 14.1

对于下列向量：

x1 = [4；6；7]
x2 = [7；5；6]
x3 = [1；5；4]

使用适当的 MATLAB 命令计算向量范数,并填写表 14-1。

表 14-1

	L^1	L^2	L^∞
x1			
x2			
x3			

14.3　矩阵范数

矩阵范数描述了矩阵的大小,而我们在讨论实际问题时,通常需要将矩阵范数和向量范数结合起来,这就需要向量和矩阵的范数"相互兼容",由此,引出一个向量范数和矩阵范数"相容性"的概念。当矩阵 A 和向量 x 满足下列条件时,则称矩阵范数 $\| A \|$ 和向量范数 $\| x \|$ 是相容的。

$$\| Ax \| \leqslant \| A \| \| x \|$$

矩阵有四种常见的范数和一个谱半径。

L_1 范数(列和范数)

$$\| A \|_1 = \max_{j=1,\cdots,n} \sum_{i=1}^{n} |A_{i,j}|$$

注 14.1：这与 n^2 维向量的 L^1 范数不同,n^2 维向量 L^1 范数的分量是 $A_{i,j}$。

L_2 范数(谱范数)

$$\| A \|_2 = \max_{j=1,\cdots,n} \sqrt{\lambda_i}$$

其中 λ_i 为 $A^H A$ 的(非负)特征值。

矩阵的 L^2 范数还可以写成

$$\| A \|_2 = \max_{j=1,\cdots,n} \mu_i$$

其中 μ_i 为 A 的奇异值；

无穷范数(行和范数)

$$\| A \|_\infty = \max_{i=1,\cdots,n} \sum_{j=1}^n |A_{i,j}|$$

注 14.2：这与 n^2 维向量的无穷范数不同，n^2 维向量无穷范数的分量是 $A_{i,j}$。

MATLAB 中没有矩阵的 p 范数，只有 Frobenius 范数

$$\| A \|_{\text{fro}} = \sqrt{\sum_{i,j=1,\cdots,n} |A_{i,j}|^2}$$

注 14.3：这与 n^2 维向量的 L^2 范数相同，n^2 维向量 L^2 范数的分量就是 $A_{i,j}$。

谱半径(不是范数)

$$\rho(A) = \max |\lambda_i|$$

谱半径仅针对方阵定义，其中 λ_i 是 A 的特征值(可能是复数)。它们在 MATLAB 中对应的命令为：

- kAk1 = norm(A,1);
- kAk2 = norm(A,2) = norm(A);
- kAk∞ = norm(A,inf);
- kAkfro = norm(A,'fro'); and

谱半径的计算见下文。

14.4　相容矩阵范数

矩阵可以用线性算子表示，线性算子的范数通常用下列方式定义。

$$\| A \| = \max_{x \neq 0} \frac{\| Ax \|}{\| x \|}$$

此处用表示上确界 sup 比 max 更准确，但由于有限维空间中的球面是一个紧集(compact set)，所以此时的上确界等同于集合的最大值，以这种方式定义的矩阵范数称为从属于向量范数 $\| x \|$ 的算子范数。

为了使矩阵范数与线性算子范数一致，其中的矩阵和向量还必须满足以下条件。

$$\| Ax \| \leqslant \| A \| \| x \| \tag{14.1}$$

但对于随意选择的一对矩阵和向量范数，这个表达式不一定成立。如果表达式成立，则矩阵范数和向量范数是"相容的"。

对于任何向量范数,总能找到一个矩阵,使得该矩阵的范数和同这个量范数相容。由于矩阵范数的计算方法不止有一种,使用不同的范数对应的计算量也可能不同,比如矩阵的 L^2 范数,它就很难计算(耗时较长)。

- 矩阵的 L^1、L^2、无穷范数都可以表示为从属于向量范数 $\|x\|$ 的算子范数,这些向量范数 $\|x\|$ 必定与对应的矩阵范数相容。

- Frobenius 范数不能表示为从属于向量 L^2 范数的算子范数,但它与 L^2 向量范数相容; Frobenius 范数的计算速度比 L^2 矩阵范数快得多(见练习 14.3)。

- 谱半径不是真正的范数,也不能表示为任何从属于向量范数的算子范数,但它和矩阵范数非常相似。我们经常认为矩阵的特性是由其最大特征值决定的,而事实证明这通常是正确的,所以谱半径的用处非常大。矩阵的谱半径总是满足下列不等式。

$$\|Ax\| \leqslant \rho(A)\|x\|$$

一个著名的定理(详见[*Layton and Sussman*(*2020*)][1]附录 A,以及练习 14.4 指出,对于任意矩阵 A 和任意 $\epsilon>0$,总可以找到一个范数,使得 $\|Ax\| \leqslant (\rho(A)+\epsilon)\|x\|$。这个范数取决于 ϵ 和 A。

练习 14.2

考虑下列向量。

$$x1 = [\ 4;\ 6;\ 7\ ]$$
$$x2 = [\ 7;\ 5;\ 6\ ]$$
$$x3 = [\ 1;\ 5;\ 4\ ]$$

以及下列矩阵

$$A1 = \begin{bmatrix} 38 & 37 & 80 \\ 53 & 49 & 49 \\ 23 & 85 & 46 \end{bmatrix}$$

$$A2 = \begin{bmatrix} 77 & 89 & 78 \\ 6 & 34 & 10 \\ 65 & 36 & 26 \end{bmatrix}$$

根据下列公式计算 $r_{p,q}(A,x)$ 并填写表 14-2,根据公式(14.1)判断两个范数是否相容。

$$r_{p,q}(A,x) = \frac{\|Ax\|_q}{\|A\|_p\|x\|_q}$$

如果范数相容,则第三列填写"S",如果不相容,则填写"U"。如果 $r_{p,q}(A,x)>1$,则在相应的空格填写 $>$,如果 $r_{p,q}(A,x) \leqslant 1$,则填写 $\leqslant$。

> **建议**:可以用 m 脚本文件进行计算。

---

① Layton, W. Sussman, M. (2020). Numerical Linear Algebra(World Scientific, Hakensack, NJ), ISBN 978 - 981 - 122 - 389 - 1.

表 14 - 2

矩阵范数 (p)	向量范数 (q)	S/U	A＝A1 x＝x1	A＝A1 x＝x2	A＝A1 x＝x3	A＝A2 x＝x1	A＝A2 x＝x2	A＝A2 x＝x3
1	1							
1	2							
1	inf							
2	1							
2	2							
2	inf							
inf	1							
inf	2							
inf	inf							
'fro'	1							
'fro'	2							
'fro'	inf							

矩阵的欧几里得范数(L^2 范数)的计算较为复杂和耗时,而矩阵的 L^2 范数与 Frobenius 范数是相容的,因此当需要控制代码运行时间时,应使用 Frobenius 范数而不是 L^2 范数。

矩阵的 L^2 范数在 MATLAB 中是矩阵的最大奇异值(有关矩阵奇异值的讨论,详见[*Atkinson (1978)*][1]第 478ff 页,[*Quarteroni et al. (2007)*][2]第 17 - 18 页或维基百科文章[*Singular Value Decomposition*])。你将在第 18 章中再次看到矩阵的奇异值,以及一些计算矩阵奇异值的方法。练习 14.3 将说明计算大型矩阵的奇异值可能需要很长的时间。

MATLAB 提供了一个秒表计时器,用于测量命令的运行时间。使用 tic 启动计时器,使用 toc 输出(或返回)从输入 tic 以来经过的时间。

> **注意**:不要在命令行中单独输入 tic 和 toc 这个命令,否则 MATLAB 只会测量你输入两个命令的间隔时间。比如你输入 tic 后,用了 30 秒来输入待运行程序,程序执行了 1s,再用 5s 来输入 toc,那么计时结果为 36s,而不是你希望测量的程序运行时间。

练习 14.3

(1)我们知道 MATLAB 中的 magic 函数可以生成一个幻方矩阵,n 阶幻方由 $1,\cdots,n^2$ 组成,并且矩阵每列元素的总和等于每行元素的总和。使用下列命令生成 1 000×1 000 的幻方矩阵。

```
A = magic(1000); % 不要漏掉分号!
```

(2)使用如下命令。

```
tic;x = norm(A);toc
```

---

[1] Atkinson, K. (1978). An Introduction to Numerical Analysis (Wiley, New York).

[2] Quarteroni, A., Sacco, R., Saleri, F. (2007). Numerical Mathematics (Springer), ISBN 978 - 3 - 540 - 34658 - 6.

测量计算矩阵 A 的 L^2 范数所需的时间。

> **注 14.4:** 你可能会注意到 $x = \text{sum}(\text{diag}(A)) = \text{trace}(A) = \text{norm}(A, 1) = \text{norm}(A, \text{inf})$，这是因为 A 是幻方矩阵。

（3）计算矩阵 A 的 Frobenius 范数需要多长时间？

（4）L^2 范数和 Frobenius 范数谁的计算时间更长？

14.5 谱半径

在上文中提到，谱半径不是真正的范数，也不能表示为任何从属于向量范数的算子范数，但它和矩阵范数非常相似。在本节中你将理解这句话的含义。

首先，让我们看看谱半径为什么不能表示为从属于向量 L^2 范数的算子范数。考虑下列情况，给定一个矩阵 A，对于任何向量 x，将 x 分解为 A 的特征向量之和。

$$x = \sum x_i e_i$$

其中 e_i 是 A 的特征向量，归一化为单位长度。用 λ_i 表示 A 的特征值，则有

$$\|Ax\|_2^2 = \|\sum \lambda_i x_i e_i\|_2^2$$
$$\leqslant \max_i |\lambda_i|^2 \sum |x_i|^2$$
$$\leqslant \rho(A)^2 \|x\|^2$$

对上式两边同时开方即可完成证明。

但这个证明是错误的！ 错误的地方在于，证明中默认所有向量都可以展开为矩阵的特征向量之和，但实际上不是这样的。如果矩阵 A 是正定且对称的，那么 A 的特征向量就是一组正交基，上述证明就是正确的，否则证明就是错误的。

练习 14.4

考虑下列（非对称）矩阵

$$A = \begin{bmatrix} 0.5 & 1 & 0 & 0 & 0 & 0 & 0 \\ 0 & 0.5 & 1 & 0 & 0 & 0 & 0 \\ 0 & 0 & 0.5 & 1 & 0 & 0 & 0 \\ 0 & 0 & 0 & 0.5 & 1 & 0 & 0 \\ 0 & 0 & 0 & 0 & 0.5 & 1 & 0 \\ 0 & 0 & 0 & 0 & 0 & 0.5 & 1 \\ 0 & 0 & 0 & 0 & 0 & 0 & 0.5 \end{bmatrix}$$

可以用下列命令生成该矩阵。

```
A = 0.5 * diag( ones(7,1) ) + diag( ones(6,1) ,1);
```

这个矩阵是一个 Jordan 块，任何矩阵都有对应的 Jordan 标准型，Jordan 标准型可以被划

分为一个或多个 Jordan 块。

（1）使用[V,D]＝eig(A)获取矩阵 **A** 的特征值（矩阵 **D** 对角线上的元素）和特征向量（矩阵 **V** 的每一列）。矩阵 **A** 有多少线性独立的特征向量？

（2）**A** 的谱半径是多少？

（3）对于向量 x＝[1;1;1;1;1]＝ones(7,1)，$\|x\|_2$，$\|Ax\|_2$ 和 $(\rho(A))(\|x\|_2)$ 分别是多少？

（4）此时是否有 $\|Ax\|_2 \leqslant \rho(A)\|x\|_2$？

注意，如果矩阵 A 的谱半径小于 1.0，则 $\lim_{n \to \infty} A^n = 0$。

练习 14.5

（1）对于列向量 x＝[1;1;1;1;1;1;1]＝ones(7,1)，计算 $A^k x$ 的 L^2 范数 $\|A^k x\|_2$（矩阵 **A** 为练习 14.4 中的矩阵，k＝0,1,⋯,40)并绘制范数值随 k 变化的图像。

（2）满足 $\|A^k x\|_2 \leqslant \|Ax\|_2$ 的最小 k 值是多少(k＞2)？

（3）$\max_{0 \leqslant k \leqslant 40} \|A^k x\|_2$ 是多少？

14.6　误差类型

术语"误差"总是指计算值与精确值之间的差异。在本小节中，我们将讨论几种误差。第一种叫作绝对误差（true error），假设你要求解形如 **Ax**＝**b** 的线性方程组（已知精确解为 x），你的计算结果为 x_{approx}，则绝对误差可以定义为 $\|x_{approx} - x\|$。

通常绝对误差是无法得到的，所以我们需要重新定义一种误差来近似绝对误差。例如，在迭代求解 **Ax**＝**b** 的过程中，你需要监测迭代的进度，但你还不知道问题的精确解，无法计算绝对误差。这里，你可以定义一种"残余误差（residual error）"，$\|Ax_{approx} - b\| = \|b_{approx} - b\|$，其中 $b_{approx} = Ax_{approx}$。残余误差的另一种定义方法是计算原方程组等式右侧的 b 与代入 x_{approx} 得出的 b 之间的差。

如果将求解 **Ax**＝**b** 看作射箭，数值 b 是我们需要瞄准的靶心，那么：

• 绝对误差表示你的箭偏离靶心的距离；

• 残余误差则是将你之前射出的所有箭的位置拟合成一个新的"靶心"，表示你下一支箭距离这个新靶心之间的距离。

所求解的问题不同，绝对误差和残余误差的大小也有不同，有些问题可能绝对误差很大，但残余误差很小，有些则反之。

练习 14.6

下面给出了四组线性方程组 **Ax**＝**b** 的参数以及对应的近似解 x_{Approx}，计算每组绝对误差和残余误差的欧几里得范数（L^2 范数）并填写表 14-3，表中的 L 表示大于 1，S 表示小于 0.01。在计算绝对误差时，你需要先算出方程的精确解（每组数据都可以手动算出精确解 xTrue），然后将其与近似解 xApprox 进行比较。

（1）A＝[1,1;1,(1−1.e−12)], b＝[0;0], xApprox＝[1;−1]

（2）A＝[1,1;1,(1−1.e−12)], b＝[1;1], xApprox＝[1.00001;0]

(3)A＝[1,1;1,(1－1.e－12)]，b＝[1;1]，xApprox＝[100;100]

(4)A＝[1.e＋12,－1.e＋12;1,1]，b＝[0;2]，xApprox＝[1.001;1]

表 14 - 3

组号	残差	L/S	xTrue	误差	L/S
1					
2					
3					
4					

　　矩阵及其逆矩阵的范数对绝对误差和残余误差之间的关系施加了一些限制。根据绝对误差和残余误差的定义，考虑下列相容范数。

$$\| x_{\text{approx}} - x \| = \| \boldsymbol{A}^{-1} \boldsymbol{A}(x_{\text{approx}} - x) \| \leqslant (\| \boldsymbol{A}^{-1} \|)(\| b_{\text{approx}} - b \|)$$

与

$$\| \boldsymbol{A} x_{\text{approx}} - b \| = \| \boldsymbol{A} x_{\text{approx}} - \boldsymbol{A} x \| \leqslant (\| \boldsymbol{A} \|)(\| x_{\text{approx}} - x \|)$$

也即

$$(\text{solution error}) \leqslant \| \boldsymbol{A}^{-1} \| (\text{residual error})$$
$$(\text{residual error}) \leqslant \| \boldsymbol{A} \| (\text{solution error})$$

14.6.1　相对误差

设方程的精确解为 x，你计算出的解为 $x_{\text{approx}} = x + \Delta x$，则相对误差定义为

$$(\text{relative solution error}) = \frac{\| x_{\text{approx}} - x \|}{\| x \|}$$
$$= \frac{\| \Delta x \|}{\| x \|}$$

　　我们知道 x_{approx} 满足方程 $A x_{\text{approx}} = b_{\text{approx}}$，如果将 b_{approx} 写成 $b + \Delta b$，则可以定义相对残余误差。

$$(\text{relative residual error}) = \frac{\| b_{\text{approx}} - b \|}{\| b \|}$$
$$= \frac{\| \Delta b \|}{\| b \|}$$

　　这些误差的数值取决于所使用的向量范数，当分母为零时无法计算这些误差，当分母较小时，误差的值可能会出现问题。相对误差不仅仅更容易理解，而且更便于误差计算。考虑常微分方程的边值问题。

$$u'' = -\frac{\pi^2}{100}\sin\left(\frac{\pi x}{10}\right)$$

$$u(0) = 0$$

$$u(5) = 1$$

(14.2)

这个问题的精确解为 $u = \sin(\pi x/10)$。在练习 14.7 中，你将计算各种网格大小对应的解，并使用向量范数计算误差。你将了解为什么相对误差最便于误差计算。

练习 14.7

(1)将下列代码复制到 bvp.m 中。

```
function [x,U] = bvp(N)
    % [x,U] = bvp(N)
    % 使用有限差分法求解方程组(14.2)
    % N 是区间内部点的数量
    % x 是空间变量(行向量)
    % U 是边值问题的解(列向量)
    % 作者:M. Sussman
    ULeft = 0;
    URight = 1;
    xLeft = 0;
    xRight = 5;
    % 用 N + 2 个点将区间分为 N + 1 个子区间,有 N 个区间内部的点
    dx = (xRight - xLeft) / (N + 1);
    x = xLeft + (1:N) * dx; % interior points only, ROW vector
    % 构造矩阵
    A = -2 * diag( ones(N,1) ) + diag( ones(N-1,1) ,1) + ...
        diag( ones(N-1,1) ,-1);
    % 构造等式右边的项(RHS 是 right hand side 的缩写,表示"右边")
    b =  -pi^2/100 * sin(pi * x'/10) * dx^2;
    b(1) = b(1) - ULeft; % 调整左边界值
    b(N) = b(N) - URight; % 调整右边界值
    % 求解区间内的函数值
    U = A \ b;
    % 将边界条件的值添加到 U 中,将边界条件的位置添加到 x 中
    U = [ULeft; U; URight];
    x = [xLeft, x, xRight];
end
```

这段代码和第 13 章的 rope_bvp.m 类似。

(2)令 npts=10,绘制解的曲线并将其与 sin(pi * x/10)进行比较。可以使用下列代码进

行绘图。

```
[x,u] = bvp(5);
plot(x,u,x,sin(pi * x/10));
legend('computed solution','exact solution','location','east');
```

这两条曲线应该几乎重叠在一起。

(3)使用下列代码计算各种网格大小对应的绝对误差和相对误差,并填写表14-4。该方程的精确解是 $\sin\pi x/10$。

```
sizes = [10 20 40 80 160 320 640];
for k = 1:numel(sizes)
  [x,u] = bvp(sizes(k));
  error(k,1) = norm(u' - sin(pi * x/10));
  relative_error(k,1) = error(k,1)/norm(sin(pi * x/10));
end
disp([error(1:6)./error(2:7) , ...
  relative_error(1:6)./relative_error(2:7)])
```

表 14-4

欧几里得(L^2)向量范数		
	错误比率	相对错误比率
10/20		
20/40		
40/80		
80/160		
160/320		
320/640		

(4)将代码中的范数改为 L^1 范数重新计算,并填写表14-5。

表 14-5

(L^1)向量范数		
	错误比率	相对错误比率
10/20		
20/40		
40/80		
80/160		
160/320		
320/640		

(5)将代码中的范数改为无穷范数重新计算,并填写表14-6。

表 14 - 6

(L^∞)向量范数		
	错误比率	相对错误比率
10/20		
20/40		
40/80		
80/160		
160/320		
320/640		

(6)求解这个边值问题的方法的收敛速率为 $O(h^2)$。由于网格点的数量大约为 $1/h$，因此将网格点的数量增加一倍可以让误差减少四分之一。请分别计算 L^1，L^2，L^∞ 范数对应的绝对误差和相对误差的收敛速率，并填写表 14 - 7。在表格中填写"绝对误差"或"相对误差"或"二者都是"，看看三种范数对应的误差有哪些达到了 $O(h^2)$ 的收敛速率。

表 14 - 7

	比率 = $O(h^2)$？
L^2	
L^1	
L^∞	

从上表可以看出，在计算向量的收敛速率时，最好使用相对误差。

L^1 和 L^2 范数计算的误差收敛速率不同的原因是空间维数 n 的影响。举个例子，如果函数 $f(x)=1$，则其 L^2 范数 $\int_0^1 |f(x)|^2 \mathrm{d}x$ 也为 1，但如果一个 n 维向量的所有分量都等于 1，其 L^2 范数为 $\sqrt{n}$，相对范数可以消除维数 n 对误差的影响。

当你在进行课题研究时，可能会需要比较理论收敛速率和实际收敛速率。如果你发现实际收敛速率与理论收敛速率不同，在检查计算过程的错误之前，应该先检查你使用的范数是否正确。

14.7　条件数

给定一个矩阵 $\boldsymbol{A}$，其 L^2 条件数 $k_2(\boldsymbol{A})$ 定义为

$$k_2(\boldsymbol{A}) = \|\boldsymbol{A}\|_2 \|\boldsymbol{A}^{-1}\|_2 \tag{14.3}$$

式(14.3)的前提是 $\boldsymbol{A}$ 的逆存在。如果 $\boldsymbol{A}$ 的逆不存在，那么可以认为条件数无限大。类似定义也适用于 $k_1(A)$ 和 $k_\infty(A)$。

MATLAB 提供了三个计算条件数的函数：cond、condest 和 rcond。cond 根据方程(14.3)计算条件数，可以使用 L^1 范数、L^2 范数、无穷范数或 Frobenius 范数。这种计算比较复杂，但它是准确的。condest 使用 L^1 范数计算条件数的估计值。rcond 计算矩阵 L^1 条件数的倒数，定义为

$$\mathrm{rcond}(A) = \begin{cases} 1/k_1(A) & ,A \text{ 非奇异} \\ 0 & ,A \text{ 奇异} \end{cases}$$

当矩阵奇异时,rcond(A)为零。

计算条件数需要计算矩阵的逆或奇异值分解(在后面的章节中将进行讲解),这比较复杂。但在这里我们先不关注它的计算过程,而关注它在求解线性方程组的误差估计方面的作用。

假设你需要求解线性方程组

$$Ax=b$$

现在给等式右边施加一个小的误差或"扰动",表示为 $b+\Delta b$,这样,你的解就会受到"轻微"的干扰,此时的解满足

$$A(x+\Delta x)=b+\Delta b$$

现在需要考虑的问题是,在这个轻微扰动下,你能否保证 Δx 也很小,方程的解真的不会受到影响吗?

考虑解的相对误差,如果用于定义条件数 k(A) 的矩阵范数和相对误差中的向量范数相容,则有

$$\frac{\parallel \Delta x \parallel}{\parallel x \parallel}\leqslant k(A)\frac{\parallel \Delta b \parallel}{\parallel b \parallel}$$

在给定 Δb 的情况下,我们希望条件数尽可能小,这样才能保证 Δx 也很小。事实证明,条件数是有下界的,条件数的最小值是多少? 由于 MATLAB 默认提供大约 14 位精度,如果矩阵的条件数为 10^{14},或 rcond(A) 为 10^{-14},那么向量 **b** 任何一个元素的最后一位有效数字的误差都有可能导致解出现错误。

在练习 14.8 中,你将会使用一种叫 Frank 矩阵的特殊矩阵,在第 10 章中也使用过。$n\times n$ 的 Frank 矩阵的第 i 行为

$$\boldsymbol{A}_{i,j}=\begin{cases} 0 & ,j<i-2 \\ n+1-i & ,j=i-1 \\ n+1-j & ,j\geqslant i \end{cases}$$

5×5 的 Frank 矩阵为

$$\begin{bmatrix} 5 & 4 & 3 & 2 & 1 \\ 4 & 4 & 3 & 2 & 1 \\ 0 & 3 & 3 & 2 & 1 \\ 0 & 0 & 2 & 2 & 1 \\ 0 & 0 & 0 & 1 & 1 \end{bmatrix}$$

Frank 矩阵的行列式为 1,但很难用数值方法计算。该矩阵有一种特殊的 Hessenberg 形式,其中下对角线以下的所有元素均为零。MATLAB 在其矩阵库中提供了 Frank 矩阵,gallery ('Frank',n)。你可以在[*Frank（1958）*][1]、[*Golub and Wilkinson（1976）*][2]第 13 节或[*Golub and*

---

[1]　Frank，W. L. (1958). Computing eigenvalues of complex matrices by determinant evaluation and by methods of danilewski and wielandt，SIAM Journal 6，pp. 378—392.

[2]　http://i. stanford. edu/pub/cstr/reports/cs/tr/75/478/CS－TR－75－478. pdf.

Wilkinson（1975）]①第 13 节上找到有关 Frank 矩阵的信息。

练习 14.8

在本练习中，你将了解条件数在误差估计方面的作用。你需要求解 Ax＝b，其中 x＝ones(n,1)，A 是 Frank 矩阵。

b = A * x;

xSolved = A\b;

difference = xSolved - x;

如果没有舍入误差，xSolved 将与 x 相等，但在实际计算中存在舍入误差，因此 difference 不为零，本练习也将重点关注 xSolved 与 x 之间的区别。为方便起见，使用 cond(A)计算矩阵 A 的 L^2 条件数，并假设 b 中的相对误差为 eps，即浮点相对精度（MATLAB 中的 eps 表示 1.0 到下一个较大双精度浮点数的距离）。

请填写表 14-8，我们定义误差限为 eps * cond(A)，由于 cond 默认使用 L^2 范数，因此在计算时统一使用 L^2 范数。

表 14-8

矩阵大小	cond(A)	eps * cond(A)	‖ difference ‖ / ‖ x ‖
6			
12			
18			
24			

表中第三列和第四列的大小应该大致相当（大约在 100 倍的范围内）由此看出，条件数可以度量矩阵方程对舍入误差的敏感性。

14.8 样例矩阵

在测试代码时，我们经常用一些性质特殊，容易求解的样例矩阵进行验算。一个很好的样例矩阵是由二阶微分方程产生的三对角矩阵，它在第 13.3 节也出现过。一个 5×5 的三对角矩阵 A 如下所示。

$$A = \begin{pmatrix} 2 & -1 & 0 & 0 & 0 \\ -1 & 2 & -1 & 0 & 0 \\ 0 & -1 & 2 & -1 & 0 \\ 0 & 0 & -1 & 2 & -1 \\ 0 & 0 & 0 & -1 & 2 \end{pmatrix} \tag{14.4}$$

---

① Golub, G. H. Wilkinson, J. H. (1976). Ⅲ-conditioned eigensystems and the computation of the jordan canonical form, SIAM Review 18, pp. 578-619.

更一般地，$N \times N$ 的三对角矩阵 A 的分量 a_{kj} 如下所示。

$$a_{kj} = \begin{cases} 2 & ,k=j \\ -1 & ,k=j\pm 1 \\ 0 & ,|k-j| \geqslant 2 \end{cases} \qquad (14.5)$$

该矩阵的非零项只在三条对角线上，即主对角线、第一条超对角线和第一条次对角线。它的特征向量和特征值也很容易求得。

练习 14.9

（1）考虑由 N 个向量组成的集合 $\{v^{(j)} | j = 1, 2, \cdots, N\}$，每个向量的维数都为 N，其分量 $v_k^{(j)}$ 表示为

$$v_k^{(j)} = \sin\left(j\pi \frac{k}{N+1}\right) \qquad (14.6)$$

已知 sin 函数的和角公式如下所示：

$$\sin(\theta + \phi) = \sin(\theta)\cos(\phi) + \cos(\theta)\sin(\phi)$$

请证明 $Av^{(j)} = \lambda_j v^{(j)}$，并求出 λ_j 的值（矩阵 A 是上文中的 $N \times N$ 三对角矩阵）。

> **注意**：可以手动计算，也可以使用 MATLAB 符号工具箱或 Maple 等其他代数运算工具进行证明。
>
> **提示**：选择向量方程 $Av^{(j)} = \lambda_j v^{(j)}$ 的一行，代入公式（14.5）和公式（14.6），化简后即可得到 λ_j 的表达式。

（2）补全下列函数，根据公式（14.5）生成三对角矩阵 A。

```
function A = tridiagonal(N)
  % A = tridiagonal(N)生成三对角矩阵 A
  % 姓名和日期
  A = zeros(N);
  << code corresponding to equation (14.5) >>
end
```

（1）生成 $N=5$ 的三对角矩阵并与公式（14.4）进行比较，检查代码是否正确。

（2）令 $N=25$，$j=1$ 和 $j=10$，计算 $\|Av^{(j)} - \lambda_j v^{(j)}\|_2$，检查你计算的 λ_j 是否正确。

练习 14.10

根据练习 14.9 中计算的特征值，可以得出公式（14.5）中的三对角矩阵 A 的行列式是 $(N+1)$（回顾一下，行列式是矩阵特征值的乘积）。当 $N=5$ 时，将 A 的行列式进行初等行变换可以很容易地证明 A 的行列式是 $(N+1)$。

从原始矩阵开始，将第一行乘以 $1/2$ 加到第二行，得到

$$\det(A) = \det\begin{pmatrix} 2 & -1 & 0 & 0 & 0 \\ -1 & 2 & -1 & 0 & 0 \\ 0 & -1 & 2 & -1 & 0 \\ 0 & 0 & -1 & 2 & -1 \\ 0 & 0 & 0 & -1 & 2 \end{pmatrix} = \det\begin{pmatrix} 2 & -1 & 0 & 0 & 0 \\ 0 & \dfrac{3}{2} & -1 & 0 & 0 \\ 0 & -1 & 2 & -1 & 0 \\ 0 & 0 & -1 & 2 & -1 \\ 0 & 0 & 0 & -1 & 2 \end{pmatrix} \tag{14.7}$$

然后，将第二行乘以 2/3 加到第三行，得到

$$\det(A) = \det\begin{pmatrix} 2 & -1 & 0 & 0 & 0 \\ 0 & \dfrac{3}{2} & -1 & 0 & 0 \\ 0 & 0 & \dfrac{4}{3} & -1 & 0 \\ 0 & 0 & -1 & 2 & -1 \\ 0 & 0 & 0 & -1 & 2 \end{pmatrix} \tag{14.8}$$

继续变换，将 A 化为上三角形式，得到

$$\det(A) = \det\begin{pmatrix} 2 & -1 & 0 & 0 & 0 \\ 0 & \dfrac{3}{2} & -1 & 0 & 0 \\ 0 & 0 & \dfrac{4}{3} & -1 & 0 \\ 0 & 0 & 0 & \dfrac{5}{4} & -1 \\ 0 & 0 & 0 & 0 & \dfrac{6}{5} \end{pmatrix} \tag{14.9}$$

由于上三角矩阵的行列式是对角线的乘积，所以 A 的行列式为 6。在下面的步骤中，你将把初等变换过程转换为计算过程。

(1)补全下列代码，对矩阵 A 的第 j 行进行一次初等行变换(rrs)。

rrs. txt

```
function A = rrs(A,j)
  % A = rrs(A,j)对第 j 行进初等行变换
  % j 在第 2 行到第 N 行之间
  % 姓名和日期
  N = size(A,1);
  if (j<=1 | j>N) % "|"是逻辑或的意思
    j
    error('rrs: value of j must be between 2 and N');
  end
  factor = 1/A(j-1,j-1); % 第(j-1)行需要乘上的系数
```

```
<< include code to multiply row (j-1) by factor and >>
<< add it to row (j). Row (j-1) remains unchanged. >>
end
```

将代码运行结果与练习(14.7)到练习(14.9)的结果进行比较,检查代码是否正确。

(2)令 N=25,用 tridiagonal. m 生成矩阵 A,使用 MATLAB 的 det 函数计算其行列式。

(3)令 j=2,用 rrs. txt 进行一次初等行变换。用 det 计算变换后的矩阵的行列式。

(4)使用 m 脚本文件,编写一个循环来继续执行初等行变换,直到 A 变成上三角形式。使用 det 函数计算行列式,它和第(2)问中行列式的值是否相同?

(5)使用 MATLAB 的 diag 函数提取上三角形式的 A 的对角线元素。第 j 行的对角线元素是否为$(j+1)/j$? 使用 MATLAB 的 prod 函数将行列式计算为对角线元素的乘积。

14.9　行列式

[*Quarteroni et al.* (2007)]第 10 页给出了计算 $N \times N$ 矩阵 A 的行列式的拉普拉斯展开法,如下所示。

$$\det(\boldsymbol{A}) = \begin{cases} a_{11} & N=1 \\ \sum_{j=1}^{N} a_{kj} \Delta_{kj} & N>1 \end{cases} \tag{14.10}$$

其中 k 是任意固定的下标,$\Delta_{kj} = (-1)^{k+j} \det(A_{kj})$,$A_{kj}$ 是矩阵 A 去掉第 k 行第 j 列后得到的大小为$(N-1) \times (N-1)$的矩阵。例如,如果矩阵 A 为

$$\boldsymbol{A} = \begin{pmatrix} 1 & 2 & 3 & \mathbf{4} \\ \mathbf{5} & \mathbf{6} & \mathbf{7} & \mathbf{8} \\ 9 & 10 & 11 & \mathbf{12} \\ 13 & 14 & 15 & \mathbf{16} \end{pmatrix}$$

那么 A_{24} 为

$$\boldsymbol{A}_{24} = \begin{pmatrix} 1 & 2 & 3 \\ 9 & 10 & 11 \\ 13 & 14 & 15 \end{pmatrix}$$

Δ_{kj} 也被称为矩阵 $\boldsymbol{A}$ 的余子式。

练习 14.11

(1)编写一个递归函数,使用拉普拉斯展开法计算任意矩阵 $\boldsymbol{A}$ 的行列式。然后用它来计算 A=magic(5)的行列式,并检查你得到的值是否与 det 函数计算的值一致。

(2)拉普拉斯展开法效率极低,它的时间复杂度为 $O(N!)$。请计算 magic(7)、magic(8)、magic(9) 和 magic(10) 的行列式,令它们所需的计算时间分别为 T_7、T_8、T_9 和 T_{10}。证明 $T_8 \approx 8T_7$、$T_9 \approx 9T_8$ 和 $T_{10} \approx 10T_9$。

第 15 章　求解线性方程组

15.1　引　言

在许多数值分析应用中,尤其是求解常微分方程和偏微分方程,最耗时的步骤是求解线性方程组。求解线性方程组属于数值分析的一个主要主题:数值线性代数。在开始本章的学习之前,你首先需要熟悉向量和矩阵、矩阵乘法、向量点积的概念,以及线性方程组的求解理论、矩阵的逆、特征值等。本章重点介绍数值分析方法在计算线性方程组中的实际应用。

第 15.2 节将介绍几个用来测试代码的样例矩阵,这些矩阵会在本章和后续章节中使用。练习 15.1 说明了矩阵求逆和使用矩阵的逆求解线性方程组需要 $O(n^3)$ 的时间复杂度。练习 15.2 讨论了使用 MATLAB 反斜杠符号代替矩阵求逆进行求解的时间复杂度,说明了反斜杠运算符的计算速度大约是矩阵求逆的三倍。练习 15.3 说明了涉及稀疏矩阵的线性方程组的计算时间复杂度通常小于 $O(n^3)$。有关稀疏矩阵的内容将在第 19 章中进行更详细的研究。练习 15.4 说明了包含某些矩阵的线性方程组需要考虑特殊情况才能得到精确解。练习 15.5～15.8 是一个系列,该系列涉及矩阵的 PLU 分解,即,将矩阵 A 分解为矩阵 P(置换矩阵),矩阵 L(下三角矩阵)和矩阵 U(上三角矩阵)。练习 15.12 涉及对 PLU 分解的证明,供学有余力的同学学习。练习 15.9 和 15.10 为使用因子分解求解线性方程组。练习 15.11 说明了在求解含时常微分方程时将因子分解和求解过程分开进行的好处。

15.2　样例矩阵

本节介绍几个简单的样例矩阵,你可以使用这些矩阵来研究线性方程组的求解过程和解法的准确性。MATLAB 的 gallery 函数提供了一些特殊的样例矩阵。

你将使用的一些样例矩阵,包括:
- 二阶差分矩阵;
- Frank 矩阵;
- Hilbert 矩阵;
- Pascal 矩阵;
- 幻方矩阵。

15.2.1　二阶差分(三对角)矩阵

二阶差分矩阵是在近似等距给定点上的二阶导数时产生的,它是一个三对角矩阵,在第 14.8 节中已经出现过。二阶差分矩阵的定义为:

$$A_{i,j} = \begin{cases} 2 & ,j=i \\ -1 & ,|j-i|=1 \\ 0 & ,|j-i|>1 \end{cases}$$

矩阵如下所示：

$$\begin{bmatrix} 2 & -1 & & & & & \\ -1 & 2 & -1 & & & & \\ & -1 & 2 & -1 & & & \\ & & & \ddots & & & \\ & & & & -1 & 2 & -1 \\ & & & & & -1 & 2 \end{bmatrix}$$

其中空白处的元素值都为零。这个矩阵是正定对称的方阵，其行列式为$(n+1)$，其中 n 表示矩阵的大小。MATLAB 提供了生成该矩阵的函数 gallery('tridiag',n)，但除非文中有说明，在本章中你只能使用练习 14.9 里的 tridiagonal.m 来生成它。MATLAB 中的矩阵有两种储存形式："稀疏储存"和"完全储存"，到目前为止我们使用的矩阵都是非零元素占比较大的稠密矩阵，但 gallery('tridiag',n) 返回的是稀疏矩阵，稀疏矩阵在应用时需要一些特殊处理。

15.2.2　Frank 矩阵

$n \times n$ 的 Frank 矩阵的第 i 行定义为

$$A_{i,j} = \begin{cases} 0 & ,j < i-2 \\ n+1-i & ,j = i-1 \\ n+1-j & ,j \geqslant i \end{cases}$$

$n=5$ 的 Frank 矩阵为

$$\begin{bmatrix} 5 & 4 & 3 & 2 & 1 \\ 4 & 4 & 3 & 2 & 1 \\ 0 & 3 & 3 & 2 & 1 \\ 0 & 0 & 2 & 2 & 1 \\ 0 & 0 & 0 & 1 & 1 \end{bmatrix}$$

Frank 矩阵的行列式为 1，但由于舍入误差的存在，很难精确计算。该矩阵有一种特殊的 Hessenberg 形式，其下对角线以下的所有元素均为零。MATLAB 在其矩阵库中提供了 Frank 矩阵，gallery('Frank',n)，在本章中你需要使用 10.4.1 中提供的代码来生成 Frank 矩阵。

15.2.3　Hilbert 矩阵

Hilbert 矩阵与区间$[0,1]$上的插值问题有关，该矩阵由公式 $A_{i,j} = 1/(i+j-1)$ 给出。当 $n=5$ 时，Hilbert 矩阵为

$$\begin{pmatrix} \dfrac{1}{1} & \dfrac{1}{2} & \dfrac{1}{3} & \dfrac{1}{4} & \dfrac{1}{5} \\[2mm] \dfrac{1}{2} & \dfrac{1}{3} & \dfrac{1}{4} & \dfrac{1}{5} & \dfrac{1}{6} \\[2mm] \dfrac{1}{3} & \dfrac{1}{4} & \dfrac{1}{5} & \dfrac{1}{6} & \dfrac{1}{7} \\[2mm] \dfrac{1}{4} & \dfrac{1}{5} & \dfrac{1}{6} & \dfrac{1}{7} & \dfrac{1}{8} \\[2mm] \dfrac{1}{5} & \dfrac{1}{6} & \dfrac{1}{7} & \dfrac{1}{8} & \dfrac{1}{9} \end{pmatrix}$$

由于 Hilbert 矩阵通常出现在插值和近似问题中,所以它也可以用 $\boldsymbol{A}_{i,j} = \int_0^1 (x^{i-1})(x^{j-1})\mathrm{d}x$ 来定义。Hilbert 矩阵的优点在于它的逆矩阵的元素都是整数,但它的逆矩阵很难用常规方法来计算。

MATLAB 生成 Hilbert 矩阵及其逆矩阵有特殊的函数,分别为 hilb(b) 和 invhilb(n),你将在本章中使用这些函数。

15.2.4　Pascal 矩阵

Pascal 矩阵来源于 Pascal 三角(杨辉三角),其定义为 $\boldsymbol{P}_{i,j} = \begin{pmatrix} i+j-2 \\ j-1 \end{pmatrix}$(二项式系数)。当 n=5 时,Pascal 矩阵为

$$\boldsymbol{P} = \begin{pmatrix} 1 & 1 & 1 & 1 & 1 \\ 1 & 2 & 3 & 4 & 5 \\ 1 & 3 & 6 & 10 & 15 \\ 1 & 4 & 10 & 20 & 35 \\ 1 & 5 & 15 & 35 & 70 \end{pmatrix}$$

不难看出,这个矩阵的粗体部分是一个 Pascal 三角形。

Pascal 矩阵的下三角 Cholesky 因子(n=5)可以写成

$$\boldsymbol{L} = \begin{pmatrix} 1 & 0 & 0 & 0 & 0 \\ 1 & -1 & 0 & 0 & 0 \\ 1 & -2 & 1 & 0 & 0 \\ 1 & -3 & 3 & -1 & 0 \\ 1 & -4 & 6 & -4 & 1 \end{pmatrix}$$

忽略正负号,矩阵 $\boldsymbol{L}$ 也包含一个 Pascal 三角形,但 Pascal 三角形的元素分布位置不是按主对角线对称。

$$L_1 = \begin{bmatrix} 1 & 0 & 0 & 0 & 0 \\ 1 & 1 & 0 & 0 & 0 \\ 1 & 2 & 1 & 0 & 0 \\ 1 & 3 & 3 & 1 & 0 \\ 1 & 4 & 6 & 4 & 1 \end{bmatrix}$$

MATLAB 提供了一个 pascal 函数，上述三个矩阵可以分别用 P＝pascal(5)，L＝pascal(5,1)，L_1＝abs(L)来生成。

与 Frank 矩阵一样，Pascal 矩阵当 n 较大时也是存在问题的。此外，Pascal 矩阵还满足以下条件：

- $\det(P) = \det(L) = \det(L_1) = 1$；
- $L^2 = I$（I 是单位矩阵）；
- $P = LL^T = L_1 L_1^T$。

有关 Pascal 矩阵的更多信息，详见[$Pascal\ matrix$]。

15.3 线性方程组问题

线性方程组问题可以描述为：求出满足矩阵方程的 n 维向量 x

$$Ax = b \tag{15.1}$$

其中 A 是 $m \times n$ 的矩阵，b 是 m 维向量，x 和 b 都是列向量。

如果矩阵 A 是方阵（$m = n$），那么线性方程组通常会有解，求解线性方程组有许多方法，比如 Cramer 法则（计算矩阵的行列式）、构造逆矩阵、Gauss-Jordan 消元法和高斯分解法。在本章中，我们将重点介绍高斯分解法。

本章的讨论将集中于以下几个方面：

效率：什么算法能用更少的计算量求出结果？

准确度：什么算法产生的答案更准确？

难点：是什么使问题难以解决或不可能解决？

特殊情况：你如何解决系数矩阵是超大矩阵、对称矩阵、奇异矩阵或带状矩阵的方程组？

15.4 矩阵的逆

在讨论矩阵的逆之前，先看下列定理。

定理 15.1：当且仅当逆矩阵 A^{-1} 存在时，线性方程组问题(15.1)对于任意的 b 有唯一解。此时，解 x 可以表示为 $x = A^{-1}b$。

看完这个定理以后，你可能会觉得通过矩阵求逆的方法来解线性方程组很不错，但事实真的如此吗？下面列出了矩阵求逆的几个缺点。

- 矩阵求逆需要花费大量的时间。
- 当给定矩阵中有多个元素为零时，如三对角矩阵，计算逆矩阵比仅求解线性方程组要困难也更多，耗时也更多。通常情况下，逆矩阵比矩阵本身需要更多的存储空间。例如，二阶差分矩阵属于"M 矩阵",可以证明 M 矩阵的逆中的所有元素都是正数,存储它本身(三对角矩阵)只需要大约 $3n$ 个数字,因为通常可以不存储零元素,但它的逆矩阵需要用 n^2 个数字来存储。

- 有时,求逆运算非常不准确。

在练习 15.1 中,你会看到直接求解线性方程组比先求矩阵的逆快很多倍,对于 n×n 矩阵,构造逆矩阵需要花费与 n^3 成比例的时间,而且用数值方法求逆还非常的困难。你还会看到,具有特殊形式系数矩阵(如三对角矩阵)的线性方程组不用求逆也可以非常有效地求解。

练习中所包含的问题的运算量经过设计,它能在较新版本的计算机上花费一定的时间,方便测量求解方程组所需的时间。

> **警告**:大多数较新的计算机有多个处理器(核)。默认情况下,MATLAB 将会为每个可用的处理器分配一个"线程",这会使计时变得困难,所以需要设置 MATLAB 只使用一个线程。可以用下列命令行启动 MATLAB。
>
> ```
> MATLAB - singleCompThread
> ```

如果你不知道如何用命令行启动 MATLAB,可以在软件打开后输入下列命令。

```
maxNumCompThreads(1);
```

如果 MATLAB 版本过低,可能不支持该命令,则后面的练习中的计时结果可能与理论不符。

我们知道,MATLAB 提供了 tic 和 toc 命令来测量时间。tic 命令启动计时器,toc 命令停止计时器,记录的时间可以输出,也可以作为返回值,如 elapsedTime＝toc;所示。记录的时间以秒为单位。

> **注 15.1**:当一台计算机一次执行多个任务时,可以使用 cputime 函数来测量每个任务单独使用了多少时间。如果 maxNumCompThreads 函数不可用,或者你的电脑正在与其他用户共享,可以使用 cputime 来测量习题代码运行时间。

练习 15.1

MATLAB 的 inv(A)命令可以计算矩阵 A 的逆的近似值,在这里我们不深究 inv 函数背后使用的求逆方法,我们只用正确的使用该函数即可。

(1)将下列代码复制到 m 函数文件 exer1. m 中,并补全"???"部分。

```
function elapsedTime = exer1(n)
   % elapsedTime = exer1(n)
   % 适当添加注释
   % 姓名和日期
   if mod(n,2) = = 0
     error('Please use only odd values for n');
   end
   A = magic(n); % 只有当 n 是奇数时,A 才是可逆矩阵
   b = ones(n,1); % 向量 b 的取值不会影响程序的运行时间
   tic;
```

247

```
Ainv = ???  % 计算 A 的逆矩阵
xSolution = ???  % 计算方程组的解
elapsedTime = toc;
end
```

(2)理论表明,大小为 $n \times n$ 的矩阵求逆所需的时间与 n^3 成正比。填写表 15-1,其中第三列的"比值"表示前一项运行时间除以后一项运行时间。

注 15.2:用表 15-1 中第一行的 n 值计算两次,你会发现第一次计算所用的时间更长,因为第一次调用函数会花费更多时间,而第二次调用则会快一些(用第二次计算的时间填表)。表 15-1 中最后一行可能需要几分钟才能计算完。

表 15-1

计算逆矩阵所需的时间		
n	时间	比值
161		
321		
641		
1 281		
2 561		
5 121		
10 241		

(3)这些时间是否与 n^3 成正比?

练习 15.2

MATLAB 提供了一个特殊的运算符——反斜杠(\)运算符,可用于求解线性方程组,而无须计算矩阵的逆。它的作用是求方程组 A * x＝b 的解。

你可能会好奇为什么不能写 x＝b/A,因为对于列向量 b 来说,这意味着将 b 放在矩阵 A 的左侧,这是错误的操作,只有 b 是行向量时,该表达式才有意义。

(1)将 exer1.m 复制到 exer2.m 中,使用带有\的命令代替矩阵求逆的求解过程,并填写表 15-2。

表 15-2

计算解的时间		
n	时间	比值
161		
321		
641		
1 281		
2 561		
5 121		
10 241		

（2）这些时间是否与 n^3 成正比？

（3）比较使用矩阵求逆和使用"\"运算符的时间，并填写表 15-3。

表 15-3

时间比较	
n	求逆的时间/求解的时间
161	
321	
641	
1 281	
2 561	
5 121	
10 241	

理论表明，使用反斜杠运算符进行计算的速度大约是通过矩阵求逆的计算速度的三倍。你的结果与这个结论一致吗？

通过上面两个练习，你应该明白，在求解线性方程组时，不到万不得已，千万别去计算矩阵的逆。

> **警告**：当矩阵 A 不是方阵或者 A 是一个向量时，"\"符号也能正常计算，但结果通常不是我们所期望的结果，并且没有报错提醒。所以在使用"\"时，请小心这一潜在的错误来源。对于"/（除法）"符号也同理，如果你把除号与矩阵或向量一起使用，你也会得到错误的答案。

练习 15.3

有些矩阵主要由零元素组成，这些矩阵被称为"稀疏矩阵"，MATLAB 对稀疏矩阵有一种特殊的存储方式，命令 gallery('tridiag',N)生成的稀疏矩阵与 tridiagonal(N)的结果相同。

（1）令 N＝10，b＝ones(N,1)，使用"\"运算符求解方程组 Ax＝b，第一次使用 tridiagonal(N)生成矩阵 A，第二次使用 gallery('tridiag',N)生成矩阵 A。确认两次计算的解相同（最简单的方法是计算两个解向量之差的范数）。

（2）使用 gallery('tridiag',N)生成矩阵 A，并按照练习 15.2 中的方法使用"\"进行求解，填写表 15-4。

> **注意**：此表中 n 的大小每次增加了 10 倍，由于稀疏矩阵储存方式的特殊性，MATLAB 允许储存较大的稀疏矩阵。

表 15-4

计算稀疏矩阵解的时间		
n	时间	比值
10 240		
102 400		
1 024 000		
10 240 000		

（3）设此时的时间复杂度为 $O(n^p)$，估计 p 的值。

（4）比较完全储存方式的系数矩阵 tridiagonal(10240) 与稀疏储存方式的系数矩阵 gallery ('tridiag',10240) 进行计算所需的时间。可以看到稀疏矩阵存储方式的一大优势，在后面的章节中我们会选取一种稀疏矩阵的储存方法进行详细讨论。

练习 15.4

一些非奇异矩阵会导致线性方程组很难用数值方法求解。我们知道，矩阵 A 的条件数 $\|A\|_p \|A^{-1}\|_p$（其中 p≥1）可以衡量求解矩阵方程时的舍入误差。在本练习中，需要先选取一个已知的解向量 x_{known}，通过 $b = Ax_{known}$ 来计算等式右侧的列向量 b。然后将 x_{known} 与使用 "\" 运算符计算出的解向量进行比较，查看两个解向量之间的差异。考虑下列代码。

```
N = 10;
A = tridiagonal(N);
xKnown = sqrt( (1:N)' );
b = ??? % 根据 xKnown 的值计算向量 b
xSolution = ??? % 用\求解线性方程组
err = norm(xSolution - xKnown)/norm(xKnown)
```

（1）用 tridiagonal 函数定义矩阵并填写表 15 – 5（cond 计算矩阵的条件数，det 计算矩阵的行列式）。

表 15 – 5

三对解矩阵			
大小	误差	行列式	cond. no.
10			
40			
160			

可以看出，三对角矩阵的性质与普通矩阵一样好，它既不奇异，也不难求逆。

（2）用 hilb 函数定义矩阵并填写表 15 – 6。

表 15 – 6

Hilbert 矩阵			
大小	误差	行列式	cond. no.
10			
15			
20			

可以看出，Hilbert 矩阵非常接近奇异矩阵，普通的数值近似无法将其与奇异矩阵区分开来。

（3）用 frank 函数定义矩阵并填写表 15 – 7。

表 15 - 7

Frank 矩阵			
大小	误差	行列式	cond. no.
10			
15			
20			

可以证明 Frank 矩阵的行列式等于 1.0，因为其特征值是成对的 $(\lambda, 1/\lambda)$，因此它不是奇异矩阵。但是由于舍入误差的存在，在计算机上它可能看起来是奇异的，这一点可以从条件数看出（奇异矩阵的条件数无穷大）。

（4）用 pascal 函数定义矩阵并填写表 15 - 8。

表 15 - 8

Pascal 矩阵			
大小	误差	行列式	cond. no.
10			
15			
20			

Pascal 矩阵的行列式也为 1，特征值也是成对的 $(\lambda, 1/\lambda)$。用数值方法计算 Pascal 矩阵行列式的舍入误差比 Frank 矩阵的还要多。

在下一节中，将编写代码来实现"\"运算符的功能。

15.5　高斯分解法

矩阵求逆的标准方法是高斯消元法（Gaussian elimination）。详见[*Quarteroni et al.* (2007)][1]第 3.3 节、[*Atkinson*（1978）][2]第 8.1 节和第 8.2 节、[*Ralston and Rabinowitz* (2001)][3]第 9.3 节或维基百科[*Gaussian Elimination*][4]。

高斯消元法分为两个部分："消元（forward substitution）/因子分解（factorization）"和"回代（back substitution）"，其主要步骤如下：

（i）在第 k 步消元过程中，将未知变量 x_k 作为"主元（pivot）"，然后在剩余未消元的方程中选择一个与第 k 个方程进行交换；

（ii）主元方程的作用是消去剩余方程中的 x_k（即第 k 个方程以下的方程中，x_k 前的系数都为零），此时，系数矩阵对角线元素 (k,k) 左边和下面的元素都为零；

---

[1]　Quarteroni, A., Sacco, R., Saleri, F. (2007). Numerical Mathematics (Springer), ISBN 978 - 3 - 540 - 34658 - 6.

[2]　Atkinson, K. (1978). An Introduction to Numerical Analysis (Wiley, New York).

[3]　Ralston, A. and Rabinowitz, P. (2001). A First Course in Numerical Analysis (Dover Publications, Mineola, New York), ISBN 0 - 486 - 41454 - X.

[4]　http://en. wikipedia. org/wiki/Gaussian_elimination.

(iii)第 n−1 步消元过程后，开始回代。最后一个方程只涉及一个变量 x_n，其可以轻易求解。倒数第二个方程涉及 x_n 和 x_{n-1}，由于 x_n 已知，也可以轻易求出 x_{n-1}，以此类推即可求出所有的未知数。

不同的主元选择方法对应不同种类的高斯消元法，例如：

• 最简单的一种是"顺序高斯消元法（Gauss factorization with no pivoting）"，第 k 个主元就是 $A_{k,k}$。用这种方法求解时，如果某一步消元时的对角线元素为零，那么这个方法将无法继续进行下去（即使该方程组存在解）。该方法的消元过程从矩阵右上角开始，沿对角线向下，将对角线以下的所有元素变为零。回代过程从右下角开始，沿对角线向上计算。

• "列主元高斯消元法（Gauss factorization with partial pivoting）"的第 k 步消元过程中，在系数矩阵 A 的第 k 列选择绝对值最大的系数 $A_{\ell,k}$ 对应的未知数作为主元（$\ell \geqslant k$）。在实际计算过程中，为了保证计算有序，人们通常将主元所在的行和第 k 行进行交换。该方法同样将系数矩阵变为上三角矩阵，并且可以计算出方程组的精确解。在计算机中，该方法的精度比顺序高斯消元法更高。

• "按比例选主元高斯消元法（Gauss factorization with scaled partial pivoting）"的第 k 步消元过程中，在系数矩阵 A 的第 k 列中选择比值 $|A_{\ell,k}| / |A_{\ell,m}|$（$m \geqslant \ell$）最大的系数对应的未知数 $A_{\ell,k}$ 作为主元（$\ell \geqslant k$）。该方法在系数矩阵缩放错误时有更好的精度，但在选择主元时花费的时间更长。本章不会讨论该方法。

• "全主元高斯消元法（Gauss factorization with complete pivoting）"的第 k 步消元过程中，在 $i \geqslant k, j \geqslant k$ 的区域中选择绝对值最大的系数 $A_{i,j}$ 对应的未知数为主元。该方法比列主元高斯消元法花费的时间更长，所以人们很少使用。

现在，需要自己编写高斯消元法的代码。阅读本节之前你需要熟练掌握高斯消元法的技巧，在一开始我们不讨论涉及行交换的高斯消元法，因为行交换可能会使分析过程变得复杂。

代码的基本思想是利用行化简（row reduction）将给定矩阵 A 转换为上三角矩阵 U 和下三角矩阵 L 的乘积。这种矩阵分解方法称为"LU 分解"。

注 15.3：你可以利用等式 $A = LU$ 来检查代码中的错误，如果在计算结束时得到错误的答案，可以测试计算的每一步的分解结果是否满足 $A = LU$，看看哪里出错了。通常，会在第一步中发现错误，这是最容易理解和修复的错误。

首先，考虑一个简单的矩阵

$$A = \begin{pmatrix} 2 & 4 \\ 1 & 9 \end{pmatrix}$$

A 的行化简过程只需一步计算，即第二行减去第一行乘以 1/2，将左下角的 1 变为 0。这个过程可以写成

$$\begin{pmatrix} 1 & 0 \\ -\dfrac{1}{2} & 1 \end{pmatrix} \begin{pmatrix} 2 & 4 \\ 1 & 9 \end{pmatrix} = \begin{pmatrix} 2 & 4 \\ 0 & 7 \end{pmatrix} \tag{15.2}$$

如果要写成 $A = LU$ 的形式，那么 L 就是公式（15.2）最左边的矩阵的逆。

$L = \begin{pmatrix} 1 & 0 \\ \frac{1}{2} & 1 \end{pmatrix}$ 和 $U = \begin{pmatrix} 2 & 4 \\ 0 & 7 \end{pmatrix}$ 是描述行化简步骤（L）及其结果（U）的矩阵，其方式可以将原始矩阵 A 恢复为 $A = LU$。

现在有一个 5×5 的 Hilbert 矩阵 A，你需要通过行化简步骤，将矩阵第一列中除第一行以外的所有元素变为零，并关注矩阵 L 中包含的运算步骤和矩阵 U 中的结果。下列代码可以执行上述计算。

```
n = 5;
Jcol = 1;
A = hilb(5);
L = eye(n);  % 生成 n x n 单位矩阵
U = A;
for Irow = Jcol + 1:n
    % 计算第一列第 Irow 行的元素与第一列第一行元素的比值,并保存在 L(Irow,Jcol)中
    L(Irow,Jcol) = U(Irow,Jcol)/U(Jcol,Jcol);
    % 从第一列第 Irow 行中减去 Jcol 乘以 L(Irow,Jcol)的值,使第一列第 Irow 行的元素变为零
    % 这个向量语句可以替换为循环
    U(Irow,Jcol:n) = U(Irow,Jcol:n) - L(Irow,Jcol) * U(Jcol,Jcol:n);
end
```

练习 15.5

(1)使用上述代码计算矩阵 A＝hilb(5)的第一步行化简过程,输出生成的矩阵 U。检查第一列的第二行到最后一行的元素是否为零。

(2)将 L 和 U 相乘,确认乘积等于 A,可以计算 norm(L * U－A,'fro')/norm(A,'fro')的值(我们知道,Frobenius 范数的计算速度比 2 范数更快,尤其是对于大型矩阵)。

(3)按照下列格式,根据上面给出的代码编写 gauss_lu.m,在不使用主元的情况下利用顺序高斯消元法进行 LU 分解。

```
function [L,U] = gauss_lu(A)
    % [L,U] = gauss_lu(A)使用高斯消元法对矩阵 A 进行 LU 分解
    % A 是被分解的矩阵
    % L 是对角线元素为 1 的下三角因子矩阵
    % U 是上三角因子矩阵
    % A = L * U
    % 姓名和日期
    << your code >>
end
```

(4)计算 5 阶 Hilbert 矩阵的 L 和 U。

（5）U(5,5)是多少，至少保留四位有效数字。

（6）验证 L 是下三角矩阵，U 是上三角矩阵。

（7）确认 L * U 等于原矩阵 A。

（8）表达式 R＝rand(100,100)，将生成 100×100 的随机数矩阵。使用 gauss_lu 计算矩阵 R 的因子矩阵 LR 和 UR。

　　（a）利用范数来确认 LR * UR＝R，不用输出矩阵。

　　（b）使用 tril 和 triu 函数确认 LR 为下三角矩阵，UR 为上三角矩阵，不用输出矩阵。

事实证明，不利用主元进行 LU 分解很容易出错。

练习 15.6

（1）使用 gauss_lu. m 计算下列矩阵第一步行化简后得到的 L_1 和 U_1。

$$A_1＝\begin{bmatrix} -2 & 1 & 0 & 0 & 0 \\ 1 & 0 & 1 & -2 & 0 \\ 0 & 0 & 0 & 1 & -2 \\ 1 & -2 & 1 & 0 & 0 \\ 0 & 1 & -2 & 1 & 0 \end{bmatrix}$$

你会发现分解失败了，生成的矩阵有无穷大(inf)和"非数字"(NaN)元素。

（2）该方法在分解的哪个步骤失败了（Irow 和 Jcol 的值出现错误）？为什么会失败？

（3）A_1 的行列式是多少？条件数 cond(A_1)是多少？该矩阵是奇异矩阵还是病态矩阵？

在不使用主元的顺序高斯消元法中，对角线上的系数有可能为零，如前面的练习所示。由于零不能作为除数，因此该方法会失败。该方法也可能会产生对角线元素很小，对角线下面的元素很大的矩阵，在这种情况下，该方法不会失败，但会有很大的舍入误差。解决这种情况的一个方法是交换矩阵的行和列，使矩阵中剩下的最大元素位于对角线上，也即上文提到的"全主元高斯消元法"，与这种方法对应的"列主元高斯消元法"只进行交换，也非常有效。下一节将介绍置换矩阵(permutation matrices)，并使用置换矩阵表示列主元高斯消元法，对应的矩阵分解方式叫作 PLU 分解。

15.6　置换矩阵

一个矩阵，它由单位矩阵中的两行互换后构成，这个矩阵和其他矩阵相乘时，可以使另一个矩阵对应的两行互相交换。置换矩阵的原理和这个相同，但稍微复杂一些，我们可以把置换矩阵看作许多矩阵的乘积，每个矩阵都是单位矩阵两行互换得到的。

练习 15.7

考虑下列两个置换矩阵。

$$P1＝\begin{bmatrix} 1 & 0 & 0 & 0 \\ 0 & 0 & 1 & 0 \\ 0 & 1 & 0 & 0 \\ 0 & 0 & 0 & 1 \end{bmatrix}$$

$$P_2 = \begin{bmatrix} 1 & 0 & 0 & 0 \\ 0 & 0 & 0 & 1 \\ 0 & 0 & 1 & 0 \\ 0 & 1 & 0 & 0 \end{bmatrix}$$

(1)计算 P_1 与 4 阶幻方矩阵的乘积，A＝magic(4)，$A_2 = P_1 * A$。可以看到矩阵 A 的第二行和第三行发生了交换。

(2)如果右乘置换矩阵，则交换矩阵的列。计算 4 阶幻方矩阵与 P_1 的乘积，A＝magic(4)，$A_3 = A * P_1$。可以看到矩阵 A 的第二列和第三列发生了交换。

(3)什么样的置换矩阵能交换矩阵 A 的第一行和第四行。

(4)计算乘积 $P = P_1 * P_2$。两个置换矩阵的乘积也是一个置换矩阵，因此 P 也是一个置换矩阵。可以看到，虽然 P_1 和 P_2 是对称的置换矩阵，但矩阵 P 不是对称的。

(5)计算乘积 $A_4 = P * A$。一般来说，置换矩阵的每一行和每一列中只有一个 1，其余元素都为 0。

15.7　PLU 分解

在前面，你已经编写了顺序高斯消元法的代码 gauss_lu.m，现在你需要考虑涉及行交换的高斯消元法，15.6 节讲到矩阵的行交换和列交换分别等价于左乘和右乘一个置换矩阵。类似于 gauss_lu.m，我们在 gauss_lu.m 中一开始令 L 为单位矩阵，然后在每一次行化简过程中，通过矩阵 L 来保存行化简的操作过程，在这里我们则是利用置换矩阵 P＝eye(n)保存每一次行交换的操作过程。

练习 15.8

(1)

(a) 将 gauss_lu.m 复制到 gauss_plu.m 中，并将函数签名改为如下所示。

function [P,L,U] = gauss_plu(A)

适当修改注释来描述新输出的矩阵 P。

(b)在函数开头添加初始化语句 P＝eye(n)。

(c)将下列代码添加到 Jcol 循环的开头(就在 for Irow＝... 语句之前)。

```
% 首先在第 Jcol 列中，寻找除第 Jcol 个元素之外的最大元素(主元)
% 然后，包含最大元素(主元)的行将与第 Jcol 行进行交换
[ colMax, pivotShifted ] = max ( abs ( U(Jcol:n, Jcol) ) );
% max 函数返回的 PivotShifted 的值不是主元所在的行的位置，要做一些修改
% 可以使用 help max 来查看 max 函数的使用方法
pivotRow = Jcol + pivotShifted - 1;
if pivotRow ~= Jcol % 如果主元所在的行 pivotRow 恰好是第 Jcol 行，就不需要
行交换了
   U([Jcol, pivotRow], :) = U([pivotRow, Jcol], :);
```

```
L([Jcol, pivotRow], 1:Jcol-1) = L([pivotRow, Jcol], 1:Jcol-1);
P(:,[Jcol, pivotRow]) = P(:,[pivotRow, Jcol]);
end
```

PivotShifted 所计算的是 U 的后 Jcol 行中主元所对应的位置，但对矩阵进行处理时需要知道其在整个矩阵中的位置，故需要对其进行调整以得到该行在整个矩阵中的位置 pivotRow。举个例子，如果 J(jcol+1,jcol) 恰好是一列中的最大元素，则 max 函数将返回 PivotShifted=2，而不是 PivotShift=(jcol+1)。这是因为(jcol+1)是向量(jcol:n)中的第二个元素。

(d)在 Jcol 循环结束之前(Irow 循环之后)临时添加下列语句。

```
% 临时调试检查
if norm(P*L*U-A,'fro')> 1.e-12 * norm(A,'fro')
error('If you see this message, there is a bug! ')
end
```

(2)利用 gauss_plu. m 计算 A=pascal(5)的 PLU 分解，并验证 P * L * U=A。你会发现矩阵 P 不是单位矩阵。

(3)利用 gauss_plu. m 计算练习 15.6 中的矩阵 A_1 的 PLU 分解，并验证 $P_1 * L_1 * U_1 = A_1$，分解得到的因子矩阵不应该包含 inf 或 NaN 元素。注意，在练习 15.6 中，gauss_lu. m 并没有成功计算出 A_1 的 LU 分解。

删除刚才添加的"临时调试检查"开头的代码。此检查的计算量太大，会影响后面练习中的计时。

15.8　利用 PLU 分解求解线性方程组

在上文中你已经了解了如何将矩阵 A 分解为

$$A = PLU$$

其中 P 是置换矩阵，L 是单位下三角矩阵，U 是上三角矩阵。要求解包含 A 的矩阵方程，可以使用 PLU 分解逐步将方程分解成若干个矩阵相乘的形式，如下所示：

$$Ax = b$$
$$PLUx = b$$
$$LUx = P^{-1}b$$
$$Ux = L^{-1}(P^{-1}b)$$
$$x = U^{-1}(L^{-1}P^{-1}b).$$

这种分解方法可以不用显式计算矩阵 A 的逆，而且我们想要的不是逆矩阵本身，而是逆矩阵乘以向量 b 的结果。

考虑下列线性方程组，它将中间变量用新的变量命名，这种表示方法可以使我们用另外一种角度看待求解过程。

$$P(LUx)=b$$
$$P(z)=b$$
$$L(Ux)=z$$
$$L(y)=z$$
$$Ux=y$$
$$x=U^{-1}y$$
$$x=U^{-1}L^{-1}P^{-1}b.$$

综上所述,PLU 分解法思路是在找到因子矩阵 P、L、U 后,通过以下三步计算求解 $Ax=b$:

①求解 $Pz=b$;

②求解 $Ly=z$;

③求解 $Ux=y$。

这看起来可能比较复杂,但实际的计算过程很简单。

①$Pz=b$ 的解为 $z=P^{\mathrm{T}}b$;

②求解 $Ly=z$ 很容易,因为 L 是下三角矩阵,可以从左上角开始逐步求解;

③求解 $Ux=y$ 也很容易,因为 U 是上三角矩阵,可以从右下角开始逐步求解。

练习 15.9 使用一个简单的矩阵来演示 PLU 分解法求解线性方程组的过程,这个示例的答案也可以用来检查你之后编写的 MATLAB 代码。

练习 15.9

考虑下列简单的 PLU 分解:

$$A=PLU$$

$$\begin{pmatrix} 2 & 6 & 12 \\ 1 & 3 & 8 \\ 4 & 4 & 8 \end{pmatrix} = \begin{pmatrix} 0 & 1 & 0 \\ 0 & 0 & 1 \\ 1 & 0 & 0 \end{pmatrix} \begin{pmatrix} 1 & 0 & 0 \\ 0.5 & 1 & 0 \\ 0.25 & 0.5 & 1 \end{pmatrix} \begin{pmatrix} 4 & 4 & 8 \\ 0 & 4 & 8 \\ 0 & 0 & 2 \end{pmatrix} \tag{15.3}$$

(1)令

$P = \begin{bmatrix} 0 & 1 & 0 \\ 0 & 0 & 1 \\ 1 & 0 & 0 \end{bmatrix};$

$L = \begin{bmatrix} 1 & 0 & 0 \\ 0.5 & 1 & 0 \\ 0.25 & 0.5 & 1 \end{bmatrix};$

$U = \begin{bmatrix} 4 & 4 & 8 \\ 0 & 4 & 8 \\ 0 & 0 & 2 \end{bmatrix};$

验证 $A=PLU$。

(2)手动计算 PLU 分解法求解线性方程组的过程并填写表 15-9,等式右侧向量 $b=$ [28;18;16](注意分号,b 是列向量),表 15-9 中的结果将用于之后的练习。

表 15 - 9

Step 0	Step 1	Step 2	Step 3
b	z	y	x
$\begin{bmatrix} 28 \\ 18 \\ 16 \end{bmatrix}$	$\begin{bmatrix} \\ \\ \end{bmatrix}$	$\begin{bmatrix} \\ \\ \end{bmatrix}$	$\begin{bmatrix} \\ \\ \end{bmatrix}$

在练习 15.10 中,你将编写文件 plu_solve.m,利用 PLU 分解来求解线性方程组(15.1)。由于求解过程分为三步,所以需要建立四个文件:u_solve.m、l_solve.m、p_solve.m 和 plu_solve.m。plu_solve 的求解过程如下所示。

```
function x = plu_solve ( P, L, U, b )
    % function x = plu_solve ( P, L, U, b )
    % 求解 PLU 分解后的方程组
    % P 是置换矩阵
    % L 是下三角矩阵
    % U 是上三角矩阵
    % b 是方程组等式右侧的向量
    % x 是方程组的解
    % 姓名和日期
    % 使用 p_solve 求解 P*z=b 中的 z
    z = p_solve(P,b);
    % 使用 l_solve 求解 L*y=z 中的 y
    y = l_solve(L,z);
    % 使用 u_solve 求解 U*x=y 中的 x
    x = u_solve(U,y);
end
```

练习 15.10

(1)最容易编写的应该是 p_solve,因为 P 是正交矩阵,所以该函数的解 z 可以表示为 $z = P^\mathrm{T} b$。请补全下列代码中的"???"部分。

```
function z = p_solve(P,b)
    % z = p_solve(P,b)
    % P 是正交矩阵
    % b 是方程组等式右侧的向量
    % z 是 P*z=b 的解
    % 姓名和日期
    z = ???
end
```

（2）使用练习 15.9 中的矩阵 P 和向量 b 测试你的代码是否正确。

（3）l_solve 也比较简单，你只需要从第一行开始逐步向下求解每一行的方程。请补全下列代码中的"???"部分。

```
function y = l_solve(L,z)
  % y = l_solve(L,z)
  % L 是对角元素为 1 的下三角矩阵
  % z 是 L * y = z 等式右侧的向量
  % y 是 L * y = z 的解
  % 姓名和日期
  % 为了方便编程,再设置一个变量 n
n = numel(z);
  % 初始化 y 的值,并确保它是列向量
y = zeros(n,1);
  % 从第一行逐步向下求解
  % 矩阵 L 的对角线元素都为 1
Irow = 1;
    y(Irow) = z(Irow);
    for Irow = 2:n
      rhs = z(Irow);
      for Jcol = 1:Irow - 1
        rhs = rhs - ???
      end
      y(Irow) = ???
    end
end
```

（4）使用练习 15.9 中的矩阵 L 和向量 z 测试该代码是否正确。

（5）u_solve 稍微有点难,你需要从最后一行开始逐步向上求解每个方程。请补全下列代码中的??? 部分(也可以直接下载 u_solve.txt)。

```
function x = u_solve(U,y)
  % x = u_solve(U,y)
  % U 是上三角矩阵
  % y 是 U * x = y 等式右侧的向量
  % x 是 U * x = y 的解
  % 姓名和日期
  % 为了方便编程,再设置一个变量 n
n = numel(y);
  % 初始化 y 的值,并确保它是列向量
x = zeros(n,1);
```

```
  % 从最后一行逐步向上求解
  Irow = n;
  x(Irow) = y(Irow)/U(Irow,Irow);
  % 下列 for 循环中间的参数 - 1 表示循环方向是从下往上的
  for Irow = n - 1: - 1:1
    rhs = y(Irow);
    % 下列循环也可以写成单个向量语句
    for Jcol = Irow + 1:n
      rhs = rhs - ???
    end
    x(Irow) = ???
  end
end
```

(6)使用练习 15.9 中的矩阵 U 和向量 y 测试该代码是否正确。

(7)现在,将上面三个函数放在一起,计算。

```
x = plu_solve(P,L,U,b)
```

其中的矩阵 P,L,U 和向量 b 均采用练习 15.9 中的数据。

再次检查

```
relErr = norm(P * L * U * x - b)/norm(b)
```

是否为零。

(8)最后,求解一个包含随机数矩阵和随机数向量的大型线性方程组。请问 relErr 的值是多少?

```
A = rand(100,100);
x = rand(100,1);
b = A * x;
```

误差 relErr 的大小通常和舍入误差一个量级。然而,随机生成的矩阵 A 可能是病态矩阵或者奇异矩阵,如果发生这种情况,再次生成 A 和 x,然后重新计算即可。

你可能会好奇为什么不将 gauss_plu.m 和 plu_solve.m 合并到一起。一方面是因为 PLU 分解除了求解线性方程组还可以用到其他地方,例如,计算矩阵的行列式。任何置换矩阵的行列式都是 ± 1,L 的行列式是 1,因为 L 的所有对角线项都等于 1,而 U 的行列式是其对角线项的乘积。另一方面是因为因子分解比求解线性方程组更加耗费时间,并且你可以使用相同的因子分解法多次求解不同的线性方程组。后者将在 15.9 节中进行介绍。

15.9　求解常微分方程组

第 12 章讨论了某些常微分方程的数值解。例如使用向后欧拉法求解标量线性常微分方程,但对于非线性常微分方程和常微分方程方程组,则需要使用牛顿法来求解时间步长方程。

事实证明,线性方程组可以用矩阵方程解法来求解,而不用求助于牛顿法,这种解法的每个时间步中,都需要求解一个线性方程组。在这里我们选择 PLU 分解法来进行计算,并且将计算过程分为"因子分解"和"求解"两步,同时,你将看到这样分步进行的优点。

考虑常微分方程组

$$\frac{\mathrm{d}\boldsymbol{u}}{\mathrm{d}t}=\boldsymbol{A}\boldsymbol{u} \tag{15.4}$$

其中 $\boldsymbol{A}$ 是 $n\times n$ 的矩阵,$\boldsymbol{u}$ 是 n 维列向量。由于我们采用数值方法求解常微分方程,所以会出现时间步的概念,每个时间步内会求出方程组的 n 个解,对应 u 的每个元素。用向后欧拉法求解公式(15.4)得到下列方程组

$$(\boldsymbol{I}-\Delta t\boldsymbol{A})\boldsymbol{u}^{k+1}=\boldsymbol{u}^{k}$$
$$\boldsymbol{u}^{k+1}=(\boldsymbol{I}-\Delta t\boldsymbol{A})^{-1}\boldsymbol{u}^{k} \tag{15.5}$$

其中 $\boldsymbol{I}$ 表示单位矩阵,向量 $\boldsymbol{u}$ 的上标 k 表示这是第 k 个时间步的解。在实际编程中,$\boldsymbol{u}$ 需要用一个矩阵来描述,矩阵 $\boldsymbol{u}$ 的列向量表示每个时间步对应的方程组的解,$\boldsymbol{u}$ 的第 k 列表示第 k 个时间步的解,向量 $\boldsymbol{u}^{k}$ 在 MATLAB 中表示为 u(:,k)。

下列代码实现了上述过程。将其复制到 m 脚本文件 bels.m 中(bels 表示"Backward Euler Linear System",意思是用向后欧拉法求解线性方程组)。这个特殊的系统使用三对角矩阵的逆来实现含时热传导方程(heat equation)的离散化。变量 $\boldsymbol{u}$ 表示温度,是时间的函数,也是固定 $\mathrm{d}x$ 的一维空间变量 $x_j=j\mathrm{d}x$ 的函数。程序运行后所画出的图像可以简洁地展示向量 $\boldsymbol{u}$,其下标表示横轴上的位置。红线是初始形状,绿线是如果积分进行到 $t=\infty$ 得到的极限情况,蓝线是中间某一时刻的形状。

```
% ntimes 是从 t = 0 到 t = 1 的时间步数量
ntimes = 30;
% dt 是时间步长
dt = 1/ntimes;
t(1,1) = 0;
% N 是空间中离散点的个数
N = 402;
% 初始条件
u(1:N/3 ,1) = linspace(0,1,N/3)';
u(N/3 + 1:2 * N/3,1) = linspace(1, - 1,N/3)';
u(2 * N/3 + 1:N,1) = linspace( - 1,0,N/3)';
% 系数矩阵 A 是一个三对角矩阵乘上一个负常数,表示含时热传导方程的离散化形式
A = - N^2/5 * tridiagonal(N);
EulerMatrix = eye(N) - dt * A;
tic;
for k = 1 : ntimes
  t(1,k + 1) = t(1,k) + dt;
  [P,L,U] = gauss_plu(EulerMatrix);
```

```
   u(:,k + 1) = plu_solve(P,L,U,u(:,k));
end
CalculationTime = toc
% 按时间顺序绘制解的图像
plot(u(:,1),'r')
hold on
for k = 2:3:ntimes
   plot(u(:,k))
end
plot(zeros(size(u(:,1))),'g')
title 'Solution at selected times'
hold off
```

练习 15. 11

(1)再次检查 gauss_plu. m,确保"debugging check"已经被删除。

(2)将上述代码复制到名为 bels. m 的 m 脚本文件中,记录此代码运行的时间。将得出的结果保存下来(usave＝u),以便后续比较。

(3)将 bels. m 改为 bels1. m,在循环外使用一次 gauss_plu. m,将矩阵 EulerMatrix 分解为 P、L 和 U;然后在循环内使用 plu_solve. m 来求解方程组。可以看出,当 ntimes＝1 时,bels. m 和 bels1. m 得出的结果相同,运行的时间也大致相同。

(4)令 ntimes＝30 并记录 bels1. m 运行的时间。此时 bels1. m 所花费的时间应该比 bels. m 小得多,因为因子分解比求解方程组需要的计算量更多。

(5)计算范数 norm(usave - u,'fro'),比较 bels. m 和 bels1. m 得出的结果是否相同。

练习 15.11 中的系数矩阵是稀疏矩阵,但在求解过程中没有考虑到这一特性,同时我们也没有利用它的对称性和正定性(不需要选主元)。其实,使用 gallery(tridiag,n)和稀疏形式的 P、L 和 U 可以节省大量时间。

如果你在本练习中使用了"\",你会发现使用它比循环快得多。这是因为"\"的代码运行效率很高(超出了本书的讲解范围),而不是因为它使用了不同的方法,例如用向量语句替换尽可能多的循环。

15. 10　主　元

在练习 15.8 中,已经给 gauss_plu. m 添加了选择主元的代码,如下所示:

```
[ colMax, pivotShifted ] = max ( abs ( U(Jcol:n, Jcol ) ) );
pivotRow = Jcol + pivotShifted - 1;
if pivotRow ~ = Jcol % 如果主元所在的行 pivotRow 恰好是第 Jcol 行,就不需要行交
换了
   U([Jcol, pivotRow], :) = U([pivotRow, Jcol], :);
```

```
L([Jcol, pivotRow], 1:Jcol − 1) = L([pivotRow, Jcol], 1:Jcol − 1);
P(:,[Jcol, pivotRow]) = P(:,[pivotRow, Jcol]);
end
```

在本节中,你将自己编写代码来实现选择主元的过程。

注 15.4:给定一个表示交换两行的投影矩阵 P,PB 使矩阵 B 的两行交换,BP^{T} 使矩阵 B 的两列交换。

证明高斯因子分解的正确性的关键是证明每一步中等式 $A=PLU$ 都成立,其中

① P 是一个投影矩阵,表示所有行交换操作对应的投影矩阵的乘积;

② L 是一个下三角矩阵,对角线上的元素都为 1,表示所有行化简操作;

③ U 为部分上三角矩阵,在前几列中,对角线以下的元素都为零,每一步计算都会使下一列的对角线以下的元素变成零。

显然,当计算完成时,U 是(完全)上三角矩阵。

假设你已经完成了高斯因子分解的几个步骤,并且在接下来的步骤中需要选择主元。令选择主元的矩阵为 Π,且 $\Pi^{\mathrm{T}}\Pi=\Pi\Pi^{\mathrm{T}}=I$,所以矩阵 A 的 PLU 分解可以写成

$$A=PLU=P\Pi^{\mathrm{T}}\Pi L\Pi^{\mathrm{T}}\Pi U=\overline{P}\,\overline{L}\,\overline{U}$$

矩阵 $\overline{P}=P\Pi^{\mathrm{T}}$ 明显满足上述条件①,矩阵 $\overline{U}=\Pi U$ 满足条件③。对于条件②,请注意,L 可以写成

$$L=(I+\Lambda)$$

其中其中 Λ 是下三角矩阵,对角线上有的元素为零,并且只有其前几列的元素非零。因此 $\Lambda\Pi^{\mathrm{T}}=\Lambda$(见下面的练习)。所以

$$\overline{L}=\Pi L\Pi^{\mathrm{T}}=(\Pi(I+\Lambda)\Pi^{\mathrm{T}}=I+\Pi\Lambda$$

矩阵 L 也满足条件(ii)。

练习 15.12

(1)考虑下列矩阵:

$$A=\begin{bmatrix} 6 & 1 & 1 & 0 & 1 & 1 \\ 1 & 6 & 1 & 1 & 0 & 1 \\ 1 & 1 & 6 & 1 & 1 & 0 \\ 1 & 1 & 0 & 1 & 1 & 6 \\ 1 & 0 & 1 & 1 & 6 & 1 \\ 0 & 1 & 1 & 6 & 1 & 1 \end{bmatrix}$$

使用 gauss_plu 函数对 A 进行 PLU 分解,并确认在选择主元的过程中只进行了第四行和第六行的行交换。

(2)将 gauss_plu.m 复制到 new_plu.m 中,在选择主元之前只进行三次行化简。

(3)构造矩阵 Π 来描述第四行和第六行的行交换,并令矩阵 $\Lambda=L-I$,证明 $\Lambda\Pi^{\mathrm{T}}=\Lambda$。用

一句话解释为什么等式 $\boldsymbol{\Lambda}\boldsymbol{\Pi}^{\mathrm{T}}=\boldsymbol{\Lambda}$ 可以推广到其他方程组的求解中(等式恒成立)。这一点对于证明该选择主元的方法有效至关重要。

(4)重新运行 new_plu. m,对所有行进行化简。将其中寻找主元的代码写成循环的形式,不使用冒号,并且仅对标量使用 max 函数。测试你的代码,确保 new_plu. m 的结果与 gauss_plu. m 的结果一致,并解释测试过程。

第 16 章　因子分解

16.1　引　言

第 15 章说明了 PLU 因子分解可以用于求解线性方程组，但前提是该方程组的系数矩阵是方阵，并且是非奇异和非病态的。然而，对于包含病态矩阵、奇异矩阵，甚至是非方阵矩阵的线性方程组问题，需要另外的求解方法。在本章中，你将了解两种形式的 QR 分解。

$$A = QR$$

其中 Q 是正交矩阵，R 是上三角矩阵。第 18 章讨论了奇异值分解（SVD），它可以将矩阵分解为 $A = USV^T$ 的形式。

本章将考虑 QR 分解的两种形式：Gram-Schmidt 形式和 Householder 形式。Householder 变换比 Gram-Schmidt 正交化更常用，并且在数值上更稳定。

还有第三种基于 Givens 变换的 QR 分解，但更难实现。这种因子分解在数值上是稳定的，并且比 Householder 变换的计算量更大，但它的运行在数值上更高效，尤其是在目前的多核计算机上。该方法和第 18 章中的奇异值分解有关，但本章不讨论该方法。

如果矩阵 A 是非奇异的，并且如果选择的矩阵 R 的对角线元素为正数，则 A 的 QR 分解是唯一的。详见[*Atkinson（1978）*][1]第 614 页。如果 A 是奇异矩阵或非方阵，则有多种 QR 分解。

QR 分解是第 17 章中求矩阵特征值的基础。它还可用于求解线性方程组，尤其是当 PLU 分解遇到病态矩阵时。QR 分解也是解决最小二乘解问题（least-squares minimization problems）的好方法。此外，涉及的 Gram-Schmidt 正交化和 Householder 矩阵等内容在其他问题中也有应用。

练习 16.1 介绍了经典的 Gram-Schmidt 正交化，练习 16.2 介绍了改进的 Gram-Schmidt 正交化，练习 16.3 讨论了由改进的 Gram-Schmidt 正交化产生的 QR 分解，练习 16.4—16.6 介绍了基于 Householder 变换的 QR 分解，练习 16.7 利用 QR 分解来求解线性方程组，练习 16.8 介绍了 Cholesky 分解。

16.2　正交矩阵

定义："正交矩阵"是一个实矩阵，该矩阵的逆等于其转置。

正交矩阵通常用符号 Q 表示。根据定义，可得

$$QQ^T = Q^T Q = I$$

用向量的角度来解释这个方程，当矩阵 Q 的列被视为向量时，这些列向量形成一个正交

---

[1]　Atkinson, K. (1978). An Introduction to Numerical Analysis (Wiley, New York).

集，Q 的行同理。根据正交矩阵的定义，向量 x 的 L2 范数可以定义为

$$\| x \|_2 = \sqrt{(x^T x)}$$

即

$$(Ax)^T = x^T A^T$$

对于正交矩阵 Q，则有

$$\| Qx \|_2 = \| x \|_2$$

二维向量 x 乘以 Q 不会改变其 L^2 范数，因此 Qx 必定位于半径为 $\| x \|$ 的圆上。换句话说，Qx 是围绕原点旋转一定角度（或者围绕原点/一条直线反射）的 x。所以二维正交矩阵可以表示旋转变换或反射变换。在 N 维问题中，正交矩阵通常也被称为旋转矩阵。

对于复矩阵，通常用术语"酉矩阵"表示"正交矩阵"的意思。如果矩阵 U 满足 $UU^H = U^H U = I$，则 U 是酉矩阵，其中上标 H 表示矩阵的"Hermitian 矩阵"或"共轭转置"。MATLAB 中的"'"表示求矩阵的共轭转置，"."表示求矩阵的非共轭转置。实数酉矩阵就是正交矩阵。

16.3　格拉姆-施密特正交化

格拉姆-施密特（Gram-Schmidt）正交化是将一组向量 X，变成另一组（可能更小的）向量 Q，这组向量 Q 满足三个条件：(a) 和 X 在相同的空间；(b) 具有单位 L^2 范数；(c) 两两正交。集合 Q 可以反映集合 X 的许多特性。例如，集合 Q 的大小可以反映集合 X 中的向量是否线性独立、X 所在空间的维数和由 X 中的向量构造的矩阵的秩。显然，Q 中的向量是一组正交基。

在本章中，我们将使用格拉姆-施密特正交化对矩阵进行因子分解。在后续章节中，如果问题涉及一组互相正交的向量，也会出现格拉姆-施密特正交化，例如迭代求解方程组，特征值问题的 Krylov 子空间方法等。

Gram-Schmidt 正交化过程如下：

(i) 考虑一个空集 Q；

(ii) 在向量集合 X 中选取一个向量 x 放入 Q 中；

(iii) 对于 Q 中已经存在的每个向量 q_i，计算 q_i 在 x 上的投影（即 $q_i \cdot x$）。从 x 中减去所有这些投影，得到一个与 q_i 正交的向量；

(iv) 计算减去投影之后的 x 的范数。如果范数为零（或太小），则将 x 从 Q 中丢弃；否则，将 x 除以其范数使其变为单位向量，并保留在集合 Q 中。

(v) 如果 X 还有剩余的向量，返回步骤 2。

(vi) 当 X 最终为空集时，就得到了一组和 X 在同一空间的正交向量 Q。

下面是 Gram-Schmidt 正交化的伪代码。假设 n_x 表示向量 x 的个数。

Gram-Schmidt 正交化

$n_q = 0$ % n_q 表示集合 Q 中向量 q 的数量
for k = 1 to n_x

$y = x_k$

for ℓ = 1 to n_q % 如果 n_q = 0,这个循环就跳过

  $r_{\ell k} = q_\ell \cdot x_k$

  $y = y - r_{\ell k} q_\ell$

end

$r_{kk} = \sqrt{y \cdot y}$

if $r_{kk} > 0$

  $n_q = n_q + 1$

  $q_{n_q} = y / r_{kk}$

end

end

请注意,此处需要一个辅助向量 y,因为如果没有它,向量 x_k 的值将在循环内发生改变,而不是仅在循环完成后发生改变。

上述格拉姆–施密特算法在计算机上实现时可能会由于舍入误差而出现错误。在练习 16.1 中你暂时使用这种方法,在练习 16.2 中,你将对该方法做一些修改,以降低其对舍入误差的敏感性。

练习 16.1

(1)按照下列格式编写 unstable_gs.m,实现上述 Gram-Schmidt 正交化过程。

```
function Q = unstable_gs ( X )
    % Q = unstable_gs( X )
    % 适当添加注释
    % 姓名和日期
    << your code >>
end
```

在上文的算法描述中,向量 x 是集合 X 的元素,但在代码中,向量存储为矩阵 X 的每一列。同样地,集合 Q 中的向量也存储在矩阵 Q 的每一列中。矩阵 x 的第一列对应向量 x_1,因此表达式 X(k,1)表示向量 x1 的第 k 个分量,表达式 X(:,1)表示列向量 x_1,其他列同理。

(2)使用下列矩阵 X 作为输入,测试代码的正确性。

$$X = \begin{bmatrix} 1 & 1 & 1 \\ 0 & 1 & 1 \\ 0 & 0 & 1 \end{bmatrix}$$

正确结果应该是一个单位矩阵。如果你的答案不是单位矩阵,请修改代码。

(3)再次输入下列矩阵 X,测试代码。

$$X = \begin{bmatrix} 1 & 1 & 1 \\ 1 & 1 & 0 \\ 1 & 0 & 0 \end{bmatrix}$$

Q 的每一列的 L^2 范数应该为 1,并且两两正交。

(4)再次输入下列矩阵 X,测试代码。

$$X = \begin{bmatrix} 2 & -1 & 0 \\ -1 & 2 & -1 \\ 0 & -1 & 2 \\ 0 & 0 & -1 \end{bmatrix}$$

如果你的代码正确,答案应该为

$$\begin{bmatrix} 0.8944 & 0.3586 & 0.1952 \\ -0.4472 & 0.7171 & 0.3904 \\ 0.0000 & -0.5976 & 0.5855 \\ 0.0000 & 0.0000 & -0.6831 \end{bmatrix}$$

检查 Q 的每一列的 L^2 范数是否为 1,并且两两正交。如果可以的话,请尝试用一行代码完成检查。

(5)刚才计算的矩阵 Q 不是正交矩阵,尽管它的每一列构成了一个正交集。Q 不满足正交矩阵的哪一条定义?

(6)计算 Q1＝unstable_gs(X),其中 X 是 Hilbert 矩阵 hilb(10)。Q1 是正交矩阵吗? 如果不是,它是否接近正交矩阵?

(7)要进一步确定 Q1 是否正交,请计算 B1＝Q1'＊Q1。如果 Q1 是正交矩阵,则 B1 恒为单位矩阵。查看 B1 左上角的 3×3 子矩阵(输出 B1(1:3,1:3)),右下角的 3×3 子矩阵,以及中间的 3×3 子矩阵。你应该会发现,随着代码的运行,舍入误差在不断增加。

改进后的 Gram-Schmidt 算法只比原来稍微难一点,伪代码如下所示。

改进 Gram-Schmidt 正交化

$n_q = 0$ ％ n_q 表示集合 Q 中向量 q 的数量
for k = 1 to n_x
 y = $\mathbf{x}_k$
 for ℓ = 1 to n_q ％ 如果 $n_q = 0$,这个循环就跳过
 $r_{\ell k} = q_\ell \cdot y$ ％ 这里是算法做了改进的地方
 y = y $- r_{\ell k} q_\ell$
 end
 $r_{kk} = \sqrt{y \cdot y}$
 if $r_{kk} > 0$
  $n_q = n_q + 1$
  $q_{n_q} = y/r_{kk}$
 end
end

代码所做的修改看似很小,在精确计算中根本没有区别,但实际计算中存在舍入误差。在原来的算法中,q_1 的微小误差将导致 $r_{31} = q_3 \cdot \mathbf{x}_1$ 的精度略低于 $r_{31} = q_3 \cdot y$,因为 $\mathbf{x}_3$ 中的 q_1

比 y 中的 q_1 略大。在练习 16.2 中,你将看到改进算法的优势。

练习 16.2

(1)按照下列格式编写 modified_gs.m。

```
function Q = modified_gs( X )
    % Q = modified_gs( X )
    % 适当添加注释
    % 姓名和日期
    << your code >>
end
```

你可以参考 unstable_gs.m 来编写。

(2)选择至少三个不同的 3×3 矩阵,将 modified_gs.m 与 unstable_gs.m 的结果进行比较,两个结果应该一致。描述一下你的比较过程用了什么代码。

(3)再次考虑 Hilbert 矩阵 X1=hilb(10),并计算 Q2=modified_gs(X1)和 B2=Q2'＊Q2。计算 norm(B1−eye(10),'fro') 和 norm(B2−eye(10),'fro')之差的 Frobenius 范数,表明 B2 比 B1(来自练习 16.1)更接近单位矩阵。

16.4　格拉姆-施密特 QR 分解

回想一下高斯消元过程是如何变成矩阵因子分解过程的,同样,格拉姆-施密特正交化实际上也是一种矩阵的因子分解过程,这种因子分解可以解决许多问题。在讨论这个因子分解时,我们需要将 $\boldsymbol{X}$ 看作矩阵而不是向量。

在格拉姆-施密特正交化过程中,变量 $r_{\ell k}$ 和 r_{kk} 实际上记录了许多重要信息,它们可以被视为上三角矩阵 $\boldsymbol{R}$ 的非零元素。格拉姆-施密特正交化过程实际上产生了矩阵 $\boldsymbol{A}$ 的分解形式

$$A = QR$$

其中,矩阵 $\boldsymbol{Q}$ 与 $\boldsymbol{A}$ 具有相同的大小($M \times N$),如果 $\boldsymbol{A}$ 是方阵,那么 $\boldsymbol{Q}$ 也是方阵。矩阵 $\boldsymbol{R}$ 为上三角方阵($N \times N$)。为了求出 $\boldsymbol{Q}$ 与 $\boldsymbol{R}$,需要对上一节的格拉姆-施密特算法进行一些修改。对于每个向量 $\boldsymbol{x}_k$,在循环结束后必须生成一个向量 $\boldsymbol{q}_k$,而不是判断是否将其舍去,否则乘积 QR 将缺少一些列。向量 $\boldsymbol{q}_k$ 的值并不重要,因为它对应的 $\boldsymbol{R}$ 中的行为零(故其取值不会影响乘积 QR 的值),但选取的 $\boldsymbol{q}_k$ 必须使 $\boldsymbol{Q}$ 的各列正交。在练习 16.3 中,你需要计算矩阵 $\boldsymbol{A}$ 的 QR 分解,如果向量 $\boldsymbol{x}_k$ 的范数 r_{kk} 为零,则需要调用 error()报错并退出循环。

练习 16.3

(1)将 modified_gs.m 复制到 gs_factor.m 中,并按照下列格式进行修改,使其计算矩阵 $\boldsymbol{A}$(可能为矩形)的因子矩阵 $\boldsymbol{Q}$ 和 $\boldsymbol{R}$。

```
function [ Q, R ] = gs_factor ( A )
    % [ Q, R ] = gs_factor ( A )
```

```
% 适当添加注释
% 姓名和日期
<< your code >>
end
```

> **注 16.1**:回想一下,[Q,R]=gs_factor 表示从函数返回两个矩阵。调用函数时,也要使用相同的语法,如下所示:
>
> [Q,R] = gs_factor(A)
>
> 使用此语法时,可以省略 Q 和 R 之间的逗号,但省略该逗号是 m 函数文件签名行中的语法错误,所以不建议这样做。

(2)计算下列矩阵的 QR 分解。

$$A = \begin{bmatrix} 1 & 1 & 1 \\ 1 & 1 & 0 \\ 1 & 0 & 0 \end{bmatrix}$$

比较 modified_gs 和 gs_factor 计算的矩阵 Q,结果应该是相同的。检查 R 是否为上三角矩阵以及 $A=QR$ 是否成立,如果不是,请修改你的代码。

(3)计算 100×100 的随机数矩阵(A=rand(100,100))的 QR 分解。请使用范数来检查下列结论是否成立。因为矩阵太大,无法手动检查。

- $Q^TQ=I$ 是否成立?(**提示**:计算 norm(Q'*Q-ye(100),'fro')是否等于零)。
- $QQ^T=I$ 是否成立?
- Q 是否正交?
- 矩阵 R 是上三角矩阵吗?(**提示**:可以使用 MATLAB 函数 tril 或 triu)
- $A=QR$ 是否成立?

(4)计算下列矩阵的 QR 分解。

$$A = \begin{bmatrix} 0 & 0 & 1 \\ 1 & 2 & 3 \\ 5 & 8 & 13 \\ 21 & 34 & 55 \end{bmatrix}$$

- $Q^TQ=I$ 是否成立?
- $QQ^T=I$ 是否成立?
- Q 是否正交?
- 矩阵 R 是上三角矩阵吗?
- $A=QR$ 是否成立?

下面两节将介绍另一种 QR 分解,它非常稳定且效果很好。

16.5　豪斯霍尔德矩阵

PLU 和 Gram-Schmidt QR 分解都会产生上三角因子矩阵。PLU 分解通过行化简操作将矩阵对角线下方的元素变为零，Gram-Schmidt QR 分解通过向量点积将矩阵对角线下方的元素变为零。而使用 Householder 矩阵也可以完成此操作。

注 16.2：使用 Givens 旋转也可以将矩阵对角线下方的元素变为零，在第 18 章中会有相应介绍。

理论推导表明，对一个给定的向量 d 和一个给定的整数 k，可以找到一个矩阵 H，使得 H_d 与向量 $e_k = (0, \ldots, 0, \underset{k}{1}, 0, \ldots, 0)^T$ 成比例。也就是说，矩阵 H 可以使向量 d 除第 k 个元素外，其余元素都变为零，并且这是一次性完成的，而非逐步进行。

这个矩阵 H 被称为 Householder 矩阵，定义为

$$v = \frac{d - \|d\| \mathbf{e}_k}{\|(d - \|d\| \mathbf{e}_k)\|} \tag{16.1}$$
$$H = I - 2vv^T$$

请注意，$v^T v$ 是标量（内积或点积），但 vv^T 是矩阵（外积或叉积）。要证明式(16.1)成立，首先令 $d = (d_1, d_2, \cdots)^T$，然后进行下列计算。

$$
\begin{aligned}
Hd &= d - 2\frac{(d - \|d\| \mathbf{e}_k)(d - \|d\| \mathbf{e}_k)^T}{(d - \|d\| \mathbf{e}_k)^T(d - \|d\| \mathbf{e}_k)}d \\
&= d - \frac{2}{\|d\|^2 - 2d_k\|d\|) + \|d\|^2}(d - \|d\| \mathbf{e}_k)(\|d\|^2 - \|d\| d_k) \\
&= d - \frac{2(\|d\|^2 - \|d\| d_k)}{(2\|d\|^2 - 2d_k\|d\|)}(d - \|d\| \mathbf{e}_k) \\
&= \|d\| \mathbf{e}_k
\end{aligned}
$$

你可以在[Quarteroni *et al*. (2007)][1]第 5.65.1 节，[Atkinson (1978)][2]第 9.3 节中找到进一步的讲解。

有一种方法可以根据上述过程来获取矩阵的任何列，并使该列对角线项下的元素变为零，就像高斯分解的第 k 步中所做的那样。

考虑将长度为 n 的列向量一分为二。

$$
b = \begin{bmatrix} b_1 \\ b_2 \\ \vdots \\ b_{k-1} \\ \hline b_k \\ b_{k+1} \\ \vdots \\ b_n \end{bmatrix}
$$

① Quarteroni, A., Sacco, R., Saleri, F. (2007). Numerical Mathematics (Springer), ISBN 978 - 3 - 540 - 34658 - 6.

② Atkinson, K. (1978). An Introduction to Numerical Analysis (Wiley, New York).

并将横线下的部分表示为 d,长度为 $n-k+1$。

$$d = \begin{bmatrix} d_1 \\ d_2 \\ \vdots \\ d_{n-k+1} \end{bmatrix} = \begin{bmatrix} b_k \\ b_{k+1} \\ \vdots \\ b_n \end{bmatrix}$$

构造大小为 $(n-k+1)\times(n-k+1)$ 的矩阵 H_d,它使得 d 除了第一个元素以外,其余元素都变成零,令

$$Hb = \left[\begin{array}{c|c} I & 0 \\ \hline 0 & H_d \end{array}\right] \begin{bmatrix} b_1 \\ b_2 \\ \vdots \\ b_{k-1} \\ \hline b_k \\ b_{k+1} \\ \vdots \\ b_n \end{bmatrix} = \begin{bmatrix} b_1 \\ b_2 \\ \vdots \\ b_{k-1} \\ \hline \|b\| \\ 0 \\ \vdots \\ 0 \end{bmatrix} \tag{16.2}$$

计算 H_d 需要构造一个大小为 $(n-k+1)$ 的向量 v,与 d 的大小相同。然后在 v 的上面添加 $k-1$ 个零,变成向量 w。

$$w = \begin{bmatrix} 0 \\ \vdots \\ 0 \\ v_1 \\ v_2 \\ \vdots \\ v_{n-k+1} \end{bmatrix}$$

可以看出,矩阵 $H = I - 2ww^\mathrm{T}$ 即为

$$H = \begin{bmatrix} I & 0 \\ 0 & H_d \end{bmatrix}$$

下列构造 v 和 w 的算法需要选择符号,使舍入误差最小,所以公式(16.2)中的 $(Hb)_k$ 符号可能为正也可能为负。

构造 Householder 矩阵

①令 $\alpha = \pm\|d\|$,其中 $\mathrm{signum}(\alpha) = -\mathrm{signum}(d_1)$,如果 $d_1 = 0$,则 $\alpha > 0$(选择符号是为了尽量减少舍入误差)。

②令 $v_1 = \sqrt{\dfrac{1}{2}\left[1 - \dfrac{d_1}{\alpha}\right]}$;

③令 $p = -\alpha v_1$;

④令 $v_j = \dfrac{d_j}{2p}$，其中 j = 2, 3, ..., $(n-k+1)$；

⑤令 w = $\begin{bmatrix} 0 \\ \vdots \\ 0 \\ v \end{bmatrix}$；

⑥令 $H = I - 2\,ww^T$。

向量 v 在式(16.1)中有定义，显然它是单位向量。上述算法中定义的向量 w 也是一个满足公式(16.1)的单位向量，不过比较难看出来。这里给出了证明 w 为单位向量的计算方法，请仔细阅读并理解。

给定一个向量 d，定义为

$$\alpha = \|\,d\,\|$$
$$v_1 = \sqrt{\frac{1}{2}\left(1 - \frac{d_1}{\alpha}\right)}$$
$$p = -\alpha v_1$$
$$v_j = \frac{d_j}{2p} \text{ for } j \geqslant 2$$

下列计算证明了向量 v 为单位向量。

$$\|\,v\,\|^2 = \frac{1}{2}\left(1 - \frac{d_1}{\alpha}\right) + \sum_{j>1}\left(\frac{d_j^2}{4\alpha^2\left(\frac{1}{2}\left(1 - \frac{d_1}{\alpha}\right)\right)}\right)$$
$$= \frac{\alpha^2\left(1 - \frac{d_1}{\alpha}\right)^2 + \sum_{j>1}d_j^2}{2\alpha^2\left(1 - \frac{d_1}{\alpha}\right)}$$
$$= \frac{(\alpha - d_1)^2 + \alpha^2 - d_1^2}{2\alpha(\alpha - d_1)}$$
$$= \frac{(\alpha - d_1) + (\alpha + d_1)}{2\alpha} = 1$$

在练习 16.4 中，编写 MATLAB 代码来实现上述 Householder 矩阵的构造。

练习 16.4

(1)

（a）根据下列代码编写 householder.m。

```
function H = householder(b, k)
    % H = householder(b, k)
    % 适当添加注释
    % 姓名和日期
```

```
n = size(b,1);
if size(b,2) ～ = 1
    error('householder: b must be a column vector');
end
d(:,1) = b(k:n);
if d(1) > = 0
    alpha = - norm(d);
else
    alpha = norm(d);
end
<< more code >>
end
```

(b)在文件开头添加注释,解释变量 k 的用法。

(c)如果 alpha 为零,代码中会出现零作为除数的情况。当 alpha 为零时,返回 H = eye(n);若不为零,则正常计算。

(2)当 k=1 和 k=4 时,用向量 b=[10;9;8;7;6;5;4;3;2;1];测试代码。检查 H 是否为正交矩阵,H * b 在第 k+1 个元素及以下的位置是否为零。

提示:
- w 是 $n \times 1$(列)单位向量;
- H 为正交矩阵等价于 w 是单位向量。如果 H 不正交,请检查 w;
- v 是 $(n-k+1) \times 1$(列)单位向量;
- 单位向量的任何一个分量都不能大于 1。

这个 householder 函数可用于矩阵的 QR 分解,方法是通过一系列部分分解得到 $A = Q_k R_k$,其中 Q_0 是单位矩阵,R_0 是矩阵 A。第 k 步分解时,矩阵 R_{k-1} 只在第 1 列到第 $k-1$ 列为上三角形,其目标是找到一个更好的因子矩阵 R_k,它在第 1 列到第 k 列为上三角形。进行了 $n-1$ 次部分分解后,可得到

$$A = Q_{k-1} R_{k-1}$$

其中矩阵 Q_{k-1} 是正交矩阵,矩阵 R_{k-1} 只在 1 到 $k-1$ 列为上三角形式。为了进行下一步分解,考虑一个 Householder 矩阵 H,并将其"插入"到等式中。

$$A = Q_{k-1} R_{k-1}$$
$$= Q_{k-1} H^T H R_{k-1}$$

定义

$$Q_k = Q_{k-1} H^T$$
$$R_k = H R_{k-1}$$

可得

$$A = Q_k R_k$$

Q_k 仍然是正交矩阵，R_k 从 1 到 k 列都是上三角形式。

练习 16.5

在本练习中，你将看到 Householder 矩阵如何一步步地将矩阵对角线以下的元素变为零。

(1)定义 5 阶幻方矩阵 A＝magic(5)。

(2)计算 Householder 矩阵 H1，使得矩阵 A 第 1 列中对角线项以下的元素为零，然后计算 A1＝H1 * A。在 A1 第一列的对角线下方是否有任何非零元素？

(3)现在计算 H2，使得矩阵 A1 第 2 列中对角线项以下的元素为零，并计算 A2＝H2 * A1。A2 在前两列中对角线项以下的元素应该都为零。由于后一列计算不会影响到前一列的结果，因此你可以按顺序将所有列的对角线以下元素归零。

16.6　豪斯霍尔德因子分解

对于 $M \times N$ 的矩阵 A，其 Householder QR 分解的形式为

$$A = QR$$

其中 Q 是 $M \times M$ 的正交矩阵，R 是 $M \times N$ 的上三角矩阵（更准确地来说，是上梯形阵）。

如果 A 不是方阵，那么这个定义不同于前面的格拉姆-施密特分解。明显的区别在于因子矩阵的形状，这里 Q 是方阵；另一个区别是 Householder 分解通常比格拉姆-施密特分解更精确（误差更小），定义更加简洁。

Householder QR 分解

```
Q = I;
R = A;
for k = 1:min(m,n)
  Construct the Householder matrix H for column k of the matrix R;
  Q = Q * H';
  R = H * R;
end
```

练习 16.6

(1)按照下列格式编写 h_factor. m。

```
function [ Q, R ] = h_factor ( A )
  % [ Q, R ] = h_factor ( A )
  % 适当添加注释
  % 姓名和日期
  << your code >>
end
```

使用 householder. m 计算每一步所需的 **H** 矩阵。

(2)计算矩阵 **A** 的 QR 分解。

$$\boldsymbol{A} = \begin{bmatrix} 0 & 1 & 1 \\ 1 & 1 & 1 \\ 0 & 0 & 1 \end{bmatrix}$$

可以看到,简单地交换 **A** 的第一行和第二行就可以将其转换为上三角矩阵,那么不难得出,此时的 **Q** 等价于一个置换矩阵(除了某些元素可能为−1 以外)。请检查 **QR** 是否等于 **A**。

(3)计算 **A** = magic(5)的 QR 分解,将计算结果与 gs_factor 的结果进行比较。提醒:**Q** 的某一列乘上−1 以后仍然是正交矩阵,这相当于 **Q** 右乘一个矩阵,该矩阵与单位矩阵相似,只是在对角线上有一个−1。将此矩阵称为 **J**,**QJ** 显然是正交的,可以合并到 QR 分解中,但 **R** 由于左乘了一个 **J**,其相应行的元素符号会发生改变。除了这些符号变化外,这两种方法的结果应该相同。

(4)MATLAB 有一个函数 qr 可以计算 QR 分解。比较一下 h_factor 和 qr 计算 **A** = magic(5)的分解结果有何区别。

(5)Householder 分解受舍入误差的影响更小。用 h_factor 计算练习 16.2 中 Hilbert 矩阵 **A** = hilb(10)的 QR 分解。将分解后的正交矩阵称为 **Q₃**。证明 $\boldsymbol{B}_3 = \boldsymbol{Q}'_3 * \boldsymbol{Q}_3$ 比 **B₂** 和 **B₁**(练习 16.2 中出现的)更接近单位矩阵。

16.7　线性方程组的 QR 分解

利用矩阵的 Householder QR 分解,很容易求解线性方程组。请记住,因子矩阵 **Q** 满足 $\boldsymbol{Q}^T\boldsymbol{Q} = \boldsymbol{I}$。

$$\begin{aligned} \boldsymbol{A}\mathbf{x} &= \mathbf{b} \\ \boldsymbol{Q}\boldsymbol{R}\mathbf{x} &= \mathbf{b} \\ \boldsymbol{Q}^T\boldsymbol{Q}\boldsymbol{R}\mathbf{x} &= \boldsymbol{Q}^T\mathbf{b} \\ \boldsymbol{R}\mathbf{x} &= \boldsymbol{Q}^T\mathbf{b} \end{aligned} \tag{16.3}$$

可以看出,我们需要计算等式右侧的 $\boldsymbol{Q}^T\boldsymbol{b}$ 并求解上三角形的线性方程组。上三角形的线性方程组可以用 15 章的 u_solve. m 求解。

练习 16.7

(1)将练习 15.10 的 u_solve. m(求解上三角系数矩阵的线性方程组)复制一份,因为矩阵 **R** 是上三角矩阵,所以可以使用 u_solve 来求解式(16.3)。

(2)按照下列格式编写 h_solve. m。

```
function x = h_solve ( Q, R, b )
  % x = h_solve ( Q, R, b )
  % 适当添加注释
  % 姓名和日期
```

```
<< your code >>

end
```

矩阵 Q 和 R 使用 h_factor 计算的结果,编写代码计算 $Q^T\mathbf{b}$ 的值,然后使用 u_solve 求解 $R_x = Q^T\mathbf{b}$。

(3)请使用下列代码测试程序。

```
n = 5;
A = magic ( n );
x = [ 1 : n ]';   % 将 x 转置,变成列向量
b = A * x;
[ Q, R ] = h_factor ( A );
x2 = h_solve ( Q, R, b );
norm(x - x2)/norm(x)   % 相对误差的范数应该约等于零
```

现在,你又学习到另一种求解方阵系数矩阵的线性方程组了。其实 Householder QR 分解也可以求解非方阵系数矩阵的线性方程组,但这部分内容还是留给第 17 章的奇异值分解来完成吧。

16.8　乔莱斯基分解

如果矩阵 A 是对称正定的,则 A 可以唯一地分解为 LL^T,其中 L 是对角线上元素为正数的下三角矩阵。这种分解称为"乔莱斯基分解(平方根法)",它既高效(在存储空间和运行时间方面),又对舍入误差不太敏感。乔莱斯基分解在解决最小二乘问题时很有用,因为该类问题产生的矩阵通常是对称正定矩阵。

[*Atkinson* (*1978*)][1]第 524 页、[*Ralston and Rabinowitz* (*2001*)][2]第 424 页和维基百科[*Cholesky decomposition* (*2020*)][3]中有关于乔莱斯基分解的更多信息。

练习 16.8

乔莱斯基分解可以描述为下列公式。

$$L_{jj} = \sqrt{A_{jj} - \sum_{m=1}^{j-1} L_{jm}^2}$$

$$L_{kj} = \frac{1}{L_{jj}}\left(A_{kj} - \sum_{m=1}^{j-1} L_{km}L_{jm}\right) \quad 当 j < k \leqslant n$$

(1)回顾一下,A=pascal(6)基于 Pascal 三角形生成一个对称正定矩阵,L_1=pascal(6,1)基于 Pascal 三角形生成一个下三角矩阵。我们知道 $A = L_1 * L_1'$,但为什么 L_1 不是乔莱斯基

[1]　Atkinson, K. (1978). An Introduction to Numerical Analysis (Wiley, New York).

[2]　Ralston, A. and Rabinowitz, P. (2001). A First Course in Numerical Analysis (Dover Publications, Mineola, New York), ISBN 0-486-41454-X.

[3]　http://en.wikipedia.org/wiki/Cholesky_decomposition.

因子?

(2)根据下列格式编写一个 m 文件,实现乔莱斯基分解。

```
function L = cholesky(A)
    % L = cholesky(A)
    % 适当添加注释
    % 姓名和日期
    << your code >.
end
```

(3)计算 A＝(eye(6)＋pascal(6))的乔莱斯基分解,并检查 $L * L'$＝A 是否成立。

(4)MATLAB 内置了一个名为 chol 的乔莱斯基分解函数。默认情况下,此函数返回上三角因子矩阵,但 chol(A,'lower')返回下三角因子矩阵。将 chol 计算的结果与刚才的结果进行比较,并简要描述一下比较过程。

(5)修改一下练习 15.10 中的 l_solve.m,删除其中关于"L 的对角线元素都为 1"的前提假设。如何测试修改后的函数是否正确?

(6)使用下列代码生成 50×50 正定对称矩阵(使用盖尔圆盘定理)以及等式右侧的向量和方程的解。

```
N = 50;
A = rand(N,N); % 生成元素在 0-1 之间的随机数矩阵
A = .5 * (A + A'); % 强制让 A 变成对称矩阵
A = A + diag(sum(A)); % m 根据盖尔圆盘定理,使 A 变成正定矩阵
x = rand(N,1); % x 是方程组的解
b = A * x; % 计算方程组等式右边的向量 b
```

(7)使用平方根法以及修改后的 l_solve 和 u_solve 来求解方程组 A_{x_0}＝b,并证明 $\|x_0-x\|/\|x\|$ 是一个很小的数。事实证明,乔莱斯基分解通常是求解含有正定对称矩阵的线性方程组的最有效方法。

第 17 章　特征值问题

17.1　引　言

本章讨论了计算实矩阵的特征值和特征向量的几种方法。除了非常小的矩阵外,所有计算特征值和特征向量的方法本质上都是一个迭代过程。在练习之前,本章先简要讨论了特征值和特征向量是什么。

练习 17.1 介绍了瑞利商(Rayleigh quotient)。练习 17.2 介绍了使用幂法(power method)求特征值,并举例说明了该方法的原理练习。17.3 是幂法的应用。练习 17.4 介绍了与幂法相对应的反幂法(inverse power method),练习 17.5 是反幂法的应用。练习 17.6 介绍了一次性计算多个特征值和特征向量的反幂法,使用正交化保持特征向量分离。正交化的最佳方法是第 16 章介绍的 Gram-Schmidt 正交化,但为了保持本章的独立性,这里使用 MATLAB 自带的 qr 函数进行正交化。练习 17.7 介绍了原点位移反幂法(shifted inverse power method)。练习 17.8 中介绍了另一种 QR 分解方法,练习 17.9 中以实对称矩阵为特例来说明收敛性测试的作用。练习 17.10 将特征值计算应用到多项式方程求根中。

17.2　特征值和特征向量

对于任意 $N \times N$ 方阵 A,考虑方程 $\det(A - \lambda I) = 0$。这是一个关于变量 λ 的 N 次多项式方程,因此正好有 N 个复根满足该方程。如果 A 是实矩阵,则任何复根都以共轭复数对的形式出现。这些根被称为 A 的"特征值"。关于方程的根,我们会好奇这些问题:

- 如何求出方程的根?
- 什么情况下这些根互不相同?
- 什么情况下这些根是实数?

在许多教科书中的例题中,行列式 $\det(A - \lambda I) = 0$ 是显式计算的,方程(通常是三次方程)都可以被精确求解,但这不是求解特征值的根本方法。

如果 λ 是 A 的特征值,则 $A - \lambda I$ 是一个奇异矩阵,那么至少存在一个非零向量 x,使得 $(A - \lambda I)x = 0$,如下所示:

$$Ax = \lambda x \tag{17.1}$$

向量 x 被称为给定特征值的"特征向量"。这些特征向量可能线性独立,也可能两两正交。如果一组特征向量被排列成矩阵 E 的列,并且相应的特征值被排列成对角矩阵 Λ,则式(17.1)可以写成

$$AE = E\Lambda \tag{17.2}$$

注意:Λ 在 E 的右边。

关于特征向量,我们会好奇这些问题:

- 如何计算特征向量？
- 什么情况下特征向量线性独立？
- 什么情况下特征向量两两正交？

在许多教科书的例题中，通过求解 $(A-\lambda I)x=0$ 来计算特征向量的，但这也不是求解特征向量的根本方法。

关于矩阵 A 的特征值 λ 有如下结论：

- A^{-1} 与 A 的特征向量相同，特征值为 $1/\lambda$；
- 对于整数 n，A^n 与 A 的特征向量相同，特征值为 λ^n；
- $A+\mu I$ 与 A 的特征向量相同，特征值为 $\lambda+\mu$；
- 如果 A 是实对称矩阵，则其所有特征值和特征向量都是实数，并且特征向量可以组成一个正交集；
- 如果 B 是可逆矩阵，则 $B^{-1}AB$ 与 A 的特征向量相同，特征向量为 $B^{-1}x$，其中 x 是 A 的每个特征向量。

求特征值和特征向量的方法详见 $[Quartoni\ et\ al.\ (2007)]$[1]第 5 章，$[Atkinson\ (1978)]$[2]第 9 章，$[Ralston\ and\ Rabinowitz\ (2001)]$[3]第 10 章以及维基百科$[Eigenvalues\ and\ eigenvectors]$[4]。

17.3　瑞利商

如果向量 x 是矩阵 A 精确的特征向量，那么很容易求出与之相关的特征值，即只需计算 $(Ax)_k$ 和 x_k 的比值即可。但如果 x 只是近似的特征向量，或者只是一个粗略的估计，特征值就可能有很大的误差，这时我们就要用到"Rayleigh 商"来计算特征值

定义矩阵 A 和向量 x 的 Rayleigh 商为

$$R(A,x)=\frac{x\cdot Ax}{x\cdot x}$$
$$=\frac{x^H Ax}{x^H x}$$

其中 x^H 表示 x 的 Hermitian 矩阵（共轭转置），在 MATLAB 中用"'"表示（例如 x'）。请注意，Rayleigh 商的分母就是向量 L^2 范数的平方。

在本章中，我们主要计算单位向量的 Rayleigh 商，在这种情况下，Rayleigh 商变为

$$R(A,x)=x^H Ax\qquad 当 \|x\|=1$$

如果 x 恰好是矩阵 A 的特征向量，则 Rayleigh 商必定等于其特征值。当实向量 x 是 A 的近似特征向量时，Rayleigh 商可以很精确的估计 A 的特征值。但对于复特征值和复特征向

[1]　Quarteroni, A., Sacco, R., and Saleri, F. (2007). Numerical Mathematics (Springer), ISBN 978-3-540-34658-6.
[2]　Atkinson, K. (1978). An Introduction to Numerical Analysis (Wiley, New York).
[3]　Ralston, A. and Rabinowitz, P. (2001). A First Course in Numerical Analysis (Dover Publications, Mineola, New York), ISBN 0-486-41454-X.
[4]　https://en.wikipedia.org/wiki/Eigenvalues and eigenvectors.

量需要小心,因为复向量的点积需要计算共轭转置。大多数事实证明,对于复数的情况,Rayleigh 商仍然是一个有价值的工具。

如果 A 是对称矩阵,并且所有特征值都是实的,其 Rayleigh 商满足不等式

$$\lambda_{min} \leqslant R(A, x) \leqslant \lambda_{max}$$

练习 17.1

(1)按照下列格式编写 rayleigh. m,计算 Rayleigh 商,先不要假设 x 是单位向量。

```
function r = rayleigh ( A, x )
    % r = rayleigh ( A, x )
    % 适当添加注释
    % 姓名和日期
    << your code >>
end
```

添加描述输入和输出参数以及函数用途的注释。

(2)eigen_test. m 包含几个测试样例。验证 A＝eigen_test(1) 的特征值是否为 1、-1.5 和 2,特征向量是否为[1;0;1]、[0;1;1]和 [1;-2;0]。即验证每个特征值 λ 和特征向量 x 是否满足 $Ax＝\lambda x$。

(3)计算表 17-1 中 A＝eigen_test(1)和向量 x 的 Rayleigh 商。

表 17-1

Some Rayleigh quotients		
x	$R(A, x)$	
[3;2;1]	4.5	
[1;0;1]		(特征向量)
[0;1;1]		(特征向量)
[1;-2;0]		(特征向量)
[1;1;1]		
[0;0;1]		

(4)从 $x＝[3;2;1]$ 开始观察,你会发现 $x^{(1)\dagger}＝x$,$x^{(2)\dagger}＝Ax$,$x^{(3)\dagger}＝A^2 x$,…,当 $k＝1,…,$ 25 时,绘制 $x^{(k)\dagger}＝A^{k-1}x$ 的图像,你应该会发现 A 的某一个特征值发生了收敛,是哪一个特征值?

Rayleigh 商 $R(A, x)$ 提供了一种根据近似特征向量计算特征值的方法。第 17.4 节将介绍一种计算近似特征向量的方法。

17.4 幂 法

在许多物理和工程问题中,与系统相关的最大或最小特征值代表了系统主要的行为模式。对于桥梁或支撑柱,最小特征值可能表示最大荷载,特征向量表示在该荷载下发生故

障瞬间的物体形状。对于音乐厅,声学方程的最小特征值表示最低共振频率。对于核反应堆,主特征值决定了反应堆的状态是亚临界($\lambda < 1$,反应消失)、临界($\lambda = 1$,反应持续)还是超临界($\lambda > 1$,反应增长)。因此,在某些实际应用中,我们只需简单地近似一下最大或最小的特征值就够了。

"幂法"通过计算下列等式中的向量来确定矩阵的主特征值(主特征值)和对应的特征向量(主特征向量)。

$$x^{(k)} = Ax^{(k-1)}$$

幂法可以用下列方式描述:
① 从任何非零向量 x 开始,用 x 除以其模长,得到一个单位向量 $x^{(0)}$;
② $x^{(k)} = (Ax^{(k-1)})/\|Ax^{(k-1)}\|$;
③ 计算迭代向量 $r^{(k)} = (x^{(k)} \cdot Ax^{(k)})$ 的 Rayleigh 商;
④ 如果迭代未收敛,增加 k 的值并返回步骤②。

练习 17.2

(1)按照下列格式编写 power_method.m,实现迭代指定步数的幂法。

```
function [r, x,rHistory,xHistory] = power_method(A, x ,maxNumSteps)
    % [r, x,rHistory,xHistory] = power_method(A, x ,maxNumSteps)
    % 适当添加注释
    % 姓名和日期
    << your code >>
    for k = 1:maxNumSteps
        << your code >>
        r = ??? % 计算 Rayleigh 商
        rHistory(k) = r; % 每次循环都保存一个 Rayleigh 商
        xHistory(:,k) = x; % 每次循环都保存一个特征向量
    end
end
```

运行结束时,变量 xHistory 将是一个矩阵,其每一列是近似主特征向量的迭代序列。历史变量 rHistory 和 xHistory 显示了幂法的迭代过程。

(2)从向量[0;0;1]开始,计算 eigen_test(1)的主特征值并填写表 17-2(表中显示了前几次迭代的结果,可用于检查代码)。

表 17 - 2

幂法迭代		
步长	Rayleigh q.	x(1)
0	−4	0.0
1	0.204 55	0.123 09
2	2.194 03	
3		
4		
10		
15		
20		
25		

(3)试用下列命令绘制幂法迭代。

plot(rHistory); title'Rayleigh quotient vs. k'

plot(xHistory(1,:)); title'Eigenvector first component vs. k'

练习 17.3

(1)

（a）按照下列格式，将 power_method. m 复制到 power_method1. m 中。

function [r, x, rHistory, xHistory] =

power_method1 (A, x , tol)

  % [r, x, rHistory, xHistory] = power_method1 (A, x , tol)

  % 适当添加注释

  % 姓名和日期

  maxNumSteps = 10000; % 最大迭代次数

  << your code >>

end

在循环结束之前添加一个 if 条件语句和 return 语句来判断何时停止迭代。具体的迭代终止标准依据下列不等式：

$$k > 1$$
$$|r^{(k)} - r^{(k-1)}| \leqslant + \epsilon |r^{(k)}|$$
$$\|(x^{(k)} - x^{(k-1)})\| \leqslant \epsilon$$

其中的 ϵ 在代码中用 tol 表示（注意 $\|x^{(k)}\| = 1$）。后两个表达式表示 r 和特征向量的相对误差为 ϵ（特征向量是单位向量）。相对误差表达式的分母将不等式的两边相乘，这样当 r 很小时，就不会有过大的误差。

> **注 17.3**：在实际应用中，不需要返回历史变量，因为它们会占用许多内存。如果没有历史变量，实现上述迭代终止标准的一个方法是分别跟踪 $r^{(k-1)}$ 和 x^{k-1} 的值。在 r 和 x 的值被下一次迭代结果覆盖之前，使用
>
> rold = r; % 保存 r(k-1) 的值，用来进行收敛性测试
> xold = x; % 保存 x(k-1) 的值，用来进行收敛性测试
>
> 来保存 $r^{(k-1)}$ 和 x^{k-1} 的值。

(b)代码规定迭代次数应少于 maxNumSteps，因此如果迭代次数多于 maxNumSteps，则视为无法找到特征值。将语句

disp('power_method1: Failed');

放在循环之后。在这里通常使用 error 函数，而不是 disp，但在本章中，因为需要查看 rHistory 和 xHistory 的值，所以用 disp。

(2)使用 power_method1.m，计算 eigen_test 矩阵的主特征值和对应的主特征向量，并填写表 17-3。以 [0;0;1] 为起始向量，容差为 1.e-8。提示：迭代次数由 rHistory 的长度给出。如果迭代不收敛，请在"迭代次数"这一列中写上"迭代失败"。

表 17-3

Matrix	Rayleigh q.	x(1)	no. iterations
1			
2			
3			
4			
5			
6			
7			

选择这些矩阵是为了说明不同的迭代行为。有的收敛很快，有的收敛很慢，有的结果波动较大，还有一个不收敛。一般来说，计算特征值比特征向量收敛更快。可以使用 eig 函数检查这些矩阵的特征值。

(3)绘制矩阵 3、5 和 7 的 Rayleigh 商和主特征向量第一个元素的变化过程。

> **注 17.4**：如果使用下列语句，eig 会同时输出矩阵 A 的特征向量和特征值。
>
> [V, D] = eig(A)
>
> 变量 V 和 D 都是矩阵，V 的每一列表示一个特征向量，D 的每个对角线元素是一个特征值。

17.5　反幂法

反幂法是将幂法的迭代步骤倒序进行，其迭代公式为

$$Ax^{(k)} = x^{(k-1)}$$

即

$$x^{(k)} = A^{-1}x^{(k-1)}$$

这和幂法很相似,但矩阵是 A^{-1}。用上述公式通常会收敛到与 A^{-1} 的主特征值相关的特征向量。A 和 A^{-1} 的特征向量是相同的,如果 v 是矩阵 A 的特征值 λ 对应的特征向量,那么它也是矩阵 A^{-1} 的特征值 $1/\lambda$ 对应的特征向量,反之亦然。当然,在实际应用中我们不直接计算 A^{-1} 的值,只是求解上述等式。

这意味着你可以自由选择研究 A 或 A^{-1} 的特征值问题,并且可以将一个问题转换为另一个问题。两种方法的区别在于,反幂法迭代会求得 A^{-1} 的主特征值,也即 A 的最小特征值,而幂法会求得 A 的主特征值。

反幂法的算法如下所示:

(1)从任意非零向量 x 开始,将 x 除以它的模长,得到单位向量 $x^{(0)}$;

(2)求解 $A\hat{x} = x^{(k-1)}$;

(3)计算 $x^{(k)} = \hat{x}/\|\hat{x}\|$,归一化处理;

(4)计算 $r^{(k)} = (x^{(k)} \cdot Ax^{(k)})$ 的 Rayleigh 商;

(5)如果收敛,停止计算,否则返回第(2)步。

练习 17.4

(1)按照下列格式编写代码实现反幂法,迭代终止条件为

$$k > 1$$
$$|r^{(k)} - r^{(k-1)}| \leqslant \epsilon |r^{(k)}|$$
$$\|x^{(k)} - x^{(k-1)}\| \leqslant \epsilon$$

其中,ϵ 表示相对误差(注意 $\|x^{(k)}\| = 1$)。这个迭代终止条件和 power_method1.m 所用的相同。

```
function [r, x, rHistory, xHistory] = inverse_power ( A, x, tol)
% [r, x, rHistory, xHistory] = inverse_power ( A, x, tol)
% 适当添加注释
  % 姓名和日期
<< your code >>
end
```

注意加上迭代次数的限制(例如 10 000 次)。

(2)计算 A=eigen_test(2)的最小特征值。

```
[r x rHistory xHistory] = inverse_power(A,[0;0;1],1.e-8);
```

r,x,迭代次数分别是多少?

(3)用 power_method1 运行下列代码。

```
[rp xp rHp xHp] = power_method1(inv(A),[0;0;1],1.e-8);
```

你应该会发现 r 的值接近 1/rp,x 的值接近 xp,xHistory 的值接近 xHp(在最开始几次迭

代中,rHistory 和 1./rHp 的值可能不那么接近)。如果没有观察到这些现象,你的代码可能有错误,请仔细检查并修改。**提醒**:这两种方法需要的迭代次数可能略有不同。可以用一些简单的输入样例来比较 xHistory 和 xHp 的不同。

练习 17.5

(1)使用反幂法求解 A＝eigen_test(3),从向量[0;0;1]开始,容差为 1.e−8。你会发现它并不收敛。即使没有输出收敛失败的提示,也可以根据 rhistore 和 xHistory 看出没有收敛,因为这两个向量的长度就是最大迭代次数。在下列步骤中,你会找到收敛失败的原因并改正它。

(2)绘制瑞利商历史数据 rHistory 和特征向量历史数据 xHistory(1,:)的第一个元素。可以看到 rHistory 似乎收敛了,但 xHistory 的值在正负数之间振荡变化,这种振荡导致了整体的不收敛。

(3)如果 x 是矩阵的特征向量,那么$-x$ 也是,并且它们对应的特征值相同。下列代码将规定 $x^{(k)}$ 的符号,使得向量 $x^{(k)}$ 和 $x^{(k-1)}$ 指向的方向几乎相同。这可以通过使两个向量的点积为正来实现。在循环的开头,定义

xold = x;

然后在 inverse_power. m 中添加下列代码,它可以让特征向量的符号不会在每次迭代中发生改变。

```
% 选择 x 的符号,使 xold' * x ＞0
factor = sign(xold' * x);
if factor = = 0
  factor = 1;
end
x = factor * x;
```

(4)再试一下 inverse_power,这次它应该会很快收敛。

(5)用最小特征值填写表 17 - 4。起始向量除了最后一个元素为 1,其余元素都为 0,容差为 1.0e−8。

表 17 - 4

Matrix	Eigenvalue	x(1)	no. iterations
1			
2			
3			
4			
5			
6			
7			

注意:可以看到其中一个仍然没有收敛。可以参考本练习的流程来修正它,但这更复杂,

具体可以通过原点位移法来解决，详见练习 17.8。

17.6　一次性计算多个特征向量

在实际应用中，我们通常需要很多对特征值和特征向量。例如，某个结构的有限元模型通常有超过一百万个（未知）自由度和同样多的特征值，但其中只有极个别的值需要我们重点关注。幸运的是，由有限元结构模型产生的矩阵通常是对称负定矩阵，因此其特征值是负实数，并且特征向量彼此正交。

仅在本节中我们假设所求的矩阵是对称的，并且它的特征向量两两正交。如果用幂法（或反幂法）来计算两个不同特征向量，可能会发现两次计算的结果都是主特征向量。由于我们假设矩阵对称，所以主特征向量与其他特征向量都正交，因此在使用幂法（或反幂法）的时候，可以强制使所求的两个向量在每一次迭代时都正交。这样就可以保证两次计算的结果不会收敛到同一个向量上了。以这种方式收敛到的两个特征向量很有可能是主特征向量和第二大的特征向量。

第 16 章讨论了格拉姆-施密特正交化，在练习 16.2 中引入了一个 modified_gs.m 函数。在本节的练习中，将优先考虑用此函数来做正交化处理。但考虑到章节之间的独立性，你也可以使用 MATLAB 的 qr 函数。

qr 函数中使用的分解方法类似于 h_factor.m。在练习 16.6 中，我们将矩形分解为 $V=QR$，Q 为正交矩阵，R 为上三角矩阵。qr 函数的命令形式为 $[Q,R]=qr(V,0)$，第二个参数 0 是必需的，如果没有它，矩阵 Q 将是一个方阵

将矩阵 V 和 Q 的所有列都看作列向量，由于 Q 为正交矩阵，Q 的列向量两两正交。如果要将 V 的列向量进行正交化，那么 Q 是一个很好的参考。为确保 V 列向量的跨度与 Q 列向量的跨度相同，考虑等式 $QR=V$ 的第 k 列，Q 的第 k 列为向量 q_k，V 的第 k 列为向量 v_k，又因为 $QR=V$，所以

$$\sum_{j=1}^{k} q_j r_{jk} = v_k$$

求和只会进行到 $j=k$，因为 R 是上三角矩阵。这恰好表明，向量 v_k 在向量 q_k 张成的空间内。由于 Q 和 V 的列数相同，因此 Q 的列向量可以视为 V 的列向量的正交化结果。

> **注 17.5**：在本章的例题中，矩阵 V 的列向量始终是线性无关的。如果它们线性相关，利用 qr 函数得到的矩阵 Q 仍将是线性无关的。

对于对称矩阵，用幂法一次性求解多个特征向量的算法如下所示：
① 矩阵 V 的列向量作为起始向量，它们线性独立，将矩阵 V 的列向量进行正交化，生成 $V^{(0)}$；
② 计算第 k 步迭代 $\hat{V}=AV^{(k-1)}$
③ 将 $\hat{V}$ 的列向量进行正交化，生成 $V^{(k)}$；
④ 根据需要调整特征向量的符号；
⑤ 计算迭代向量的 Rayleigh 商，等于矩阵 $(V^{(k)})^T AV^{(k)}$ 对角线元素；
⑥ 如果迭代收敛，停止计算，否则返回步骤②。

注意：该方法无法保证所求出的特征向量的模是最大的，因为你选择的起始向量有可能与一个或多个特征向量正交，而这些与起始向量正交的特征向量就无法被计算出来。在实际应

用中,可以利用矩阵的惯性估计来解决这个问题,关于矩阵惯性的理论请参考[*Sylvester Law of Inertia*]。

在练习 17.6 中,你需要编写代码来实现上述算法,迭代起始向量储存在矩阵 **V** 的每一列中。

练习 17.6

(1)

（a）按照下列格式编写 power_several. m 实现上述算法。

```
function [r, V, numSteps] = power_several ( A, V, tol )
    % [r, V, numSteps] = power_several ( A, V, tol )
    % 适当添加注释
    % 姓名和日期
    << your code >>
end
```

（b）添加注释,说明 V 是一个矩阵,其列表示特征向量,R 是一个对角矩阵,其对角线元素表示特征值。由于我们事先假设 A 是对称矩阵,请添加代码以检查 A 的对称性,如果它不是对称的,请调用 error 函数报错。

（c）使用

```
V = modified_gs(V);  % 使用 Gram-Schmidt 正交化
```

或者

```
[V,unused] = qr(V,0);  % 使用 qr 函数进行正交化
% qr 函数当只有一个返回值时,返回的不是因子矩阵 Q,所以我们需要用[Q,R] =
qr(A)的形式调用 qr 函数,unused 矩阵用于占位
```

将 V 的列向量正交化。

（d）使用下列代码确保矩阵 D 的列向量不会在每次迭代时变换符号。

```
d = sign(diag(Vold' * V));  % d 表示矩阵 V 列向量点积的符号
D = diag(d);  % 矩阵 D 是对角矩阵,其对角线元素为 + - 1
V = V * D;  % 调整矩阵 V 列向量的符号
```

（e）当满足下列三个条件时,停止迭代。

$$k > 1$$
$$\| r^{(k)} - r^{(k-1)} \| \leqslant \epsilon \| r^{(k)} \|,$$
$$\| V^{(k)} - V^{(k-1)} \|_{\text{fro}} \leqslant \epsilon \| V^{(k)} \|_{\text{fro}}$$

（f）注意判断迭代次数有无超过限制,并在循环结束后加上迭代次数超过上限的报错,类似于 power_method1. m 和 inverse_power. m 中的语句。这次可以使用 error 函数。

（2）计算 A＝eigen_test(4)的特征值和特征向量,从向量[0;0;1]开始,容差为 1.0e－8。其结果应该和练习 17.3 对应的结果一样。

（3）将（2）中的起始向量改为

$$
V = \begin{bmatrix} 0 & 0 \\ 0 & 0 \\ 0 & 0 \\ 0 & 0 \\ 0 & 1 \\ 1 & 0 \end{bmatrix};
$$

新的特征值和特征向量是多少？一共迭代了多少次？

（4）手动验证一下（3）中得到的两个向量是不是特征向量，它们是否相互正交（测试 AV＝ VR 是否大致成立，其中 V 是特征向量矩阵，R＝diag(R)是特征值对角矩阵）。

（5）因为 A 是一个小矩阵（6×6），所以可以从（明显线性独立的）向量开始迭代，通过 17.6 的方法找到所有的特征值和特征向量，例如从 V 开始计算。

$$
V = \begin{bmatrix} 0 & 0 & 0 & 0 & 0 & 1 \\ 0 & 0 & 0 & 0 & 1 & 0 \\ 0 & 0 & 0 & 1 & 0 & 0 \\ 0 & 0 & 1 & 0 & 0 & 0 \\ 0 & 1 & 0 & 0 & 0 & 0 \\ 1 & 0 & 0 & 0 & 0 & 0 \end{bmatrix};
$$

计算出的 6 个特征值是多少？一共迭代了多少次？

17.7 原点位移法

幂法的主要缺点是它只能找到主特征值，同样，反幂法也只能找到最小特征值。如果你不需要最大/（最小）的特征值，而是只需要一个（或几个）中间的特征值该怎么办呢？这时，我们不使用矩阵 A，而使用矩阵 $A+\sigma I$，其中的系数 σ 使得矩阵 A 的对角线元素发生了"位移"。

用 μ 表示 $A+\sigma I$ 的最小特征值（可以用反幂法求出），则 $A+\sigma I-\mu I = A-(\mu-\sigma)I$ 是奇异矩阵。换言之，$\lambda=\mu-\sigma$ 是 A 的特征值，是最接近 σ 的 A 的特征值。

上述这种"位移"的思想可以让反幂法求解大小接近某个特定数值的特征值，人们把它称之为原点位移法。如果你有一个特征值的估计值，你可以使用这种方法来加速收敛。虽然我们还可以在迭代过程中反复调整这个估计值的大小，使得收敛进一步加快，但这里不讨论这种方法，只使用恒定的估计值。

不考虑矩阵位移和重新进行因子分解的细节，原点位移反幂法的简单算法如下所示：

①从任意非零向量 $x^{(0)}$ 开始，给定固定移位值 σ；

②求解 $(A-\sigma I)\hat{x} = x^{(k-1)}$；

③计算 $x^{(k)} = \hat{x}/\|\hat{x}\|$，归一化处理；

④根据需要调整特征向量的符号；

⑤估计特征值为

$$r^{(k)} = \sigma + (\boldsymbol{x}^{(k)} \cdot (\boldsymbol{A} - \sigma \boldsymbol{I}) \boldsymbol{x}^{(k)})$$

$$= (\boldsymbol{x}^{(k)} \cdot \boldsymbol{A} \boldsymbol{x}^{(k)})$$

⑥如果收敛,停止计算,否则返回步骤②。

练习 17.7

(1)参考 inverse_power. m,按照下列格式编写 shifted_inverse. m 实现原点位移反幂法。

```
function [r, x, numSteps] = shifted_inverse ( A, x, shift, tol)
    % [r, x, numSteps] = shifted_inverse ( A, x, shift, tol)
    % 适当添加注释
    % 姓名和日期
    << your code >>
end
```

(2)令位移值为 0,计算 A=eigen_test(2)的特征值和特征向量,从[0;0;1]开始,容差为 1.0e−8。将结果与 inverse_power. m 的结果进行比较,二者的结果和迭代步数应该都相同。

(3)令位移值为 1.0,再次计算 A=eigen_test(2)的特征值和特征向量,得到的结果应该和位移值为 0 时相同。计算一共迭代了多少次?

(4)令位移值为 4.73,这个数值很接近主特征值,再次计算 A=eigen_test(2)的特征值和特征向量。结果应该和 power_method 算出的结果一样,但是迭代次数更少(事实上,它在第一步就得到了正确的特征值,但还需要进行收敛性检测)。

(5)使用原点位移反幂法,可以找出 eigen_test(2)中间大小的特征值。幂法求出的主特征值约为 4.73,反幂法求出的最小特征值为 1.27。假设中间的某个特征值接近 2.5,从向量[0;0;1]开始,容差为 1.0e−8。这个特征值为多少? 一共迭代了多少次?

(6)A 的三个特征值和特征向量分别是多少? 它们和 eig 函数计算的结果一样吗?

17.8　QR 法求特征值

上文讲到的这些方法适用于一次查找一个或多个特征值和特征向量。为了找到更多的特征值,我们必须进行大量的特殊编程。但如果矩阵有重复的特征值、相同量级的不同特征值或复特征值,上述方法会遇到一些困难。QR 法可以统一处理刚才提到的问题,它可以在不计算特征向量的前提下,一次性计算所有特征值。

事实证明,QR 法与幂法是等效的,QR 法从一组基向量开始,在每一步应用 Gram-Schmidt 正交化,就像练习 17.6 中所做的那样。Greg Fasshauer 教授的课堂笔记中有关于 QR 法的解释,详见[*Fasshauer* (*2006*)][1]。

QR 法的计算过程如下所示:

---

① http://www. math. iit. edu/~fass/477577 Chapter 11. pdf.

（1）给定一个矩阵 $A^{(k-1)}$，计算它的 QR 分解；

（2）令 $A^{(k)}=RQ$；

（3）如果 A^k 收敛，停止计算，否则返回步骤1。

上述过程中隐含了 $A^{(k-1)}=QR$ 这一等式关系，$A^{(k)}$ 就是把因子矩阵 Q 和 R 反转相乘得到的。矩阵序列 $A^{(k)}$ 与原始矩阵 A 正交且相似，因此具有相同的特征值。这是因为 $A^{(k-1)}=QR$，且 $A^{(k)}=RQ=Q^TQRQ=Q^TA^{(k-1)}Q$。

- 如果矩阵 A 是对称的，则矩阵序列 $A^{(k)}$ 收敛到对角矩阵；
- 如果特征值都是实数，则 A 的下三角元素收敛到零，对角线元素收敛到特征值。

此外，该方法可以进行修改，使其几乎可以收敛到上三角矩阵，其中次对角线只有在特征值存在复共轭对时才不为零。

练习 17.8

（1）按照下列格式，编写代码实现 QR 法，使用 MATLAB 的 qr 函数（[Q,R]=QR(A)）来进行 QR 分解，也可以使用第 16 章中的 gs_factor 或 h_factor。

```
function [e,numSteps] = qr_method ( A, tol)
    % [e,numSteps] = qr_method ( A, tol)
    % 适当添加注释
    % 姓名和日期
    << your code >>
end
```

其中 e 是矩阵 A 的特征值，由于矩阵序列 $A^{(k)}$ 的下三角元素应该收敛，因此满足下列不等式时，

$$\|A^{(k)}_{\text{lower triangle}} - A^{(k-1)}_{\text{lower triangle}}\|_{\text{fro}} \leqslant \epsilon \|A^{(k)}_{\text{lower triangle}}\|_{\text{fro}}$$

停止迭代，其中 ϵ 是相对误差。你可以使用 tril(A) 提取矩阵 A 的下三角部分。注意检查迭代次数是否超过上限（例如 10 000），如果超过了上限，就调用 error 函数停止迭代。

（2）在练习 17.3,17.4 和 17.7 中，已经计算出了 eigen_test(2) 的特征值，请使用 qr_method 再计算一遍，容差为 1.0e-8。

（3）尝试对 eigen_test 矩阵（除了矩阵 5）进行 QR 法迭代，容差为 1.0e-8，并填写表 17-5。

表 17-5

Matrix	largest eigenvalue	smallest eigenvalue	number of steps
1			
2			
3			
4			
(5)	–	–	–
6			
7			

(4)对于矩阵 7,qr_method 计算出的主特征值与 eig 函数计算的结果之差为多少？最小特征值又是多少？这些误差的大小与 1.0e−8 的容差相比谁比较大？

(5)矩阵 5 有 4 个不同的等范数特征值,QR 法不能收敛。将最大迭代次数减少到 50 次,让 qr_method.m 的每次迭代都输出 e 的值。迭代过程中发生了什么？与上文中遇到的符号振荡情况类似,你可以在每步迭代中进行相应的修改来防止迭代失败。

(6)与反幂法一样,原点位移法也可以加速 QR 法迭代。对于矩阵 A＝eigen_test(5),计算 A＋(1＋i) * eye(4)的四个特征值,然后减去(1＋i)得到 A 的特征值。四个特征值分别是多少？一共需要多少次迭代？

QR 法的严格实现并不像本小节中的讲解,其严格代码类似于第 18 章中的奇异值分解代码,矩阵 Q 和 R 不是显式构造,该代码还使用了原点位移法来加速收敛,并停止已收敛的特征值的迭代。

在 17.9 中,我们将讨论 QR 法的收敛问题。

17.9　QR 法的收敛问题

在本节中,你将使用一个非常简单的收敛准则,此收敛准则可能会导致误差过大。总的来说,收敛是一个复杂的问题,总是有特殊情况和例外。为了让你了解如何可靠地解决收敛问题,我们将 QR 法应用于具有不同特征值的实对称矩阵,这些矩阵都没有重复的特征值。对于此类矩阵,有如下定理。

定理 17.1:设 A 为 n 阶实对称矩阵,其特征值满足

$$0<|\lambda_1|<|\lambda_2|<\cdots<|\lambda_n|$$

用 QR 法得到的矩阵序列 $\{A^{(k)}\}$ 将收敛到对角矩阵 D,其对角元素是 A 的特征值。并且

$$\|D-A^{(k)}\|\leqslant C\max_j\left|\frac{\lambda_j}{\lambda_{j+1}}\right|\|D-A^{(k-1)}\|$$

该定理指出了一种检测收敛性的方法。假设从满足上述条件的矩阵 A 开始,在第 k 次迭代时得到矩阵 $A^{(k)}$,如果 $D^{(k)}$ 表示仅由 $A^{(k)}$ 的对角线项组成的矩阵,则 $A^{(k)}-D^{(k)}$ 的 Frobenius 范数将以 $\rho=\max|\lambda_j|/|\lambda_{j+1}|$ 的等比数列收敛到零。如果 D 的对角线元素为 A 的特征值,则矩阵序列 $D^{(k)}$ 必定以比例为 ρ 的几何级数收敛到 D。在下面的算法中,我们只考虑 $A^{(k)}$ 的对角线元素(这些元素收敛到 A 的特征值),非对角元素收敛到零,但只要特征值收敛,就无须考虑非对角线元素是否收敛了。

QR 法收敛性估计的步骤:
①定义 $A(0)=A$,$e^{(0)}=\mathrm{diag}(A)$;
②计算 Q 和 R,使得 $A^{(k-1)}=QR$,令 $A^{(k)}=RQ$,$e^{(k)}=\mathrm{diag}(A^{(k)})$(这是 QR 法的一个步骤);
③定义向量 $\lambda^{(k)}=|e^{(k)}|$,按升序排列(MATLAB 的 sort 函数可以按升序对向量进行排序)计算 $\rho^{(k)}=\max_j(\lambda_j^{(k)}/\lambda_{j+1}^{(k)})$,由于 $\lambda^{(k)}$ 已排序,所以 $\rho^{(k)}<1$;
④计算特征值收敛性估计。

$$\frac{\|e^{(k)}-e^{(k-1)}\|}{(1-\rho^{(k)})\|e^{(k)}\|}$$

如果收敛,停止计算,否则返回步骤②。

> **编程提示**:代码中在计算收敛性估计时不要直接用除法,如果容差为 ϵ ,应计算
>
> $$\|e^{(k)}-e^{(k-1)}\|<\epsilon(1-\rho^{(k)})\|e^{(k)}\|$$
>
> 因为,如果 $\rho^{(k)}$ 恰好等于 1,上述不等式可以避免 0 作为除数的情况。

你可能会好奇分母中的 $(1-\rho)$ 是从哪里来的,考虑下列几何级数

$$S=1+\rho+\rho^2+\rho^3+\cdots+\rho^k+\rho^{k+1}+\cdots=\frac{1}{(1-\rho)}$$

在第 $(k+1)$ 项截断,前 k 项的和为 S_j ,则

$$S-S_j=\rho^{j+1}(1+\rho+\rho^2+\cdots)=\frac{\rho^{j+1}}{1-\rho}$$

又因为 $\rho^{j+1}=S_{j+1}-S_j$,所以

$$S-S_j=\frac{S_{j+1}-S_j}{1-\rho}$$

因此,截断几何级数时产生的误差是两个部分和的差除以 $(1-\rho)$ 。

练习 17.9

(1)将 qr_method. m 复制到 qr_convergence. m 中,并修改函数签名。

function [e, numSteps] = qr_convergence(A,tol)

    % [e, numSteps] = qr_convergence(A,tol)

    % 适当添加注释

    % 姓名和日期

  << your code >>

end

适当修改代码,实现上述收敛性估计算法。

(2)计算 eigen_test(1) 的特征值,容差为 1. e−8。三个特征值是否与练习 17.8 的结果大致相同? 所需的迭代次数可能略大于练习 17.8 中的迭代次数。

(3)计算 eigen_test(8) 的特征值,容差为 1. e−8,其特征值和迭代次数分别是多少?

(4)将计算的特征值与 eig 函数的计算结果进行比较,二者之差为多少? 相对误差是否接近容差?

(5)如果将容差变为 1.0e−9,相对误差是否也会变成原来的十分之一? 这一测试可以显示误差估计的质量。

(6)计算 eigen_test(7) 的特征值,容差为 1. e−8。迭代次数是多少?

（7）使用 eMat＝eig(A)计算 eigen_test(7)的"精确"特征值。eMat 的结果可能顺序不同，将他们排序后和 qr_convergence 的结果进行比较。相对误差 norm(sort(e)－sort(eMat))/ norm(e)是多少？其中 e 是 qr_convergence 结果对应的特征向量。

（8）qr_method 需要多少次迭代才能达到 A＝eigen_test(7)的相对误差 1.0e－8？哪种收敛方法可以得到更精确的结果？

（9）基于可证明的结果的收敛性是非常可靠的。尝试在下列非对称矩阵上使用 qr_convergence 函数

```
A = [.01 1
     -1 .01]
```

迭代应该会失败，请解释一下迭代失败的原因，以及你是如何看出迭代失败的？

17.10　多项式的根

你有没有想过如何求出多项式的所有根？使用牛顿法可以找到最大和最小的实根，但其余的根该怎么计算？如果知道一个根 r 的准确值，可以用多项式除以$(x-r)$来"消除"这个根。但实际上我们无法知道根的精确值，用不精确的值来进行消除可能会引起较大的误差。

假设有一个 N 次的一元多项式$(a_1=1)$，如下所示：

$$p(x)=x^N+a_2x^{N-1}+a_3x^{N-2}+\cdots+a_Nx+\cdots a_{N+1} \tag{17.3}$$

考虑 $N\times N$ 矩阵，其主对角线下面的次对角线元素均为 1，最后一列是多项式系数的相反数

$$A=\begin{pmatrix} 0 & 0 & 0 & \cdots & 0 & -a_{N+1} \\ 1 & 0 & 0 & \cdots & 0 & -a_N \\ 0 & 1 & 0 & \cdots & 0 & -a_{N-1} \\ 0 & 0 & 1 & \cdots & 0 & -a_{N-2} \\ & & & \ddots & \vdots & \vdots \\ 0 & 0 & 0 & \cdots & 1 & -a_2 \end{pmatrix}$$

很容易看出 $\det(A-\lambda I)=(-1)^Np(\lambda)$，因此 A 的特征值是多项式 p 的根。

练习 17.10

（1）按照下列格式编写 myroots.m。

```
function r = myroots(a)
    % r = myroots(a)
    % 适当添加注释
    % 姓名和日期
    << your code >>
end
```

　　该函数用系数向量构造伴随矩阵并使用 eig 函数计算其特征值，从而计算式(17.3)中多项式 $p(x)$ 的所有根。

　　(2)选择至少三个长度大于等于 5 的向量 $r^{(j)}$，确保至少有一个向量具有复数元素，测试 myroots 的正确性。使用 poly 函数分别计算根为 $r^{(j)}$ 的多项式的系数，然后使用 myroots 计算这些多项式的根。你会发现 myroots 计算的结果与 $r^{(j)}$ 中的元素非常接近，简要描述一下你的测试过程。

第18章 奇异值分解

18.1 引　言

假设 A 是 $m \times n$ 矩阵，存在两个酉矩阵（A 为实矩阵的情况就是两个正交矩阵）：$m \times m$ 矩阵 U 和 $n \times n$ 矩阵 V，以及一个 $m \times n$ 的"对角"矩阵 S，其对角线上的非负元素按大小排序，其他元素为零，使得

$$A = USV^H \tag{18.1}$$

其中，上标 H 表示矩阵的 Hermitian 矩阵（共轭转置），S 的对角线元素为 $S_{kk} = \sigma_k \geqslant 0$，其中 $k = 1 \cdots \min(m, n)$，其余元素均为零。矩阵 A 被分解为三个矩阵（U、S、V）的过程称为奇异值分解（singular value decomposition，SVD），S 的对角线元素称为 A 的"奇异值"，U 和 V 的列分别为 A 的左、右奇异向量。奇异值分解的理论详见维基百科文章 [*Singular Value Decomposition*][1]，奇异值分解的存在性证明详见 [*Stewart (1992-04)*][2] 第 2 节（第 5 页）。

本章关于 SVD 的内容如下所列：
- 对应 A 的零奇异值的右奇异向量张成 A 的零空间（核）；
- 对应 A 的正奇异值的右奇异向量张成 A 的行空间；
- 对应 A 的正奇异值的左奇异向量张成 A 的值域（像空间）；
- A 的秩等于 A 的正奇异值的数量；
- 矩阵 A 可以用最大的 k 个的奇异值和对应的左右奇异向量来近似描述。这一结论可以应用于图像压缩算法；
- 利用 SVD 计算 A 的 Moore-Penrose 广义逆（Moore-Penrose pseudo-inverse），从而可以在最小二乘意义上求解方程组 $Ax = b$。

本章还将讨论奇异值分解的数值方法。其中一个算法涉及计算 $A^H A$ 的特征值，但这种方法的实用性不高，因为求 A 的条件数的平方会使得误差较大。MATLAB 有一个 svd 函数用于计算奇异值分解，本章中也会用到它。svd 函数使用了 Lapack 的子函数 dgesvd，因此如果你想在 Fortran 或 C 程序中使用它，可以链接 Lapack 库，详见 [*Anderson et al. (1999)*][3]。

18.2　奇异值分解

式（18.1）中的矩阵 S 大小为 $m \times n$，其定义为

$$S_{k\ell} = \begin{cases} \sigma_k & , k = \ell \\ 0 & , k \neq \ell \end{cases} \tag{18.1}$$

---

① http://en. wikipedia. org/wiki/Singular value decomposition.
② http://hdI. handle. net/11299/1868.
③ http://www. netlib. org/lapack/.

且 $\sigma_1 \geqslant \sigma_2 \geqslant \sigma_3 \geqslant \cdots \geqslant \sigma_r > \sigma_{r+1} = 0 = \cdots = 0$。由于 U 和 V 是酉矩阵（因此是非奇异矩阵），很容易看出，r 是矩阵 A 的秩，并且必定不大于 $\min(m,n)$。奇异值 $\sigma_k, k=1\cdots r$ 是正实数，也是 Hermitian 矩阵 AHA 的特征值。

如果矩阵 A 大小为 $n \times n$，则 A 的零空间的秩为 $n-r$，矩阵 U 的前 r 列是 A 值域的正交基，矩阵 V 的后 $n-r$ 列是 A 的零空间的正交基。由于实际计算存在舍入误差，所以矩阵 A 的零奇异值可能不严格等于零，所以我们需要判断哪些非零值对应矩阵 A 的零奇异值。奇异值分解是计算矩阵的秩和零度（nullity）的最可靠方法（计算比较复杂），尤其是当"最小的非零奇异值"和"最大的零奇异值（由于舍入误差的存在，实际计算中的零奇异值可能非零，所以有大小之分）"的差距较大时。

奇异值分解也可用于求解矩阵方程。假设方程组的系数矩阵非奇异，且所有奇异值都严格为正，则奇异值分解的求解过程如下所示：

$$
\begin{aligned}
b &= Ax \\
b &= USV^H x \\
U^H b &= SV^H x \\
S^+ U^H b &= V^H x \\
VS^+ U^H b &= x
\end{aligned}
\tag{18.2}
$$

其中，S^+ 是对角矩阵，当 σ_k 时其对角线元素为 $1/\sigma_k$，否则为零。事实证明，式(18.2)计算太过复杂，不是解决非奇异系数矩阵方程组的好方法，但对于系数矩阵奇异或几乎奇异的方程组，该方法的效果非常好。矩阵 S^+ 与 S^T 的形状相同，其元素如下所示：

$$
S^+_{k\ell} = \begin{cases} 1/\sigma_k & , k=\ell \text{ 且 } \sigma_k > 0 \\ 0 & ,\text{其他} \end{cases}
$$

如果 A 几乎奇异，则 S^+ 的对角线元素定义变为当 $\sigma_k > \varepsilon$ 时，对角线元素为 $1/\sigma_k$。在系数矩阵奇异的情况下，方程的解是其最小二乘解的最佳拟合，矩阵 $A^+ = VS^+ U^H$ 称为 A 的 pseudo-inverse 广义逆。

练习 18.1

在本练习中，你将使用 svd 函数通过一组点来求解多个变量的最佳线性拟合函数。

假设你已经获得了这些变量的相关数据样本，并希望在变量之间找到一个线性关系来拟合这些数据样本，这可以写成一个方程组

$$
\begin{aligned}
a_1 d_{1,1} + a_2 d_{1,2} + a_3 d_{1,3} + \cdots + d_{1,n+1} &= 0 \\
a_1 d_{2,1} + a_2 d_{2,2} + a_3 d_{2,3} + \cdots + d_{2,n+1} &= 0 \\
a_1 d_{3,1} + a_2 d_{3,2} + a_3 d_{3,3} + \cdots + d_{3,n+1} &= 0 \\
\vdots \qquad \vdots \qquad \vdots \qquad \cdots \qquad \vdots
\end{aligned}
\tag{18.3}
$$

其中，d_{ij} 表示数据样本，a_i 表示所要求解的系数。

式(18.3)可以写成矩阵形式。令向量 $(a)_j = a_j$，矩阵 $(D)_{ij} = d_{ij}$，向量 $(b)_i = -d_{i,n+1}$，其中 $i=1,\cdots,M, j=1,\cdots,N$ 且 $M \geqslant N$。用这种表示法，式(18.3)可以写成矩阵方程 $Da = b$，其

中 D（通常）是矩形矩阵。$Da=b$ 的"最小二乘"解 a 是满足下列等式的向量

$$\|Da-b\|^2=\min_x\|Dx-b\|^2$$

由于满足上述等式的向量通常有很多个，我们只选择范数最小的 a 作为最终的解，也即 $a=D^+b$。

先证明上述结论。假设 D 的秩为 r，那么 D 正好有 r 个正奇异值。因为 S 的一个对角线元素为 $S_{ii}=\sigma_i,i=1,\cdots,r$，其他元素为零的矩阵，所以有 $D=USV^T$，并且

$$
\begin{aligned}
\|D-b\|^2 &= \|USV^Tx-b\|^2 \\
&= \|SV^Tx-U^Tb\|^2 \\
&= \|Sz-U^Tb\|^2, \quad 当\ z=V^Tx \\
&= \sum_{j=1}^{r}(\sigma_jz_j-(U^Tb)_j)^2 + \sum_{j=r+1}^{N}((U^Tb)_j)^2
\end{aligned}
$$

显然，当 $z_j=(U^Tb)_j/\sigma)_j$，即第一项为零时，和最小。z_j 的其他分量（$j=r+1,\cdots,N$ 时）是任意的，但当它们为零时，$\|z\|$ 最小。因此，系数 a 的最小范数解为 $a=Vz=VS^+U^Tb=D^+b$。

我们先使用解已知的方程组生成一个数据集，然后使用 SVD 计算该方程组的解，这种方法在之前的练习中也使用过。将下列代码放进 m 脚本文件 exer1.m 中。

（1）使用下列代码生成一个数据集，包含四个变量，每个变量有 20 个样本数据。

```
N = 20;
d1 = rand(N,1);
d2 = rand(N,1);
d3 = rand(N,1);
d4 = 4 * d1 - 3 * d2 + 2 * d3 - 1;
```

（2）在数据中引入小的"扰动"，使用 rand 函数生成 0 到 1 之间的随机数。

```
EPSILON = 1.e-5;
d1 = d1. * (1 + EPSILON * rand(N,1));
d2 = d2. * (1 + EPSILON * rand(N,1));
d3 = d3. * (1 + EPSILON * rand(N,1));
d4 = d4. * (1 + EPSILON * rand(N,1));
```

现在，数据集已经构建完成了。

（3）假设四个向量 d1、d2、d3、d4 是已知的数据样本，构造由这四个列向量组成的矩阵 A＝[d1、d2、d3、d4]。

（4）使用 svd 函数计算 A 的奇异值分解。[U,S,V]＝svd(A)；S 的四个非零元素是多少？

（5）计算 norm(A－U ∗ S ∗ V','fro')是否为零，验证奇异值分解是否正确。

（6）构造矩阵 S^+（称为 Splus），满足

$$
S_{k\ell}^+=\begin{cases}1/S(k,k)，当\ k=\ell\ 且\ S(k,k)>0\\0\qquad\quad，当\ k\neq\ell\ 或\ S(k,k)=0\end{cases}
$$

（7）要求出满足下列等式的系数向量 x。

x1d1 + x2d2 + x3d3 + x4d4 = 1

根据式(18.2)，令 b＝ones(N,1)，式(18.3)中的系数移到了等式右边，即 $-d_{k5}$＝1。解应该接近 x＝[4;-3;2;-1]，但由于存在随机扰动，它并不精确的等于这个向量。

有时，你得到的数据样本中，某些变量实际上线性相关(但在求解过程中都假设它们互相独立)。这种变量的相关性将导致系数矩阵是奇异或几乎奇异的。当矩阵奇异时，方程组的数量实际上是冗余的，可以去掉一个方程，但这会使方程的数量比未知数少，导致方程解的数量无穷多(即，方程组仿射子空间(affine subspace)的任何元素都可以被认为是方程的"解")。

处理这种变量的相关性是最小二乘拟合的最大困难之一，因为我们很难知道需要去掉哪一个方程。奇异值分解是处理这种相关性的最佳方法。在练习 18.2 中，你将构造一组有缺陷的数据，并使用奇异值分解来找到方程的解。

练习 18.2

(1)将 exer1.m 复制到 exer2.m 中，并作如下修改。

(a)将

d3 = rand(N,1);

改为

d3 = d1 + d2;

产生具有相关性的变量。

(b)使用 svd 函数计算矩阵 U、S 和 V 后，输出 S(1,1)、S(2,2)、S(3,3)、S(4,4)。可看到 S(4,4)比其他的小很多。将 S(4,4)设置为零，并按照下列定义构造 S^+。

$$S_{k\ell}^+ = \begin{cases} 1/S(k,k), & \text{当 } k=\ell \text{ 且 } S(k,k)>0 \\ 0, & \text{当 } k\neq\ell \text{ 或 } S(k,k)=0 \end{cases}$$

利用 $S+$ 计算满足式(18.2)的系数向量 x。求出的解可能不是 x＝[4;-3;2;-1]。

(2)查看 $V(:,4)$，它是零奇异值 S(4,4)对应的奇异向量。由于原始方程组不满秩，因此必定存在非零的 x 使得 Ax＝0，即，该方程组必定存在一个非平凡的零空间。将 $V(:,4)$乘以一个数字后再与系数向量 x 相加，可以使 x 的值约为[4;-3;2;-1]，这个数字是多少？

> **注 18.1**：奇异值分解可以发现数据中的缺陷，我们事先不必知道缺陷是否存在。在计算最小二乘系数中，人们通常需要用一些方法来降低缺陷数据对结果的影响，奇异值分解的思想是这些方法的基础。

在练习 18.3 中，你将使用奇异值分解来"压缩"图像。图形表示为矩阵的形式，使用奇异值分解找到与原始图像最接近的低阶矩阵。

练习 18.3

(1)本书提供的 TarantulaNebula.jpg 是哈勃空间望远镜网站上的一张图，它展示了某一星系诞生的画面。

（2）MATLAB 提供了各种图像处理实用程序。请使用下列命令读取图像。

nasacolor = imread('TarantulaNebula. jpg');

变量 nasacolor 是一个 768×1 024×3 的整数值矩阵，大小介于 0 和 255 之间。

（3）用下列命令输出彩色图片。

image(nasacolor)

（4）nasa 的第三个下标代表光的三原色：红色、绿色和蓝色。现在将练习简化为处理灰度图片，使用下列命令将图片转换为 0-255 的双精度灰度值。

nasa = sum(nasacolor,3,'double'); ％ 将图片每个像素对应的"红，绿，蓝"三个颜色的数值相加，生成二维矩阵 nasa

m＝max(max(nasa)); ％ 找到最大的和是多少

nasa＝nasa * 255/m; ％ 对 nasa 所有像素的颜色数据按相同比例缩放，使最大元素值变成 255，对应纯白色

现在，nasa 变成了一个 768×1 024 双精度浮点数矩阵。

注 18.2：这种方法可以将 rgb 图像变成灰度图像，虽然简单，但不太准确。

（5）MATLAB 有一个 colormap 函数，它决定了矩阵中的元素值对应哪种颜色。使用命令 colormap(gray(256))；给 nasa 矩阵的元素赋予相应的灰度值。用下列命令输出该图片。

image(nasa)
title('Grayscale NASA photo');

（6）使用命令［U,S,V］＝svd(nasa);对 nasa 矩阵进行奇异值分解。在半对数坐标图上绘制奇异值：semilogy(diag(S))。你应该会注意到，当奇异值数量小于 50 个时，奇异值的大小会迅速下降到最大值的 2% 以下。

（7）构造三个新的矩阵。

nasa100 = U(:,1:100) * S(1:100,1:100) * V(:,1:100)';
nasa50 = U(:,1:50) * S(1:50,1:50) * V(:,1:50)';
nasa25 = U(:,1:25) * S(1:25,1:25) * V(:,1:25)';

这些矩阵的秩低于 nasa 矩阵，并且可以以更有效的方式存储（nasa 矩阵的大小是 768×1 024，一共需要 786 432 个数字来存储。相比之下，nasa50 只需要储存大小为 768×50 的矩阵 **U** 和 **V** 以及一个共对角线矩阵 **S**，总共 77 568 个数字）。

（8）分别将 nasa100、nasa50 和 nasa25 绘制为图像，并加上图题。原始图像和 100 个奇异值的图像之间应该差异很小，和 50 个奇异值的图像之间有明显的差异，25 个奇异值的图像则发生了严重的压缩。请输出奇异值数为 25 个的图片。

在接下来的小节中，你将看到计算 SVD 的两种不同方法。

18.3　奇异值分解的两种数值方法

奇异值分解最简单的算法需要注意它与特征值之间的关系：奇异值是 A^HA 或 AA^H 特征值的平方根。如果 $A=USV^H$，则有

$$A^HA=(VSU^H)(USV^H)=V(S^2)V^H$$
$$AA^H=(USV^H)(VSU^H)=U(S^2)U^H$$

如果能解出 A^HA 或 AA^H 的特征值和特征向量，就能求出矩阵的奇异值分解（A 的奇异值是其特征值的算数平方根）。

但这个方法并不太好，因为 A^H 的条件数约为 A 的条件数的平方，因此特征值的求解可能会不精确。当然，这个方法可以用于条件数很小的矩阵，所以在一些问题中仍然会使用该方法。

另一种更实用的算法是雅可比（Jacobi）算法，该算法由 James Demmel 和 Krešimir Veseli'c 在 1989 年提出，详见 [*Demmel and Veseli'c (1989)*][1]。在本节中主要讲单边 Jacobi 算法。该算法也相当于求解对称矩阵特征值的 Jacobi 算法，详见 [*Wilkinson (1965)*][2]。

单边 Jacobi 迭代算法隐式的计算 AA^T，然后使用一系列"Jacobi 旋转"将其对角化。Jacobi 旋转可以消除 2×2 矩阵的非对角项。

现有一个 2×2 矩阵 M，其中

$$M^TM=\begin{bmatrix}\alpha & \gamma \\ \gamma & \beta\end{bmatrix}$$

可以找到一个让矩阵旋转 Θ 角的旋转矩阵

$$\Theta=\begin{bmatrix}\cos\theta & -\sin\theta \\ \sin\theta & \cos\theta\end{bmatrix}$$

使得 $\Theta^TM^TM\ \Theta=D$ 是对角矩阵。令 $t=\tan\theta$，令 $\Theta^TM^TM\ \Theta$ 的非对角元素为零可得

$$t^2+2\zeta t-1=0$$

其中，$\zeta=(\beta-\alpha)/2\gamma$。根据方程求出 $t=\tan\theta$ 后，进而可以求出 $\sin\theta$ 和 $\cos\theta$，不需要再计算 θ 本身。

下列单边 Jacobi 算法重复传递隐式构造的 AA^T 对角线，选择矩阵 U^TU 两个索引 k 和 j，其中 $k<j$，选择 U^TU、(k,k)、(k,j)、(j,k)、(j,j) 这四个元素组成一个 2×2 的子矩阵，并使用 Jacobi 旋转来消除它的非对角线项。不幸的是，对 $k=2,j=10$ 的 Jacobi 旋转将覆盖 $k=1$，$j=10$ 的旋转结果，因此必须重复该过程，直到收敛。在收敛时，可以隐式生成奇异值分解的矩阵 S，分别将左右的所有 Jacobi 旋转矩阵相乘可得到左右奇异向量。

注意：这里假设矩阵 A 为方阵，非方阵会使算法更加复杂。

单边 Jacobi 迭代算法：给定一个收敛准则 ϵ，一个方阵 A，一个矩阵 U 和另一个矩阵 V。

---

[1]　http://www.netlib.org/lapack/lawnspdf/lawn15.pdf.

[2]　Wwilkinson,J. H. (1965). The Algebraic Eigenvalue Problem (Clarendon Press, Oxford),ISBN 978-0-8018-5414-9.

一开始 $U=A$,迭代结束后 U 的列向量为左奇异向量;另一个矩阵 V 一开始为单位矩阵,迭代结束后 V 的列向量为右奇异向量。

　　计算出的奇异值是最终的 U 矩阵列向量的范数,左奇异向量是 U 的列向量归一化的结果,右奇异向量是 V 的列向量。

练习 18.4

(1)将下列代码复制到 m 函数文件 jacobi_svd. m 中,实现上述算法。

```
function [U,S,V] = jacobi_svd(A)
    % [U,S,V] = jacobi_svd(A)
    % 矩阵 A 是方阵
    % 返回值 S 是一个对角矩阵,储存了矩阵 A 的奇异值
    % A = U * S * V'
    %
    % 使用单边 Jacobi 迭代法求 SVD 分解
    % [Demmel and Veseli'c (1989)]第 32 页算法 4.1
    % 姓名和日期
    TOL = 1. e - 8;
    MAX_STEPS = 40;
    n = size(A,1);
    U = A;
    V = eye(n);
    for steps = 1:MAX_STEPS
        converge = 0;
        for j = 2:n
            for k = 1:j - 1
                % [alpha gamma;gamma beta] = (k,j)计算 U' * U 的第 k 行 k 列、k 行 j 列、j 行
k 列、j 行 j 列元素围成的子矩阵
                alpha = ???
                beta = ???
                gamma = ???
                converge = max(converge,abs(gamma)/sqrt(alpha * beta));
                % 计算使[alpha gamma;gamma beta]对角化的 jacobi 旋转矩阵
                if gamma ~ = 0
                    zeta = (beta - alpha)/(2 * gamma);
                    t = sign(zeta)/(abs(zeta) + sqrt(1 + zeta^2));
                else
                    % 如果 gamma = 0,那么 zeta = 无穷,t = 0
                    t = 0;
                end
```

```
        c = ???
        s = ???
        % 更新 k 和 j 的值
        T = U(:,k);
        U(:,k) = c * T - s * U(:,j);
        U(:,j) = s * T + c * U(:,j);
            % 更新矩阵 V,其列向量是右奇异向量
        ???
        end
    end
    if converge < TOL
        break;
    end
end
if steps >= MAX_STEPS
    error('jacobi_svd failed to converge! ');
end
% A 的奇异值是矩阵 U 列向量的范数
% A 的左奇异向量是矩阵 U 的列向量归一化处理后的值
for j = 1:n
    singvals(j) = norm(U(:,j));
    U(:,j) = U(:,j)/singvals(j);
end
S = diag(singvals);
end
```

(2)用 jacobi_svd 计算矩阵 A＝U * S * V'的奇异值分解,

$$U = \begin{bmatrix} 0.6 & 0.8 \\ 0.8 & -0.6 \end{bmatrix};$$

$$V = sqrt(2)/2 * \begin{bmatrix} 1 & 1 \\ 1 & -1 \end{bmatrix};$$

$$S = diag([5 \ 4]);$$

很容易看出,U 和 V 是正交矩阵,因此矩阵 U、S 和 V 构成了 A 的奇异值分解。你可能会收到"除数是零"的警告,但不用在意它,这是因为 gamma 的值为零,导致 zeta 无穷大和 t 的值为零。

你的结果应该基本和上面 U、S 和 V 的值相同,可能结果的 S 的对角线元素没有按顺序排列,或者 U 或 V 的某些列乘上了(−1),这没关系,只需确保乘上(−1)的列的个数为偶数即可。U * S * V'和 A 的相对误差是多少?

如果结果不正确,可以按下列方式调试代码。首先要注意,令双重 for 循环仅计算 k＝1

和 j＝2 时的结果,这样节省调试时间。

(a)在编译器中调出代码,单击循环体最后一行代码左侧的横杠(设置断点),该行以"V(:,j)＝"开头。这行代码左边会出现一个红点,表示"断点"(如果你用的是网页版 MATLAB,可以使用 dbstop 命令设置断点,将该命令放在语句 V(:,j)＝之后即可)。

(b)再次运行代码时,你会发现代码在断点处停止。

(c)手动计算 alpha 的值。代码计算的值与手动计算的结果一致吗？如果不一致,请仔细检查并修改错误。

(d)用同样的方法检查 beta 和 gamma。

(e)用同样的方法检查 s 和 c。

(f)按"Step"按钮完成 V 的计算。现在计算 U＊V'(可以在 MATLAB 命令提示下执行此操作),U＊V'的值是否等于 A？可以看出,当代码正确时,始终会有 A＝U＊V'。如果不是,那么你可能在定义 V 的两条语句中有错误,或者更新 U 的值时出了错。注意,这个时候 U 和 V 还没有收敛。

(3)使用 jacobi_svd 计算矩阵 A1 的奇异值分解 U1,S1 和 V1。

```
A1 = ⌈ 1  3  2
       5  6  4
       7  8  9⌋;
```

检查 U1 和 V1 是否为正交矩阵,A1＝U1＊S1＊V1'是否成立。此外,使用 format long 输出 U1、S1 和 V1,并将它们的值与 svd 函数计算的结果进行比较。尽管 jacobi_svd 中的容差很大,但是你应该发现它们几乎相同。不过 jacobi_svd 得出的矩阵元素可能没有像 svd 那样进行了排序。对 S 的对角线元素排序比较简单,但必须同时使 U1 和 V1 的列向量与之匹配。同样,U1 和 V1 的某些列可能会乘上(－1),请确保系数(－1)的个数为偶数。

现在你实现了其中一种 SVD 算法。该算法的实用性很强,是 GNU scientific library 中使用的两种 SVD 算法之一,详见[*Galassi et al*. (*2009*)][1]。在下节中,你还将看到不同的 SVD 算法。

18.4　奇异值分解的"标准"算法

最常用的 SVD 算法可在 MATLAB 和 Lapack 线性代数库中找到,详见[*Anderson et al*. (*1999*)][2]和[*Demmel and Kahan* (*1990*)][3]。

SVD 的标准算法分为两步,首先将矩阵简化为双对角形式,然后计算双对角矩阵的奇异值分解。Householder 变换可以将矩阵变为双对角矩阵,这在第 16 章已经讲解过。求双对角矩阵的奇异值分解是一个迭代过程,需要仔细计算,使数值误差和所需迭代次数最小。为了加快迭代速度,需要做出许多优化选择。但在本节中只讨论 Demmel 和 Kahan 提出的零移位算法的简化版本。

在 18.3 节的 Jacobi 算法中,你看到了如何在迭代过程中乘以旋转矩阵来构造 U 和 V,在

---

① 　https://www.gnu.org/software/gsl/.

② 　http://www.netlib.org/lapack/.

③ 　http://www.netlib.org/lapack/lawnspdf/lawn03.pdf.

标准算法中也会这样做。

下列算法摘自[Golub and Van Loan (1996)][1]中的算法 5.4.2。第一步是将矩阵简化为双对角形式。在第 16 章中已经讲解了如何使用 Householder 变换将矩阵简化为上三角形式。首先从矩阵 U_0 和 V_0 都等于单位矩阵开始,然后令 $B_0 = A$,使得 $A = U_0 B_0 V_0^H$。

(1)对于 A 的第 k 列,计算对应的 Householder 矩阵 $\bar{H}_k$:

(a)矩阵 $\bar{B}_k = \bar{H}_k B_{k-1}$ 在第 k 列对角线下方的元素为零;

(b)$U_k = U_{k-1} \bar{H}_k^H$,使得对任意 k,都有 $A = U_k \bar{B}_k V_{k-1}^H$。

(2)对于 A 的第 k 行,计算对应的 Householder 矩阵 H_k:

(a)矩阵 $B_k = \bar{B}_k H_k$ 在超对角线(主对角线上面的那条对角线)右侧的元素为零;

(b)V_k 满足 $A = U_k B_k V_k^H$。

注 18.3:这种方法不能将矩阵化为对角矩阵,因为处理矩阵每一行时,Householder 矩阵会改变对角线元素,并破坏原先的因子分解。

练习 18.5

考虑下列代码,它与练习 16.6 中的 h_factor 函数非常相似(只不过将原来的矩阵 Q 和 R 改成了 U 和 B)。

```
function [U,B,V] = bidiag_reduction(A)
    % [U B V] = bidiag_reduction(A)
    % 参考[Golub and Van Loan (1996)]中的算法 5.4.2
    % A 是 m x n 矩阵,求双对角矩阵 B,使 A = U * B * V',其中 U,V 是正交矩阵
    [m,n] = size(A);
    B = A;
    U = eye(m);
    V = eye(n);
    for k = 1:n - 1
        % 消除矩阵 B 对角线下方的非零元素
        % 保证 U * B 的值不变
        H = householder(B(:,k),k);
        B = H * B;
        U = U * H';
        % 消除矩阵 B 超对角线右侧的非零元素
        % 保证 B * V'的值不变
        << more code >>
    end
end
```

[1]　https://www.academia.edu/35209124/Golub G H Van Loan C F_Matrix Computations.

（1）将上述代码复制到 bidiag_reduction. m 中，并补全"???"部分。注意，在每一步迭代中都需要保证 A＝U＊B＊V'。

（2）打开练习 16.4 中的 householder. m。

（3）计算 A＝pascal(5)的奇异值分解。确保每一次迭代都满足 A＝U＊B＊V'，其中矩阵 B 是双对角矩阵，矩阵 U 和 V 是正交矩阵。简要描述下如何验证结果。

（4）计算下列随机数矩阵的奇异值分解。

A = rand(100,100);

确保每一次迭代都满足 A＝U＊B＊V'，其中矩阵 B 是双对角矩阵，矩阵 U 和 V 是正交矩阵。简要描述下如何验证结果。

> **提示**：可以使用 diag 函数从矩阵中提取任何对角线的元素，或从根据对角线元素值重建矩阵，"help diag"可以查看 diag 函数的详细信息，也可以使用 tril 和 triu 函数。

Demmel 和 Kahan 论文的第 13 页，提出了一个"rot 算法"，它可以生成 2×2 的 Givens 旋转矩阵，该矩阵可以消除向量的第二个分量。rot 算法是奇异值分解标准算法的核心步骤，它的效率决定了整个 SVD 的效率。例如，如果 rot 算法的时间减少 10%，奇异值分解的计算时间就会减少 10%。

rot 算法（Demmel，Kahan）$[c,s,r]＝rot(f,g)$。

此算法计算满足下列等式的余弦 c 和正弦 s。

$$\begin{bmatrix} c & s \\ -s & c \end{bmatrix} \begin{bmatrix} f \\ g \end{bmatrix} = \begin{bmatrix} r \\ 0 \end{bmatrix}$$

if $f = 0$ **then**

　　$c = 0, s = 1$, and $r = g$

else if $|f| > |g|$ **then**

　　$t = g/f, t_1 = \sqrt{1+t^2}$

　　$c = 1/t_1, s = tc$, and $r = ft_1$

else

　　$t = f/g, t_1 = \sqrt{1+t^2}$

　　$s = 1/t_1, c = ts$, and $r = gt_1$

endif

> **注 18.4**：c, s 和 r 的两个不同表达式在数学上是等价的，表达式的选择主要取决于舍入误差的大小。

练习 18.6

（1）按照下列格式编写 givens_rot. m。

```
function [c,s,r] = givens_rot(f,g)
  % [c s r] = givens_rot(f,g)
  % 适当添加注释
  % 姓名和日期
  << your code >>
end
```

(2)令 $f=1,g=0$,计算[f;g]的 Givens 旋转矩阵,这个向量的第二个分量已经为 0,所以正确答案应该是 $c=1,s=0,r=1$。

(3)计算[0;2]的 Givens 旋转矩阵,c,s 和 r 的值分别是多少? [c s;−s c] * [f;g]的值是多少? 检查一下乘积是否为[r;0]。

(4)计算[1;2]的 Givens 旋转矩阵,c,s 和 r 的值分别是多少? [c s;−s c] * [f;g]的值是多少? 检查一下乘积是否为[r;0]。

(5)计算[−3;2]的 Givens 旋转矩阵,c,s 和 r 的值分别是多少? [c s;−s c] * [f;g]的值是多少? 检查一下乘积是否为[r;0]。

双对角矩阵的奇异值分解基于对双对角矩阵每一行的不断"扫描"。假设 B 是一个双对角矩阵,如下所示;

$$\begin{pmatrix} d_1 & e_1 & 0 & 0 & \cdots & 0 \\ 0 & d_2 & e_2 & 0 & \cdots & 0 \\ 0 & 0 & d_3 & e_3 & \cdots & 0 \\ \vdots & \vdots & \ddots & \ddots & \ddots & \vdots \\ 0 & 0 & \cdots & 0 & d_{n-1} & e_{n-1} \\ 0 & 0 & \cdots & 0 & 0 & d_n \end{pmatrix}$$

"扫描"从矩阵的左上角开始,逐步沿每一行向下直到矩阵底部。对于第 i 行,首先在矩阵 B 的右侧乘以一个旋转矩阵来消除超对角线元素 e_i(使 e_i 的值变成零),该步骤在第 i 行对角线元素的正下方引入了一个非零值 $A_{i+1,i}$。然后在矩阵 B 左侧乘以一个旋转矩阵来消除这个新的非零元素,该步骤在超对角线外又引入了一个非零值 $B_{i,i+3}$。幸运的是,这个新的非零元素可以被消除 e_{i+1} 的旋转矩阵消除(证明过程详见论文)。这样的"扫描"一直持续到最后一行,不再引入非零元素为止。

下列代码实现了双对角矩阵的奇异值算法,在练习 18.7 中将会使用。

```
function B = msweep(B)
  % B = msweep(B)
  % Demmel 和 Kahan 的"rot"算法
  % 矩阵 B 在一开始是双对角矩阵,计算结束后仍然是双对角矩阵
  n = size(B,1);
  for k = 1:n−1
    [c s r] = givens_rot(B(k,k),B(k,k+1));
    % 构造旋转矩阵 Q,让矩阵 B 右乘 Q'
```

```
% Q 消除 B(k-1,k+1)和 B(k,k+1),同时引入新元素 B(k+1,k)
Q = eye(n);
Q(k:k+1,k:k+1) = [c s; -s c];
B = B * Q';
[c s r] = givens_rot(B(k,k),B(k+1,k));
% 构造旋转矩阵 Q,让矩阵 B 左乘 Q'
% Q 消除 B(k+1,k),同时引入新元素 B(k,k+1)和 B(k,k+2)
Q = eye(n);
Q(k:k+1,k:k+1) = [c s; -s c];
B = Q * B;
end
end
```

在该算法中,使用了两个正交(旋转)矩阵 Q。要研究它们的作用,首先考虑由第 $i-1$、i、$i+1$ 和 $i+2$ 行和列组成的一小块矩阵 B。在矩阵右侧乘以第一个旋转矩阵的转置会产生下列结果。

$$\begin{bmatrix} \alpha & * & \beta & 0 \\ 0 & * & * & 0 \\ 0 & 0 & * & * \\ 0 & 0 & 0 & \gamma \end{bmatrix} \begin{bmatrix} 1 & 0 & 0 & 0 \\ 0 & c & s & 0 \\ 0 & -s & c & 0 \\ 0 & 0 & 0 & 1 \end{bmatrix} = \begin{bmatrix} \alpha & \beta & 0 & 0 \\ 0 & * & 0 & 0 \\ 0 & * & * & 0 \\ 0 & 0 & 0 & \gamma \end{bmatrix}$$

其中星号表示(可能)非零的元素,希腊字母表示不变的值。下文将证明矩阵第三列中两个元素被消除的过程。

上述结果再左乘第二个旋转矩阵,得到

$$\begin{bmatrix} 1 & 0 & 0 & 0 \\ 0 & c & s & 0 \\ 0 & -s & c & 0 \\ 0 & 0 & 0 & 1 \end{bmatrix} \begin{bmatrix} \alpha & \beta & 0 & 0 \\ 0 & * & 0 & 0 \\ 0 & * & * & * \\ 0 & 0 & 0 & \gamma \end{bmatrix} = \begin{bmatrix} \alpha & \beta & 0 & 0 \\ 0 & * & * & * \\ 0 & 0 & * & * \\ 0 & 0 & 0 & \gamma \end{bmatrix}$$

这两次乘以旋转矩阵的结果是包含三个非零元素的行("bulge")已从第 $i-1$ 行移动到了第 i 行(在本例中就是从第 1 行移动到了第 2 行),而其他行仍有两个非零元素。练习 18.7 以图形的方式说明了此操作。

练习 18.7

(1)下列代码行将矩阵 B 中和舍入误差一个量级的元素设置为零,并使用 spy 函数显示所有非零元素。pause 语句使函数停止运行并等待,用户按任意键再开始继续运行,这可以让你仔细的观察矩阵变化的细节。

```
% 将矩阵 B 中和舍入误差一个量级的元素设置为零
% 显示矩阵 B 并等待用户按任意键继续运行
B(find(abs(B)<1.e-13)) = 0;
```

```
spy(B)
disp('Plot completed.  Strike a key to continue. ')
pause
```

在 msweep. m 中的两个以"B＝"开头的语句后面各添加一段上述代码。

（2）用 msweep. m 处理下列矩阵。

$$B=\begin{bmatrix} 1 & 11 & 0 & 0 & 0 & 0 & 0 & 0 & 0 & 0 \\ 0 & 2 & 12 & 0 & 0 & 0 & 0 & 0 & 0 & 0 \\ 0 & 0 & 3 & 13 & 0 & 0 & 0 & 0 & 0 & 0 \\ 0 & 0 & 0 & 4 & 14 & 0 & 0 & 0 & 0 & 0 \\ 0 & 0 & 0 & 0 & 5 & 15 & 0 & 0 & 0 & 0 \\ 0 & 0 & 0 & 0 & 0 & 6 & 16 & 0 & 0 & 0 \\ 0 & 0 & 0 & 0 & 0 & 0 & 7 & 17 & 0 & 0 \\ 0 & 0 & 0 & 0 & 0 & 0 & 0 & 8 & 18 & 0 \\ 0 & 0 & 0 & 0 & 0 & 0 & 0 & 0 & 9 & 19 \\ 0 & 0 & 0 & 0 & 0 & 0 & 0 & 0 & 0 & 10 \end{bmatrix}$$

可以用一系列矩阵图像来显示"bugle"（每一行中额外的非零元素）从矩阵的第一行逐渐向下移动，直到在最后一行消失的过程。请绘制此过程中的任意一张矩阵图像。如果 B＝msweep(B);那么 B(10,10)是多少？

Demmel 和 Kahan 在论文中提出了该算法的简化形式，如下所示。它的速度更快，准确度更高，并且没有舍入误差。

该算法在速度上的改进主要是将双对角线矩阵 B 表示为两个向量 d 和 e，分别包含主对角线和超对角线的元素，并且中间过程出现的 BQ' 没有显式的计算。

算法（Demmel，Kahan），该算法以将双对角线矩阵 B 表示为两个向量 d 和 e，向量 d 的长度为 n。

$c_{old} = 1$

$c = 1$

for k = 1 to $n-1$

　　$[c, s, r]$ = givens_rot(cd_k, e_k)

　　if $(k \neq 1)$ **then** $e_{k-1} = rs_{old}$ **endif**

　　$[c_{old}, s_{old}, d_k]$ = givens_rot$(c_{old}r, d_{k+1}s)$

end for

$h = cd_n$

$e_{n-1} = hs_{old}$

$d_n = hc_{old}$

练习 18.8

（1）根据下列格式，编写 vsweep. m，实现上述算法。

```
function [d,e] = vsweep(d,e)
    % [d e] = vsweep(d,e)
    % 适当添加注释
    % 姓名和日期
    << your code >>
end
```

(2)使用练习 18.7 中的矩阵来测试 vsweep,比较 vsweep 和 msweep 的结果,二者应该相同。

$$B = \begin{bmatrix} 1 & 11 & 0 & 0 & 0 & 0 & 0 & 0 & 0 & 0 \\ 0 & 2 & 12 & 0 & 0 & 0 & 0 & 0 & 0 & 0 \\ 0 & 0 & 3 & 13 & 0 & 0 & 0 & 0 & 0 & 0 \\ 0 & 0 & 0 & 4 & 14 & 0 & 0 & 0 & 0 & 0 \\ 0 & 0 & 0 & 0 & 5 & 15 & 0 & 0 & 0 & 0 \\ 0 & 0 & 0 & 0 & 0 & 6 & 16 & 0 & 0 & 0 \\ 0 & 0 & 0 & 0 & 0 & 0 & 7 & 17 & 0 & 0 \\ 0 & 0 & 0 & 0 & 0 & 0 & 0 & 8 & 18 & 0 \\ 0 & 0 & 0 & 0 & 0 & 0 & 0 & 0 & 9 & 19 \\ 0 & 0 & 0 & 0 & 0 & 0 & 0 & 0 & 0 & 10 \end{bmatrix};$$

```
d = diag(B);
e = diag(B,1);
```

(3)使用下列代码比较 msweep 和 vsweep 的结果,并进行计时。二者的结果是否相同?运行时间分别是多少? 你应该会发现 vsweep 的速度要快得多。

```
n = 400;
d = 2 * rand(n,1) - 1; % 生成 -1 到 1 之间的随机数
e = 2 * rand(n-1,1) - 1;
B = diag(d) + diag(e,1);
tic;B = msweep(B);mtime = toc
tic;[d e] = vsweep(d,e);vtime = toc
norm(d - diag(B))
norm(e - diag(B,1))
```

结果表明,重复进行"扫描"计算往往会使超对角线元素变小。你可以在 Demmel 和 Kahan 的文献中找到关于现象的讨论。在练习 18.9 中,你将看到超对角线元素是如何变小的。

练习 18.9

(1)考虑练习 18.8 中的矩阵,将其表示为向量 d 和 e,如下所示:

```
d = [1;2;3;4;5;6;7;8;9;10];
e = [11;12;13;14;15;16;17;18;19];
```

从上述 e 和 d 的值开始计算,使用下列代码运行 vsweep. m 十五次,并绘制每次得到的 $|e_j|:j = 1,\cdots,9$。

```
for k = 1:15
[d,e] = vsweep(d,e);
plot(abs(e),'* -')
hold on
disp('Strike a key to continue. ')
pause
end
hold off
```

你应该会注意到,一些元素很快收敛到零,并且所有元素的值最终都会变小。

(2)从上述 e 和 d 的值开始,绘制前 40 次重复运行得到的   随着迭代次数的变化图像。

(3)从上述 e 和 d 的值开始,在半对数图像(semilogy)上绘制前 100 次重复运行得到的 $\|e\|$ 随着迭代次数的变化图像。你会看到图像最终收敛成一条直线。可以绘制函数 $y = cr^n$(此时 c 可以取 1.0)以图形方式估计收敛速率,r 的值可以通过试错法找到,n 表示迭代次数。当这条线和 kek 的线平行时,对应的 r 值就是正确的。你找到的 r 的值是多少?

从上述运行结果可以看到,有一个超对角线元素很快就收敛到零,而整体收敛到零的速度逐渐变为线性的。通常,超对角线两端中的其中一个元素会收敛得更快。我们可以根据这一现象来加快算法的收敛速率,在这里不详细讨论,但可以确定,在 Lapack(MATLAB 使用了 Lapack 的 SVD 子函数)中利用了这类加速方法。

在练习 18.10 中,我将在迭代过程中检查超对角线元素的值,如果超对角线的某个元素变得足够小,就把它设置为零,然后继续迭代,直到所有超对角线元素都变成零为止。

练习 18.10

(1)将下列代码复制到 bd_svd. m 中(文件名中的 bd 表示 bidiagonal svd,双对角矩阵的奇异值分解)。

```
function [d,iterations] = bd_svd(d,e)
    % [d,iterations] = bd_svd(d,e)
    % 适当添加注释
    % 姓名和日期
    TOL = 100 * eps;
    n = length(d);
    maxit = 500 * n^2;
    % 下列代码中的收敛准则详见 Demmel 和 Kahan 的论文
    lambda(n) = abs(d(n));
    for j = n - 1: - 1:1
        lambda(j) = abs(d(j)) * lambda(j + 1)/(lambda(j + 1) + abs(e(j)));
    end
```

```
mu(1) = abs(d(1));
for j = 1:n - 1
    mu(j + 1) = abs(d(j + 1)) * mu(j)/(mu(j) + abs(e(j)));
end
sigmaLower = min(min(lambda),min(mu));
thresh = max(TOL * sigmaLower,maxit * realmin);
iUpper = n - 1;
iLower = 1;
for iterations = 1:maxit
```

　　% 当矩阵对角线两端的元素先收敛到零时,可以增加 iLower 和减少 iUpper 的值,将已收敛的元素排除在,后续计算中只会计算对角线的第 iLower 位和第 iUpper 位之间的非零元素,从而减少计算量

　　% 如果向量 e(储存了矩阵 B 的超对角线元素)很小,不要继续往后迭代,先判断矩阵 B 右下角附近有多少个很小的超对角线元素

```
        j = iUpper;
        for i = iUpper: - 1:1
            if abs(e(i))>thresh
                j = i;
                break;
            end
        end
        iUpper = j;
```

　　% 再判断矩阵 B 左上角附近有多少个很小的超对角线元素

```
        j = iUpper;
        for i = iLower:iUpper
            if abs(e(i))>thresh
                j = i;
                break;
            end
        end
        iLower = j;
        if (iUpper = = iLower & abs(e(iUpper))< = thresh) | ...
        (iUpper<iLower)
```

　　　% 对奇异值进行排序

```
            d = sort(abs(d),1,'descend'); % change to descending sort
            return
        end
```

　　% 再对矩阵 B 进行一次进行扫描

```
        [d(iLower:iUpper + 1),e(iLower:iUpper)] = ...
```

```
        vsweep(d(iLower:iUpper + 1),e(iLower:iUpper));
    end
    error('bd_svd: too many iterations! ')
end
```

（2）考虑将练习 18.9 中的矩阵表示为向量 **d** 和 **e** 的形式。

```
d = [1;2;3;4;5;6;7;8;9;10];
e = [11;12;13;14;15;16;17;18;19];
B = diag(d) + diag(e,1);
```

bd_svd 算出的奇异值是多少？一共需要多少次迭代？bd_svd 与 svd 函数计算的奇异值之间的最大误差是多少？

（3）考虑下列随机数矩阵。

```
d = rand(30,1);
e = rand(29,1);
B = diag(d) + diag(e,1);
```

使用 bd_svd 计算其奇异值，一共需要多少次迭代？bd_svd 与 svd 函数计算的奇异值之间的最大误差是多少？

> **注 18.5**：在上述算法中可以看到，通过取绝对值，奇异值被强制指定为正值。如果出现负奇异值，将这个负奇异值和对应的 **U** 的列向量相乘不会改变 **U** 的酉矩阵性质，而且该奇异值最终也会变成正数，所以强制指定奇异值为正数是可行的。

在练习 18.9 中我们看到，迭代次数可能会变大。事实证明，选择适当的迭代策略（例如，从右下角扫描到左上角，而不是始终向下扫描）会使迭代次数显著减少，减少程度具体取决于矩阵元素的大小。

在练习 18.11 中，你将把函数 bidiag_reduction 和 bd_svd 放在一个函数 mysvd 中，计算稠密矩阵的奇异值。

练习 18.11

（1）按照下列格式编写 mysvd. m。

```
function [d,iterations] = mysvd(A)
    % [d,iterations] = mysvd(A)
    % 适当添加注释
    % 姓名和日期
    << your coe >>
end
```

该函数需要：

（a）使用 bidiag_reduction 将矩阵 **A** 变为双对角矩阵 **B**；

　　(b)从 *B* 中提取向量 *d* 和 *e*，即主对角线和超对角线元素；

　　(c)使用 bd_svd 计算矩阵 *A* 的奇异值。

　　(2)给定矩阵 A＝magic(10)，使用 mysvd 计算其奇异值。一共需要多少次迭代？该奇异值与 svd 函数计算的奇异值相比有何区别？

　　(3)奇异值可用于表示矩阵的秩，矩阵 *A* 的秩是多少？

第 19 章 迭代法

19.1 引 言

前面讲解的求解矩阵方程的方法都叫"直接"法,因为它们涉及的算法可以保证在可预测的步骤数内停止计算。还有另一种方法叫作"迭代"法,其原理是重复进行一种算法,当满足某个指定的条件时才停止计算,和前面章节中的计算特征值和奇异值的方法类似。在本章中,我们将重点介绍应用于椭圆偏微分方程的共轭梯度法。共轭梯度法是 Krylov 子空间法(Krylov subspace methods)的一个典型示例,它也是现在大型矩阵方程求解方法的基础。更多的理论推导详见[*Quarteroni et al.*(2007)][1]第 4 章,[*Trefethen and Bau*(1997)][2]第 6 部分,[*Barrett et al.*(1994)][3]第 2 章和第 3 章,以及[*Layton and Sussman*(2020)][4]。

共轭梯度法也可以视为一种直接法,因为在精确计算中,对于 $N \times N$ 的矩阵,算法在 N 步计算后就会停止。然而,在计算机计算中,迭代步数和矩阵大小往往不相关,并且迭代次数也远少于 N 步。

迭代方法通常应用于"稀疏"矩阵,因为它们的元素大多为零。稀疏矩阵可以通过省略零元素来更高效地存储,并且迭代法可以利用这种高效存储,直接法则不那么容易。此外,由于偏微分方程通常会产生大型稀疏矩阵,因此通常用迭代法来求解由偏微分方程产生的方程组。

本章重点介绍共轭梯度法(迭代法),你将分别用该方法求解一般储存形式和压缩储存形式的矩阵。本章还将介绍共轭梯度法的加速收敛,以及求解压缩储存的超大型矩阵系统(该矩阵无法在内存中以一般形式储存)。

练习 19.1~19.5 使用共轭梯度法求解一般储存形式的矩阵。练习 19.6~19.9 使用共轭梯度法求解压缩储存的矩阵,练习 19.10 介绍了 MATLAB 中的稀疏存储,练习 19.11 讨论了不完全 Cholesky 因子的预处理。

19.2 泊松方程矩阵

二维泊松方程可以写成

$$\frac{\partial^2 u}{\partial x^2} + \frac{\partial^2 u}{\partial y^2} = \rho \tag{19.1}$$

---

[1] Quarteroni,A.,Sacco,R.,Saleri,F.(2007). Numerical Mathematics (Springer), ISBN 978-3-540-34658-6.

[2] Trefethen, L. Bau, D. (1997). Numerical Linear Algebra (Society for Industrial and Applied Mathematics, Philadelphia, PA),1SBN 0-89871-361-7.

[3] Barrett, R. et al. (1994). Templates for the Solution of Linear Systems: Building Blocksfor lterative Methods(Society for Industrial and Applied Mathematics, Philadelphia, PA), ISBN 0-89871-328-5.

[4] Layton, W.;Sussman,M.(2020). Numerical Linear Algebra (World Scientific, Hakensack, NJ), ISBN 978-981-122-389-1.

其中 u 是未知函数,ρ 是给定的函数。其中边界条件为 Dirichlet 边界条件,即所有边界点的 u＝0。

假设单位正方形区域$[0,1]\times[0,1]$被分成$(N+1)^2$个较小的、不重叠的正方形,每个小正方形边长为 $h=1/(N+1)$。每个小正方形被称为"元素",它们的顶点被称为"节点",构成单位正方形的所有元素的组合称为"网格"。网格示例如图 19－1 所示,网格内部节点由较大的点表示,边界节点由较小的点表示。

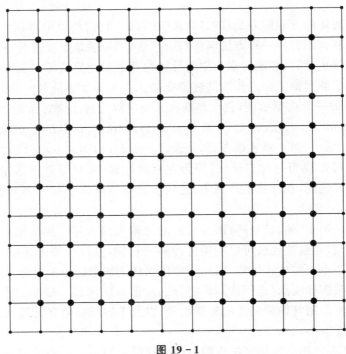

图 19－1

图 19－1 中的节点坐标(x,y)如下所示:

$$x=jh \quad 当\ j=0,1,\cdots,11 \tag{19.2}$$
$$y=kh \quad 当\ k=0,1,\cdots,11$$

在本章中,你将根据二阶导数的有限差分表达式将泊松方程离散化,生成与之相关的矩阵。

$$\frac{\mathrm{d}^2\phi}{\mathrm{d}\xi^2}=\frac{\phi(\xi+\Delta\xi)-2\phi(\xi)+\phi(\xi-\Delta\xi)}{\Delta\xi^2}+O(\Delta\xi^2) \tag{19.3}$$

在网格节点(x,y)处两次代入式(19.1),一次令 $\xi=x$,另一次令 $\xi=y$,得到

$$\frac{u(x+h,y)+u(x,y+h)+u(x-h,y)+u(x,y-h)-4u(x,y)}{h^2}=p(x,y)$$

令(x,y)为中心点 ucenter,$(x+h,y)$为右侧点 uright,$(x-h,y)$为左侧点 uleft,$(x,y+h)$作为上方点 uabove,$(x,y-h)$为下方点 ubelow,得到表达式

$$\frac{1}{h^{2}}u_{\text{right}}+\frac{1}{h^{2}}u_{\text{left}}+\frac{1}{h^{2}}u_{\text{above}}+\frac{1}{h^{2}}u_{\text{below}}-4\frac{1}{h^{2}}u_{\text{center}}=\rho_{\text{center}} \qquad (19.4)$$

一些作者也将这五个点称为"东、西、南、北、中",即指南针的方向。

矩阵方程可以根据式(19.4)生成,方法是以某种方式对节点进行编号,并根据 u 的所有节点编号形成一个向量。然后,式(19.4)表示矩阵方程 $\boldsymbol{Pu}=\rho$ 的一行。无论 N 的大小如何,矩阵 $\boldsymbol{P}$ 的每一行中最多有五个非零元素。对角线元素为 $-4/h^{2}$,其他四个元素(如果存在)均等于 $1/h^{2}$,其余所有元素均为零。下面你将使用 MATLAB 代码构造这样一个矩阵。

式(19.4)中的方程是生成微分方程矩阵的一种方法,可以用图 19-2 表示,图中网格示例,显示了网格内部的点和代入泊松方程的五个点。当然,还有其他的方法生成微分方程矩阵。

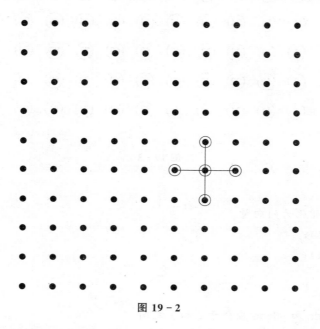

图 19-2

为了构造由泊松方程产生的矩阵,有必要为每个需要求解的节点指定一个编号。在这里只考虑 Dirichlet 边界条件(所有边界点的 $u=0$),因此只考虑图 19.1 所示的内部节点。如图 19-3 所示,这些节点将连续编号,从左下角的 1 开始,向上和向右递增到右上角的 100。这只是其中一种编号方法,你也可以换一种方法编号。但不要随意更改编号方式,这会打乱生成的矩阵。

练习 19.1

(1)根据下列代码编写一个 m 脚本文件 meshplot.m 绘制网格图像,对于 N=10,生成两个向量 x(1:N^2)和 y(1:N^2),使坐标为(x(N),y(N))的点是图 19-1、19-2 和 19-3 中所示的内部节点,其中 n=1,…,N^2。下列代码在 j 和 k 上使用了两个循环,双循环会使代码更加简单,生成的绘图应类似于图 19.2。

```
N = 10;
h = 1/ (N+1);
```

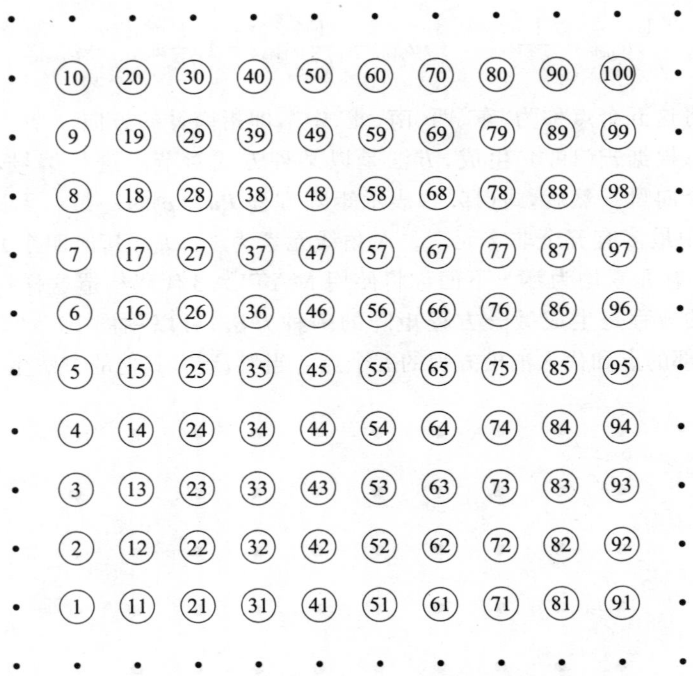

图 19－3

```
n = 0;
% 将 x 和 y 初始化为列向量
x = zeros(N^2,1);
y = zeros(N^2,1);
for j = 1:N
    for k = 1:N
        % xNode 和 yNode 应介于 0 和 1 之间
        xNode = ???
        yNode = ???
        n = n + 1;
        x(n) = xNode;
        y(n) = yNode;
    end
end
plot(x,y,'o');
```

(2)对给定的 n,当 N＝10 时,下列函数将输出给定点正上方的点对应的索引(下标)值,如果该点在边界上,则输出"none"。

```
function tests(n)
    % tests(n)输出编号为 n 的点附近的索引
    % 姓名和日期
```

```
    N = 10;
    if mod(n,N)~ = 0
        nAbove = n + 1
    else
        nAbove = 'none'
    end
end
```

(a)将上述代码复制到 tests. m 中,令 n＝75,找到下标为 75 的点上方点的下标。再令 n＝80,查看编号为 80 的点上方是否存在任何点。

(b)在 tests. m 添加代码,输出给定点正下方点的下标 nBelow。找到下标为 75 的点下方点的下标。

(c)在 tests. m 添加代码,输出给定点左侧点的下标 nLeft。找到下标为 75 的点左侧点的下标。

(d)在 tests. m 添加代码,输出给定点右侧点的下标 nRight。找到下标为 75 的点右侧点的下标。

现在,你可以在均匀网格上构造一个矩阵 A,该矩阵由具有 Dirichlet 边界条件的泊松方程生成。上面定义的矩阵 P 是负定的,因此在练习 19.2 中 $A＝-P$。

练习 19.2

(1)回想一下,矩阵 A 中每行不超过五个非零元素,分别是 $4/h^2$ 和 $-1/h^2$(重复不超过四次)。根据下列代码和练习 19.1 中的代码生成矩阵 A。

```
function A = poissonmatrix(N)
    % A = poissonmatrix(N)
    % 适当添加注释
    % 姓名和日期
    h = 1/(N + 1);
    A = zeros(N^2,N^2);
    for n = 1:N^2
        % 中间点对应的元素
        A(n,n) = 4/h^2;
        % 上方点对应的元素
        if mod(n,N)~ = 0
            nAbove = n + 1;
            A(n,nAbove) = -1/h^2;
        end
        % 下方点对应的元素
        if ???
            nBelow = ???;
```

```
            A(n,nBelow) = - 1/ h^2;
      end
      %  左侧点对应的元素
      if ???
         nLeft = ???;
         A(n,nLeft) = - 1/h^2;
      end
      %  右侧点对应的元素
      if ???
         nRight =  ???;
         A(n,nRight) = - 1/h^2;
      end
   end
end
```

在后面的小题中,令 N=10 和 A=poissonmatrix(N)。

(2)虽然不太明显,但矩阵 **A** 是对称的。考虑 A(ell,m)和 A(m,ell)的值,看看它们是否相等。检查 norm(A−A','fro')是否基本为零。

> **Debug 小提示**:如果范数不为零,请按照下列步骤修改 poissonmatrix 函数。

(a)令 nonSymm=A−A',并选择一组令 nonSymm 不为零的下标 ell,m。可以按下列方式使用工作区浏览器(双击"变量"窗格中的 nonSymm)或 max 函数。

[rowvals] = max(nonSymm);

[colval,m] = max(rowvals);

[maxval,ell] = max(nonSymm(:,m));

(b)检查 A(ell,m)和 A(m,ell),很可能其中一个为零,另一个不为零。使用 tests. m 检查其中哪一个不为零,然后寻找另一个为零的原因。

(c)A(ell,m)和 A(m,ell)不太可能是两个不相等的非零元素,因为所有不在对角线上的非零元素都等于−1/h^2。

(3)盖尔圆盘定理(详见[*Quarteroni et al*. (*2007*)][1]或维基百科文章[*Gershgorin Circle Theorem*][2])指出,矩阵 **A** 的特征值包含在以点 $z_n = \boldsymbol{A}_{n,n}$ 为中心,半径为 $r_n = \sum_{k \neq n} |\boldsymbol{A}_{n,k}|$ 的复平面中圆盘中。根据这个定理,矩阵 **A** 是非负定的。根据不可约弱对角占优矩阵的一个定理([Varga (1962)][3]定理 1.8)可以证明 **A** 是正定的。对于向量 v=rand(100,1),计算 v'*A*v,其结果应该为正(你可以用多个随机数向量多测试几次)。如果不是正数,请修改代码。

(4)正定矩阵的行列式必为正,检查 det(A)是否为正数。如果不是,请修改代码。

---

① Quarteroni, A. , Sacco, R. , Saleri, F. (2007). Numerical Mathematics (Springer),ISBN 978−3−540−34658−6.

② https://en. wikipedia. org/wiki/Gershgorin circle theorem.

③ Varga,R. S. (1962). Matrix lterative Analysis (Prentice-Hall, Englewood Cliffs,NJ).

(5)练习 14.9 的简单计算表明,每对 k 和 ℓ 的值对应的函数都是单位面积上泊松方程 Dirichlet 问题的特征函数,特征值为 $\lambda_{k,\ell}=-(k^2+\ell^2)\pi^2$。不难得出,对于 k 和 ell 的每个值,向量 E＝sin(k * pi * x) * sin(ell * pi * y) 是矩阵 A 的特征向量,其中 x 和 y 是练习 19.1 中出现的向量。E 对应的特征值为 L＝2 * (2－cos(k * pi * h)－cos(ell * pi * h))/h2,其中 h＝y(2)－y(1)。令 k＝1 和 ell＝2。L 和 E(10) 的值分别为多少(E(10)应为负值,且绝对值小于 1)? 通过计算证明 L * E＝A * E。

(6)可以看出,A 是一个"M 矩阵"(有关 M 矩阵的介绍详见[Quarteroni *et al*.(2007)], [Varga (1962)]和[M-matrix][①],因为 A 的非对角线元素都是非正的,而对角线元素大于等于非对角线元素之和的相反数。M 矩阵的逆矩阵存在,且其逆矩阵的所有元素都严格为正。使用 inv 函数来求 A 的逆,并证明其最小的元素为正数。

(7)可以用 MATLAB 的函数检查你的代码。gallery('poisson',N)返回矩阵 h^2 * A。计算 norm(gallery('poisson',N)/h^2－A,'fro'),看看它是否为零。

现在,你已经能够生成微分方程矩阵了,为下一小节研究共轭梯度迭代奠定了基础。在练习 19.3 中,你将生成另一个微分方程矩阵。

练习 19.3

(1)将 poissonmatrix. m 复制到 anothermatrix. m 中。适当修改注释,描述新函数的功能,并按下列方式修改代码内容。

```
A(n,n)      =  8 * n + 2 * N + 2;
A(n,nAbove) = - 2 * n - 1;
A(n,nBelow) = - 2 * n + 1;
A(n,nLeft)  = - 2 * n + N;
A(n,nRight) = - 2 * n - N;
```

该矩阵与 poissonmatrix 的结构相同,但值不同。

(2)该矩阵也是对称的。检查 N＝12 时,norm(A－A','fro')是否为零。

> **Debug 小提示**:如果 N＝12 时范数不为零,但 N＝10 时范数为零,那么你可能没有把 N 的值改成 12(如果在 anothermatrix. m 中存在该错误,那么 poissonmatrix. m 中也可能有同样的错误)。

(3)这个矩阵和泊松方程的矩阵一样也是正定的。令 N＝12,v＝rand(N^2,1);计算 v' * A * v 是否为正。

(4)现在通过绘图的方式展示一下 anothermatrix 和 poissonmatrix 的结构,看它们的结构是否相同。首先,使用下列命令检查 poissonmatrix 的结构。

```
spy(poissonmatrix(12),'b * '); % 用蓝色的点绘制矩阵的非零元素
hold on
```

---

① https://en. wikipedia. org/wiki/M-matrix.

接下来将 anothermatrix 的图像叠加在上一张图上，可以看到在 poissonmatrix 的元素不为零的地方，anothermatrix 的元素也不为零。

spy(anothermatrix(12),'y * ')； % 黄色点全部覆盖了蓝色点

最后再叠加一层 poissonmatrix 的图像，确认 anothermatrix 没有其他的非零元素。

spy(poissonmatrix(12),'r * ')； % 红色点全部覆盖了黄色点

(5)进一步检查代码，下列计算的结果是多少？

```
N = 15;
A = anothermatrix(N);
x = ((1:N^2).^2)';
sum(A * x)
```

19.3 共轭梯度算法

共轭梯度法是一种重要的迭代方法，也是最早基于 Krylov 子空间的方法之一。给定矩阵 A 和向量 x，集合 $\{x, Ax, A^2 x, \cdots\}$ 生成的空间称为 Krylov(子)空间。

注意，共轭梯度法(以及其他 Krylov 子空间方法)只涉及矩阵-向量的乘积。我们可以使用普通矩阵算法编写共轭梯度法的代码，然后改变其中的矩阵储存方式，例如下文使用到的压缩存储方式。

共轭梯度法要求矩阵是正定的。你会注意到，下面的算法包含一个分母为 $p^{(k)} \cdot Ap^{(k)}$ 的步骤。仅当 A 为正定(或负定)时，$p^{(k)} \cdot Ap^{(k)}$ 非零。如果 A 是负定的，则方程两边可以同时乘上(−1)。

共轭梯度法的伪代码如下所示，从起始向量 $x^{(0)}$ 开始。

```
r^(0) = b - Ax^(0)
For k = 1,2,...,m
        ρ_{k-1} = r^(k-1) · r^(k-1)
    if ρ_{k-1} is zero,stop:the solution has been found.
    if k is 1
        p^(1) = r^(0)
    else
        β_{k-1} = ρ_{k-1}/ρ_{k-2}
        p^(k) = r^(k-1) + β_{k-1}P^(k-1)
    end
    q^(k) = Ap^(k)
    γ_k = p^(k) · q^(k)
    if γ_k ≤ 0,stop:A is not positive definite
    α_k = ρ_{k-1}/γ_k
```

$$x^{(k)} = x^{(k-1)} + \alpha_k p^{(k)}$$
$$r^{(k)} = r^{(k-1)} - \alpha_k q^{(k)}$$

end

在上述伪代码中,向量 $r^{(k)}$ 表示"残差"。共轭梯度法还有其他的表示方法,而上述伪代码与大多数其他表示方法等效(两个"if"条件判断是为了防止除数为零)。

在练习 19.4 中,你需要编写一个函数来实现共轭梯度法。

练习 19.4

(1)按照下列格式编写 cgm.m,起始向量为 x,对方程 $A * y = b$ 执行 m 次共轭梯度迭代。

```
function x = cgm(A,b,x,m)
    % x = cgm(A,b,x,m)
    % 适当添加注释
    % 姓名和日期
```

注意,用标量 alpha 表示 α_k,beta 表示 β_k,rhoKm1 表示 ρ_{k-1},rhoKm2 表示 ρ_{k-2}。用 r、p、q 和 x 分别表示向量 $r^{(k)}$、$p^{(k)}$、$q^{(k)}$ 和 $x^{(k)}$。这样表示后的一部分循环如下所示。

```
rhoKm1 = 0;
for k = 1:m
    rhoKm2 = rhoKm1;
    rhoKm1 = dot(r,r);
    ???
    r = r - alpha * q;
end
```

(2)令 N=5,b=(1:N^2)',A=poissonmatrix(N),xExact=A\\b。使用精确解 x=xExact+sqrt(eps) * rand(N^2,1)附近的扰动值作为起始向量 x,并迭代 10 次。令迭代结果为 y,你会发现 norm(y−xExact)比 norm(x−xExact)小得多(如果接近精确解的起始向量都无法收敛,那么这个算法就永远不会收敛了)。

> **注意 1**:如果 norm(y−xExact)不是很小,请仔细检查代码。ρ_{k-1} 应非常小,γ_k 应大于 ρ_{k-1},α_k 也应该很小。所以 $\|r^k\|$ 也应该非常小。
>
> **注意 2**:sqrt(eps)很小但非零,很适合作为扰动项。

(3)如果 $M \geqslant N^2$,集合 $\{x, Ax, A^2x, \cdots, A^{M-1}x, A^Mx\}$ 中的向量必定是线性相关的,因为向量数比空间的维数多。因此,对于 $N \times N$ 矩阵,共轭梯度法会在 M=N^2 步后终止(有限次迭代后终止需要舍入误差很小,因此这种情况仅适用于较小的 N 值)。令 N=5,xExact=rand(N^2,1)和 A= poissonmatrix(N)。设 b=A * xExact,然后从零向量开始,用 N^2 次迭代求解方程组。假设解为 x,证明 norm(x−xExact)/norm(xExact)为零。

(4)现已知你的代码需要用 M 次迭代求解大小为 M=N^2 的方程组。令 N=31;xExact=

(1:N^2)';，A＝poissonmatrix(N)，b＝A * xExact。如果从零向量开始迭代，100 次迭代后的结果与最终迭代结果 x 的差距为多少(使用 L^2 范数)？

练习 19.4 最后一小题想要表达的是，在实际应用中不需要迭代到理论极限次数，但我们需要确定一种迭代终止的方法。假设 $\|b\| \neq 0$，可以将迭代终止条件定为当相对残差 $\|b-Ax^{(k)}\|/\|b\|$ 很小时停止迭代(如果 $\|b\|＝0$，则 b 为零，解也为零)。这个迭代终止条件中没有估计 A 的条件数，所以不会限制解的误差，但它也可以正常使用。用一个简单的归纳证明即可得到 $r^{(k)}＝b-Ax^{(k)}$，并且在循环开始时计算的 ρ_{k-1} 等于范数 $r^{(k-1)}$ 的平方，因此这个迭代终止条件的计算很简单。

在练习 19.5 中，你需要删除 cgm.m 中的参数 m，以相对残差作为迭代终止条件。

练习 19.5

(1)将 cgm.m 复制到 cg.m 中并相应修改函数签名，这里暂时先不删除参数 m。在循环开始之前，计算 $\|b\|^2$ 的值，将其命名为 normBsquare，用 normBsquare 来修改 m 的值。然后，在计算 rhoKm1 之后临时添加一行命令，计算 relativeResidual ＝ sqrt(rhoKm1/normBsquare)。使用命令 semilogy(k,relativeresideual,' * ');hold on; 来观察相对残差的变化。

(2)与练习 19.4 的最后一个小题一样，令 N＝31；xExact＝(1:N^2)'，A＝poissonmatrix(N)，b＝A * xExact。从 zeros(N^2,1)开始，迭代 200 次。迭代完成后记得使用 hold off 命令保留图像。你应该会观察到在迭代刚开始不久，解就不均匀但快速地收敛到一个很小的值(在 $N＝31^2$ 的情况下，这个迭代次数比 N^2 少很多了)。从图中估计达到 10^{-12} 的相对残差需要多少次迭代？

(3)将函数 cg 的签名改为[x,k]＝cg(A,b,x,tolerance)，此时 m 不再是输入参数。将原来 for 语句中的 m 替换为 A 的行数。计算 targetValue ＝ tolerance^2 * normBsquare。将 semilogy 半对数绘图命令改为如下代码。

```
if rhoKm1 < targetValue
return
end
```

这里不再需要变量 relativeResidual 和半对数图像了。

(4)与练习 19.4 的最后一个小题一样，令 N＝31；xExact＝(1:N^2)'，A＝poissonmatrix(N)，b＝A * xExact。从 zeros(N^2,1)开始。

  (a)令相对残差为 1.0e−10，运行函数 cg，一共需要多少次迭代？

  (b)相对误差(norm(x−xExact)/norm(xExact))为多少？

  (c)令相对残差为 1.0e−12，运行函数 cg，一共需要多少次迭代？

  (d)真误差的值是多少？

(5)令 N＝31，xExact＝(1:N^2)'，A＝anothermatrix(N)，b＝A * xExact。达到相对残差 1.e−10 需要多少次迭代？真误差的值是多少？

可以看到，你刚才用的迭代终止条件对于某些矩阵来说是可以的，但并不完全可靠，有更好的迭代终止条件等待我们探索发现。

在 19.4 节中，我们将讨论稀疏矩阵的有效存储方式。

19.4 矩阵的压缩储存

由 poissonmatrix 或 anothermatrix 生成的矩阵 A 每行只有 5 个非零元素。当按照式 (19.2) 中的方式编号时,它正好有 5 条非零对角线,分别为主对角线、超对角线和次对角线,以及两条远离主对角线 N 列的对角线,所有其他元素均为零。所以我们可以只存储对角线元素,这可以把矩阵压缩了。而且 A 是对称的,因此只需要存储五条对角线中的三条。但并非所有矩阵都有这样规则的结构,在实际问题中经常会遇到结构不规则的稀疏矩阵(矩阵中的大多数元素都为零)。在练习 19.6 中,你将使用简单的压缩储存方式储存对角矩阵。

> **注 19.1**
> • 将 $M \times M$ 矩阵的三条对角线元素提取出来后会生成大小为 $M \times 3$ 的矩阵,由于每条对角线长度不相同,所以 $M \times 3$ 矩阵里仍会有一些零元素。
> • 由于 poissonmatrix 只包含两个不同的数字,因此还有一种更有效的存储方式,但在这里不详细讨论此方法。

由于只需要储存三条非零对角线,我们可以使用一个 $M \times 3$ 的矩形矩阵来存储一个 $M \times M$ 的矩阵。此外,由于 poissonmatrix 和 anothermatrix 生成的矩阵大小总是 $N^2 \times N^2$,因此只考虑 $M = N^2$ 的情况。主对角线由元素 $A_{k,k}$ 组成,超对角线由元素 $A_{k,k+1}$ 组成,距离主对角线最远的非零对角线由元素 $A_{k,k+N}$ 组成,其中 $N^2 = M$。在本节中,将最后一种对角线称为"远对角线"。

MATLAB 的 diag 函数可以从普通方阵中提取这些对角线,并根据提取出的对角线构造普通方阵。假设矩阵 A 是一个元素为 $A_{k,\ell}$ 的方阵,那么,diag 函数的用法如下所示:

$$v = \mathrm{diag}(A) \quad 可得\ v_k = A_{k,k} \quad , k = 1, 2, \cdots$$
$$w = \mathrm{diag}(A, n) \quad 可得\ w_k = A_{k,k+n} \quad , k = 1, 2, \cdots$$

其中 n 可以是负数。diag 返回一个列向量,其元素是矩阵的对角线元素。

diag 函数也执行反向操作,给定一个向量 v,其元素为 v_k,则 A = diag(v, n) 返回一个由除 $A_{k,k+n} = v_k$ 外所有元素都为零的矩阵 A,其中 $k = 1, 2, \cdots, \mathrm{length}(v)$。在使用 diag 时需要注意让对角线和向量的长度相匹配。

练习 19.6

(1) 将 anothermatrix.m 复制到 anotherdiags.m 中,并相应修改函数签名和注释。

超对角线命名为 nAbove,远对角线命名为 nRight。修改代码,使矩阵 A 只包含三列,第一列是主对角线,第二列是超对角线,第三列是远对角线。超对角线比主对角线少一个元素,令最后一个元素为零即可;远对角线比主对角线少 N 个元素,令最后 N 个元素为零即可。

(2) 使用下列代码测试 anotherdiags。

```
N = 10;
A = anothermatrix(N);
Adiags = anotherdiags(N);
```

```
size(Adiags,2) - 3  % 应该为零
norm(Adiags(:,1) - diag(A))  % 应该为零
norm(Adiags((1:N^2 - 1),2) - diag(A,1))  % 应该为零
norm(Adiags((1:N^2 - N),3) - diag(A,N))  % 应该为零
```

如果答案不是所有四个数字都为零,请修改代码。在调试时可以使用较小的 N 值来测试。

(3)类似上述步骤,将 poissonmatrix. m 改写为 poissondiags. m。

上文提到共轭梯度法(以及其他 Krylov 子空间方法)只涉及矩阵-向量的乘积。如果你想要按对角线存储矩阵,在编写共轭梯度法代码时,则需要编写一个特殊的"按对角线元素相乘"的函数。

练习 19.7

(1)根据下列代码编写 multdiags. m。

```
function y = multdiags(A,x)
 % y = multdiags(A,x)
 % 适当添加注释
 % 姓名和日期
M = size(A,1);
N = round(sqrt(M));
if M ~ = N^2
    error('multdiags: matrix size is not a squared integer. ')
end
if size(A,2) ~ = 3
    error('multdiags: matrix does not have 3 columns. ')
end
 % 和矩阵 A 对角线元素的乘积
y = A(:,1). * x;
 % 和矩阵 A 超对角线元素的乘积
for k = 1:M - 1
    y(k) = y(k) + A(k,2) * x(k + 1);
end
 % 和矩阵 A 次对角线元素的乘积
???
 % 和矩阵 A 上面那条远对角线元素的乘积
???
 % 和矩阵 A 对下面那条远角线元素的乘积
???
```

请补全"???"部分。

> 提示：如果想先理清代码逻辑，可以先考虑简单的 B * x，其中矩阵 B 除一条对角线外其余元素均为零。

（2）令 N＝3，x＝1(9,1)，用 multdiags 计算 anotherdiags 乘以 x 的结果，并将其与 anothermatrix 乘以 x 的结果进行比较。二者应该是一样的，如果不一样，请按照下列步骤进行调试。

> **Debug 小提示：**
> - 在本小题中，x 的所有元素都是 1，因此代码可能出错的地方只有 A 的下标。
> - 一次检查一行，完整矩阵 B＝anothermatrix(3) 的第 k 行与 x 的乘积可以写为
>   x＝ones(9,1);
>   B(k,:) * x
> - 当 k＝1 时，乘积为 B(1,1) * x(1)＋B(1,2) * x(2)＋B(1,4) * x(4)，检查代码有没有在这里出错。
> - 当 k＝2 时，乘积为 B(2,1) * x(1)＋B(2,2) * x(2)＋B(2,3) * x(3)＋B(2,5) * x(5)，乘积中只包含 B 的次对角线元素，检查代码有没有在这里出错。
>   （3）令 N＝3，x＝(10:18)'，用 multdiags 计算 anotherdiags 乘以 x 的结果，并将其与 anothermatrix 乘以 x 的结果进行比较，二者应该是一样的。
>   （4）令 N＝12，x＝rand(N^2,1)，用 multdiags 计算 anotherdiags 乘以 x 的结果，并将其与 anothermatrix 乘以 x 的结果进行比较，二者应该是一样的。

注 19.2：通常情况下，用向量分量或矩阵分量方式运算（componentwise）比循环更快。用分量方式运算代替循环，可以使 multdiags 函数运行得更快。这听起来很复杂，但有一个简单的技巧，即考虑超对角线代码。

```
% 向量 k 和矩阵 A 超对角线元素的乘积
for k＝1:M－1
y(k)＝y(k)＋A(k,2) * x(k＋1);
end
```

下列代码与上述代码等效，形式非常相似，但运行速度更快。

```
k＝1:M－1; % k 是向量
y(k)＝y(k)＋A(k,2).* x(k＋1);
```

将 k＝1:M－1 代入等式即可得到

```
y(1:M－1)＝y(1:M－1)＋A(1:M－1,2).* x(2:M);
```

这里不要求你进行这些修改，有兴趣可以尝试一下。建议使用 octave 编程的同学可以用这种方法加快代码运行速度。

19.5　共轭梯度法结合矩阵的压缩储存方式

现在我们将共轭梯度法与对角线矩阵存储方式结合起来,这能让我们处理更大的矩阵。

练习 19.8

(1)将 cg. m 复制到 cgdiags. m 中,使用 multdiags 将矩阵 A 与向量相乘。代码中只有两种乘法:一种在 for 循环之前,另一种在 for 循环内部。其他行不需要作任何修改。

(2)令 N＝3,b＝1(N^2,1),tolerance＝1e–10,从 zeros(N^2,1)开始迭代。一共计算两次,第一次使用 anothermatrix 和 cg,第二次使用 anotherdiags 和 cgdiags。两次计算的结果和迭代次数应该都相同。

(3)令 N＝10 和 b＝rand(N^2,1),同样计算两次。两次的结果和迭代次数应该相同。

(4)使用下列代码构造一个更大的方程组。

```
N = 500;
xExact = rand(N^2,1);
Adiags = poissondiags(N);
b = multdiags(Adiags,xExact);
tic;[y,n] = cgdiags(Adiags,b,zeros(N^2,1),1.e-6);toc
```

一共需要多少次迭代? 代码的运行时间是多少?

> **Debug 小提示**:如果程序出现"内存不足,请输入 HELP MEMORY 查看可用选项"的警告,很可能是你使用了正常存储方式来储存完整的泊松方程矩阵,这是不可能成功的(详见练习 19.9)。

(5)上一小题中相对误差的范数是多少? 它与相对残差的范数相比谁大谁小?

在练习 19.8 中,我们看到了共轭梯度法结合对角线存储方式的高效性,还求解了一个大小为 $2.5×10^5$ 的矩阵方程,这个矩阵实际上相当大,甚至无法用通常的方式构造它,更不用说用普通存储方式直接求解了。

练习 19.9

(1)粗略计算一下,上一个练习中的 Adiags 有多少个元素? 如果一个数字占用 8 个字节,那么 Adiags 占用了多少字节的内存?

(2)粗略计算一下,矩阵 poissonmatrix(N)(N＝500)有多大? 如果一个数字占用 8 个字节,那么这个矩阵占用了多少字节的内存? 虽然不同电脑的 RAM 内存成本差异很大,但通常 1GB 的 RAM 内存(2^{30} 字节或 10^9 字节)的价格约为 12 元。购买足够的内存来存储该矩阵需要多少钱? 一台家用电脑可能要花 3000 元,你估计的内存成本是否超过了这个数字?

(3)在练习 15.2 中,使用普通 Gauss 消元法求解矩阵方程所需的时间与 M^3 成正比,其中 M 是矩阵的大小。如果求解大小为 $M＝10^4$ 的方程组大约需要 $T＝1\text{min}$。求出使 $T＝CM^3$ 成立的 C 的值。

（4）使用高斯消元法求解包含 poissonmatrix(N)(N＝500)的矩阵方程需要多长时间？请将时间单位从秒变成天？这与练习 19.8 中求解此类矩阵方程花费的时间相比谁更长一些？

练习 19.10

MATLAB 为一般稀疏矩阵提供了内置的压缩存储方法，它被称为"稀疏存储（sparse storage）"，是一种压缩矩阵的列的储存方式。通过下面的例子可以看出它是如何工作的。在上面的练习中我们看到，gallery('poisson',N)构造了一个矩阵，该矩阵的大小是 poissonmatrix 构造的矩阵的 h^2 倍。

（1）使用下列命令输出稀疏矩阵。

A = gallery('toeppen',8,1,2,3,4,5)

你应该能够看到它是如何存储的，A(2,1)、A(3,2)和 A(5,1)分别是多少？

（2）矩阵第 4 列中的所有非零元素的下标和元素值分别是多少？第 4 行中的所有非零元素的下标和元素值分别是多少？

（3）考虑下列矩阵。

$$B=\begin{bmatrix} 1 & 0 & 0 & 2 \\ 0 & 0 & 3 & 0 \\ 0 & 4 & 0 & 0 \\ 5 & 0 & 6 & 0 \end{bmatrix}$$

如果使用 MATLAB 稀疏存储方法存储 B，那么 B 的输出的结果会是什么样的？

19.6　不完全乔莱斯基共轭梯度法

共轭梯度法有许多优点，但收敛速度慢，这与其他基于 Krylov 子空间的迭代方法有相同的缺点。由于 Krylov 子空间方法可能是使用最广泛的迭代方法，因此人们花费了大量精力来寻找加速收敛的方法。最大的一类加速收敛方法称为"预处理（preconditioning）"，即通过求解方程组 $M^{-1}Ax＝M^{-1}b$ 来代替求解 $Ax=b$，其中 M 是一个适当选择的易于求逆的矩阵。更准确地说，它需要先求解 $(M^{-1/2}AM^{-1/2})(M^{1/2}\mathbf{x})＝M^{-1/2}\mathbf{b}$。这个更复杂的公式很重要，因为即使 M 和 A 是对称正定的，$M^{-1}A$ 也可能不对称正定，但共轭梯度法需要矩阵对称且正定。

预处理共轭梯度法的伪代码如下所示，需从起始向量 $\mathbf{x}^{(0)}$ 开始。

```
r⁽⁰⁾ = b - Ax⁽⁰⁾
For k = 1,2,...,m
    Solve the system Mzᵏ⁻¹ = rᵏ⁻¹
    ρₖ₋₁ = r⁽ᵏ⁻¹⁾ · z⁽ᵏ⁻¹⁾
    if ρₖ₋₁ is zero,stop:the solution has been found.
    if k is 1
        p⁽¹⁾ = z⁽⁰⁾
```

```
    else
        β_{k-1} = ρ_{k-1}/ρ_{k-2}
        p^{(k)} = z^{(k-1)} + β_{k-1}P^{(k-1)}
    end
    q^{(k)} = Ap^{(k)}
    γ_k = p^{(k)} · q^{(k)}
    if γ_k ≤ 0,stop:A is not positive definite
    α_k = ρ_{k-1}/γ_k
    x^{(k)} = x^{(k-1)} + α_k p^{(k)}
    r^{(k)} = r^{(k-1)} - α_k q^{(k)}
end
```

此时的残差 r^k 关于矩阵 M^{-1} 正交,而在早期的无预处理共轭梯度法中,残差通常是正交(关于单位矩阵)的。

最早发现的有效预处理方法之一就是"不完全乔莱斯基分解"预处理。回想一下,正定对称矩阵 A 始终可以分解为 $A = U^T U$,其中 U 是具有正对角线元素的上三角矩阵,这就是 Cholesky 分解。不完全 Cholesky 分解预处理有多种描述方法,其中最容易理解和使用的是

$$\widetilde{U}_{mn} = \begin{cases} U_{mn} & , A_{mn} \neq 0 \\ 0 & ,其他 \end{cases}$$

当 A 是稀疏矩阵时,上三角因子矩阵 $\widetilde{U}$ 具有与 A 相同的稀疏模式。如果你按对角线存储矩阵,则矩阵 A 与 $\widetilde{U}$ 的储存结果相同,当然,$A \neq \widetilde{U}^T \widetilde{U}$。在预处理共轭梯度法中令 $M = \widetilde{U}^T \widetilde{U}$,就可以得到不完全 Cholesky 共轭梯度法(incomplete Cholesky conjugate gradient method, ICCG)。

对于大型稀疏矩阵 A,通常不可能构造真正的乔莱斯基因子 U,因为如果可以构造 U,通常使用 U 来简单地求解方程组,而不使用迭代法求解。还有一些方法可以生成矩阵 $\widetilde{\widetilde{U}}$,这些矩阵 $\widetilde{\widetilde{U}}$ 与 A 具有相同的稀疏模式,并且性能几乎与 $\widetilde{U}$ 一样好。在这里你将使用 $\widetilde{U}$ 并了解它如何改进共轭梯度法的收敛速度。

练习 19.11

(1)按照下列格式将 cg.m 改为 precg.m。

```
function [x,k] = precg(U,A,b,x,tolerance)
% [x,k] = precg(U,A,b,x,tolerance)
% 适当添加注释
% 姓名和日期
```

其中,U 被假定为上三角矩阵,它不一定是 A 的乔莱斯基因子,M=U′ * U(使用两次反斜杠运算符,一次用于 U′,一次用于 U。确保加上括号,防止计算优先级出错)。更改迭代终止条件,使 dot(r,r)< targetValue 与 cg 一致。令 U 为单位矩阵,A=poissonmatrix(10),精确解 xExact=1(100,1),b=A * xExact,从 x=zeros(100,1)开始迭代,tolerance=1. e-10。得

到的结果应该与 cg 计算的 x 和 k 完全相同。

（2）仔细阅读上面的预处理共轭梯度算法，如果 $x^0=0,M=A$，那么 r^0、ρ_0、γ_1 和 α_1 是多少（用符号表示）？你的计算应该表明矩阵在收敛时 k 的值为 2。

（3）MATLAB 的 chol(A) 函数返回上三角乔莱斯基因子矩阵。

```
N = 10;
xExact = ones(N^2,1); % 方程组的精确解
A = poissonmatrix(N);
b = A * xExact; % 方程组等式右侧的向量
tolerance = 1.e - 10;
U = chol(A); % 计算系数矩阵 A 的 Cholesky 因子
x = zeros(N^2,1);
```

使用 precg 进行求解。检查矩阵在收敛时 k 的值是否为 2，以及计算的结果是否正确。

（4）不完全 Cholesky 因子矩阵 Ue 可以通过下列代码在 MATLAB 中构造。

```
U = chol(A);
U(find(A = = 0)) = 0;
```

考虑方程组 Ax=b，其中 A=anothermatrix(50)，b 所有元素都为 1，从 $x^0=0$ 开始迭代，tolerance=1.e-10。求精确解 xExact=A\b。比较共轭梯度法和不完全 Cholesky 共轭梯度法之间的迭代次数和真误差。你应该可以观察到不完全 Cholesky 共轭梯度法的迭代次数明显减少，而准确性没有降低。

> **注意**：如果在练习中测量了 precg 和 cg 的运行时间，可能会发现尽管迭代次数变少了，但 precg 的运行时间几乎没有改善。如果尝试使用较大的 N 值（例如，N=75）进行计算，precg 的优势就显示出来了，并且优势将随着 N 的增加而变大。如果将 precg 与对角线存储方式结合，在 N 值较小时也会显示出 precg 的速度优势。